普通高等教育新工科智能制造工程系列教材

智能制造技术基础

主　编　陈红梅
副主编　白　阳　刘永洪
参　编　王　凯　田　勇　刘伟伟　朱慧爽
　　　　范　岩　毕世英　董　艳　王倩倩
　　　　程素娥　张海燕　刘海霞

机械工业出版社

本书以智能制造生产过程（加工、装配）为主线，从智能制造的产生与国内外发展状况、智能制造的概念与范式开始，依次介绍智能制造过程用到的智能制造装备、数字化技术、网络化技术、新一代人工智能技术以及智能制造技术在工程实际中应用的典型案例，为智能制造工程或机械类专业学生学习和了解智能制造是什么、智能制造过程需要用到哪些高端装备、哪些关键技术提供相关知识，为后续学习打下基础。

本书共6章，内容包括智能制造概论、智能制造装备、智能制造中的数字化、智能制造中的网络化、新一代人工智能技术、智能制造技术应用典型案例。前5章主要介绍智能制造相关技术的概念、原理及相应的工程应用。第6章是智能制造技术综合应用典型案例。本书理论结合实践，以适合工科应用型人才的培养需求，学生学完既能理解智能制造相关技术的概念和原理，又能了解不同技术在智能制造过程中的实际应用。

本书结构合理，脉络清晰，紧跟时代前沿，内容难易适中，广深兼顾，以适应不同层次对象使用，可作为本科院校智能制造工程、机器人工程、机械类专业（含校企合作）"智能制造技术基础""智能制造技术""智能制造基础"等课程教材，也可作为高职高专相关专业课程教材，还可供有关工程技术人员参考。

图书在版编目（CIP）数据

智能制造技术基础／陈红梅主编． -- 北京：机械工业出版社，2024.9（2025.8重印）. -- （普通高等教育新工科智能制造工程系列教材）. -- ISBN 978-7-111-76764-0

Ⅰ. TH166

中国国家版本馆 CIP 数据核字第 2024D7L510 号

机械工业出版社（北京市百万庄大街22号　邮政编码100037）
策划编辑：徐鲁融　　　　　　责任编辑：徐鲁融
责任校对：龚思文　张亚楠　　封面设计：王　旭
责任印制：刘　媛
唐山三艺印务有限公司印刷
2025年8月第1版第2次印刷
184mm×260mm·14.5印张·354千字
标准书号：ISBN 978-7-111-76764-0
定价：49.00元

电话服务　　　　　　　　　网络服务
客服电话：010-88361066　　机　工　官　网：www.cmpbook.com
　　　　　010-88379833　　机　工　官　博：weibo.com/cmp1952
　　　　　010-68326294　　金　书　网：www.golden-book.com
封底无防伪标均为盗版　　机工教育服务网：www.cmpedu.com

前　言

制造业是立国之本、兴国之路、强国之基。21 世纪以来，随着先进制造、人工智能、数字化、网络化等技术的迅猛发展，制造技术面临来自产品性能指标、个性化需求和更加严格的环保要求等方面越来越大的压力。为在新一轮国际制造业科技革命中抢得先机，在世界经济舞台上保持领先地位，世界各国纷纷推出各项举措。2011 年，美国启动"先进制造伙伴关系"计划，推行"再工业化"和"制造业回归"。2012 年，德国提出了工业 4.0，日本、欧盟等紧随其后加速进军智能制造领域，2015 年，我国发布了制造强国战略《中国制造 2025》，2019 年，德国又发布《国家工业战略 2030》，各国均不约而同地将智能制造作为制造业转型升级的新方向、新趋势和关键抓手。

在全球争夺先进制造业市场以及我国新旧动能转换转型的大背景下，我国作为全球规模最大的制造业市场，亟需大批智能制造工程、技术领域专业技术人才。在教育部"新工科"建设引领下，全国已有 200 多所本科院校开设了智能制造工程专业，但目前市场上能适应应用型本科教学需求、面向工程师培养、注重于智能制造相关技术的基础课程教材相对匮乏。

本书以智能制造生产过程（加工、装配）为主线，从智能制造的产生与国内外发展状况、智能制造的概念与范式开始，依次介绍智能制造过程用到的智能制造装备、数字化技术、网络化技术、新一代人工智能技术以及智能制造技术在工程实际中应用的典型案例，为智能制造工程或机械类专业学生学习和了解智能制造是什么、智能制造过程需要用到哪些高端装备、哪些关键技术提供相关知识，为后续学习打下基础。

本书共 6 章：

第 1 章为智能制造概论，主要介绍智能制造的发展状况、智能制造的相关概念与范式、国家智能制造标准体系建设、智能制造与我国制造业发展的相关内容。

第 2 章为智能制造装备，主要介绍智能制造过程中用到的五类高端装备，分别是数控机床、工业机器人、增材制造装备、智能传感检测装备和智能物流仓储系统，介绍各类装备的概念、分类、组成、原理、技术及应用等内容。

第 3 章为智能制造中的数字化，主要介绍数字化设计、数字孪生、数字化工艺、数字化生产管理、数字化监测诊断系统五方面的概念、技术、分类、组成及应用等内容。

第 4 章为智能制造中的网络化，主要介绍工业互联网、工业物联网、工业大数据、信息物理系统、云计算、智能制造信息系统六方面的内容，主要从概念、架构、关键技术及应用等方面展开介绍。

第5章为新一代人工智能技术，围绕着从人工智能1.0到人工智能2.0、大数据智能、跨媒体智能、群体智能、混合增强智能、智能化技术赋能作用、人工智能赋能智能制造五方面，介绍发展情况和关键技术。

第6章为智能制造技术应用典型案例，主要介绍了五个智能制造技术的综合应用案例。

此外，在每章章末设有"思政拓展"模块，以二维码的形式链接了拓展视频，让学生进行课程学习之余，感受科学家精神、企业家精神，了解"彩云号""天鲲号"等国之重器的创新历程等，将党的二十大精神融入其中，树立学生的科技兴国、科技报国意识，助力培养德才兼备的高素质人才。

本书主要由潍坊学院智能制造与控制教学团队教师编写，青岛英谷教育科技股份有限公司刘伟伟工程师参与编写。具体分工如下：第1章由刘永洪、陈红梅、刘伟伟编写，第2章由陈红梅、白阳、田勇、毕世英、董艳、王凯编写，第3章由陈红梅、王倩倩、毕世英、刘永洪、王凯编写，第4章由白阳、刘永洪、朱慧爽、程素娥、张海燕、刘海霞编写，第5章由王凯、范岩、陈红梅编写，第6章由刘永洪、田勇编写。本书由陈红梅任主编并负责统稿，白阳、刘永洪任副主编。

由于编者水平和经验有限，书中错误和疏漏之处在所难免，敬请广大读者批评指正。

编　者

2024. 4. 20

目 录

第1章

智能制造概论

1.1 智能制造的发展状况

1.1.1 智能制造的产生背景

20 世纪 60 年代后,受到市场经济的冲击和信息革命的推动,世界范围内的制造业经历了一场重大变革。企业面临多变的市场和越来越激烈的竞争环境,社会对产品的需求从大批量单一产品转向多品种、小批量甚至单件产品上。而产品性能的复杂化及功能的多样化,使其包含的制造信息量激增,制造业技术发展的热点转向处理制造信息的能力、效率及规模上,制造系统开始由能量驱动型转变为信息驱动型,系统性能也面临着新的要求,制造系统不仅要具备柔性,还要表现出智能性。

同时,随着计算机技术的发展,先进的计算机控制技术和制造技术向产品、工艺和系统的设计人员、管理人员提出了新的挑战,传统的设计和管理方法已不能有效解决现代制造系统中出现的问题。

如上问题促使人们借助现代的工具和方法,利用各学科最新研究成果,通过集成传统制造技术、计算机技术与科学,以及人工智能等技术,发展一种新型的制造技术与系统,即智能制造技术(Intelligent Manufacturing Technology,IMT)[⊖]与智能制造系统(Intelligent Manufacturing System,IMS)。换言之,智能制造是现代制造技术、计算机科学与人工智能三者结合的产物。

蒸汽机推动了手工劳动向动力机器生产的转变,引发了第一次工业革命;电力的发明和使用进一步促进生产力飞跃发展,开创了规模化生产时代,引发了第二次工业革命;计算机与信息技术促使信息化、数字化生产时代的到来,引发了第三次工业革命。计算机科学、人工智能与制造技术深度融合形成的智能制造技术将成为第四次工业革命的核心驱动技术。

1.1.2 国外智能制造的发展状况

1988 年,美国纽约大学的怀特教授(P. K. Wright)和卡内基梅隆大学的布恩教授

⊖ 根据行业经验,很多智能制造相关名词术语习惯采用英文缩写来表述,对这类名词术语,本书在其首次出现时给出中文全称、英文全称和英文缩写,并在附录中收录,以便于读者查询和阅读。

（D. A. Bourne）出版了《智能制造》一书，首次提出了智能制造的概念，并指出智能制造的目的是通过集成知识工程、制造软件系统、机器人视觉和机器控制对制造技工的技能和专家知识进行建模，以使智能机器人在没有人工干预的情况下进行小批量生产。

卡内基梅隆大学先后开发了车间调度系统和项目管理系统等。1989 年，布恩教授组织完成了首台智能加工工作站（Intelligent Machining Workstation，IMW）的样机。

随着信息和人工智能技术的发展，智能制造技术引起发达国家的关注和研究，美国、日本等国纷纷设立智能制造研究项目基金及实验基地，智能制造的研究及实践取得了长足进步。

1990 年，日本东京大学 Furkawa 教授等人正式提出了智能制造系统（IMS）国际合作计划，并被日本确定为国际共同研究开发项目。

1991—1993 年，美国国家科学基金（National Science Foundation，NSF）着重资助了有关智能制造的诸项研究。

在 2008 年金融危机以后，发达国家认识到以往去工业化发展策略的弊端，制定"重返制造业"的发展战略，把智能制造作为未来制造业的主攻方向，给予一系列的政策支持，以抢占国际制造业科技竞争的制高点。

美国政府将智能制造视为 21 世纪占据世界制造技术领先地位的基石，并于 2011 年和 2012 年相继启动"先进制造业伙伴计划"和"先进制造业国家战略计划"，号召"再工业化"和"制造业回归"，旨在塑造关乎国家安全的国内制造能力、缩短研制先进材料（用于制造产品）所需时间、创造高水准的美国产品，使美国制造业赢得全球竞争优势，在未来的若干年内稳居制造业领先地位。

2012 年初，德国首次提出了工业 4.0（即第四次工业革命）战略（图 1-1）。德国将工业 4.0 作为国家战略，并设立专项资金支持该战略的实施。德国政府认为，当今世界正处于

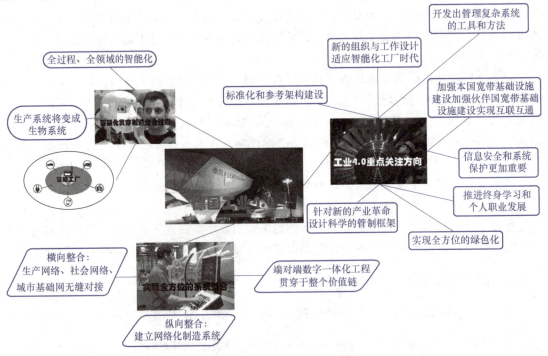

图 1-1　德国工业 4.0 战略示意图

"信息网络世界与物理世界结合"的时期，应重点围绕智慧工厂和智能生产两大方向，巩固和扩大本国在制造业的领先优势。

在 2013 年的德国汉诺威工业博览会上，西门子展示了如何运用其世界领先的科技创新成果来帮助制造业应对当今挑战和打造未来制造业的新发展模式，同时展示了将规划、工程和生产工艺以及相关机电系统融合于一体的工业 4.0 全面解决方案。德国电子电气工业协会预测，工业 4.0 将使现有企业的工业生产效率提高 30%。

2014 年，日本投资 45 亿日元，实施名为"以 3D 打印造型技术为核心的产品制造革命"的大规模研究开发项目，把 3D 打印机列为政策优先扶持对象，对企业开发 3D 打印技术等智能制造技术加大财政投入。

除了美国、德国和日本，欧盟在 2010 年制定了第七框架计划（7th Framework Programme，FP7）的制造云项目，并在 2014 年实施"2020 地平线"计划，确定智能型先进制造系统的创新研发为优先发展项目。法国一些企业的高层管理者也认为，虽然法国政府没有提出明确计划，但新一轮的工业革命已然开始，并将推动人类显著进步。

1.1.3　国内智能制造的发展状况

在我国，智能制造的研究起步较晚，且大多聚焦于人工智能在制造业领域中的应用。

1989 年，在华中理工大学召开的"机械制造走向 2000 年——回顾、展望与对策"大会上，有不少专家学者就 AI（Artificial Intelligence，人工智能）在制造业领域中的应用进行了探讨，并首次把智能制造系统（IMS）提到议事日程上来。1990 年，华中理工大学首次组建了 IM（Intelligent Manufacturing，智能制造）学科组，跟踪国际 IMS 的最新研究动态，并开始从事 IMS 关键技术的预研工作。

1991 年，杨叔子教授等人首次提出智能制造技术是面向 21 世纪的制造技术的观点，并提出了我国近期应研究的多项关键技术。

经过 30 多年的时间，我国利用低廉的劳动力成本、丰富的原材料供应等优势发展成为了"世界工厂"，制造业的产能得到了空前的提升，我国也成为制造大国。但是，在高端产品方面，我国制造业仍以代工、加工为主，缺乏拥有核心技术与自主知识产权的产品，处于价值链的较低端。我国制造业亟需一场革命性的转型升级。

2012 年 4 月，科技部发布《智能制造科技发展"十二五"专项规划》。该规划提出按照科学发展观和建设制造强国的要求，面向我国国民经济重大需求和国际智能制造技术的发展趋势，坚持"前瞻布局、重点突出、创新跨越，引领产业"的发展思路，研发相关的智能化高端装备、制造过程智能化技术与系统、关键支撑技术及基础核心部件，形成智能制造的理论体系和系统框架。攻克瓶颈技术，实现重大突破，打破国外垄断，建立标准体系，为我国制造业的低碳、高效、安全运行和可持续发展，提供成套的解决方案。通过示范、推广实现产业升级，促进高端装备制造业的发展，增强我国制造业的全球竞争力。

发展目标是建立智能制造基础理论与技术体系、突破一批智能制造基础技术与部件、攻克一批智能化高端装备、研发制造过程智能化技术与装备、系统集成与重大示范应用。针对七大战略性新兴产业、传统制造业，实现设计过程智能化、制造过程智能化和制造装备智能化。

2015 年 5 月 19 日，国务院印发《中国制造 2025》，这是我国实施制造强国战略第一个十年的行动纲领。该行动纲领明确提出，要完善以企业为主体、以市场为导向、政产学研用相结合的制造业创新体系。围绕产业链部署创新链，围绕创新链配置资源链，加强关键核心技术攻关，加速科技成果产业化，提高关键环节和重点领域的创新能力。其具体路径包括：加强关键核心技术研发、提高创新设计能力、推进科技成果产业化、完善国家制造业创新体系、形成一批制造业创新中心、加强标准体系建设、强化知识产权运用。

《中国制造2025》确定的战略目标为：立足国情，立足现实，力争通过"三步走"实现制造强国的战略目标。

第一步：力争用十年时间，迈入制造强国行列。到2020年，基本实现工业化，制造业大国地位进一步巩固，制造业信息化水平大幅提升。掌握一批重点领域关键核心技术，优势领域竞争力进一步增强，产品质量有较大提高。制造业数字化、网络化、智能化取得明显进展。重点行业单位工业增加值能耗、物耗及污染物排放明显下降。到2025年，制造业整体素质大幅提升，创新能力显著增强，全员劳动生产率明显提高，两化（工业化和信息化）融合迈上新台阶。重点行业单位工业增加值能耗、物耗及污染物排放达到世界先进水平。形成一批具有较强国际竞争力的跨国公司和产业集群，在全球产业分工和价值链中的地位明显提升。

第二步：到2035年，我国制造业整体达到世界制造强国阵营中等水平。创新能力大幅提升，重点领域发展取得重大突破，整体竞争力明显增强，优势行业形成全球创新引领能力，全面实现工业化。

第三步：新中国成立一百年时，制造业大国地位更加巩固，综合实力进入世界制造强国前列。制造业主要领域具有创新引领能力和明显竞争优势，建成全球领先的技术体系和产业体系。

2016年9月，工信部、财政部联合制定的《智能制造发展规划（2016—2020年）》印出。该规划指出加快发展智能制造，是培育我国经济增长新动能的必由之路，是抢占未来经济和科技发展制高点的战略选择，对于推动我国制造业供给侧结构性改革，打造我国制造业竞争新优势，实现制造强国具有重要战略意义。发展目标是，2025年前，推进智能制造发展实施"两步走"战略：第一步，到2020年，智能制造发展基础和支撑能力明显增强，传统制造业重点领域基本实现数字化制造，有条件、有基础的重点产业智能转型取得明显进展；第二步，到2025年，智能制造支撑体系基本建立，重点产业初步实现智能转型。

2021年3月12日，《中华人民共和国国民经济和社会发展第十四个五年规划和2035年远景目标纲要》发布。该纲要指出要深入实施智能制造和绿色制造工程，发展服务型制造新模式，推动制造业高端化智能化绿色化。培育先进制造业集群，推动机器人、高端数控机床等产业创新发展。深入实施增强制造业核心竞争力和技术改造专项。建设智能制造示范工厂，完善智能制造标准体系。

2021年12月21日，工信部、发改委等八部门联合印发《"十四五"智能制造发展规划》。该规划指出推进智能制造，要立足制造本质，紧扣智能特征，以工艺、装备为核心，以数据为基础，依托制造单元、车间、工厂、供应链等载体，构建虚实融合、知识驱动、动态优化、安全高效、绿色低碳的智能制造系统，推动制造业实现数字化转型、网络化协同、智能化变革。到2025年，规模以上制造业企业大部分实现数字化网络化，重点行业骨干企业初步应用智能化；到2035年，规模以上制造业企业全面普及数字化网络化，重点行业骨干企业基本实现智能化。

立足现实看未来，基于信息与数字技术的产品设计、制造和生产管理将成为未来社会的重要组成部分，智能制造不仅会成为制造业的核心，也会带来价值链和商业模式的深刻变革。

1.2 智能制造的概念与范式

1.2.1 智能制造的概念

目前，国际和国内都尚且没有关于智能制造的统一而准确的定义，但《智能制造发展规划（2016—2020年）》给出了一个比较全面的描述性定义：智能制造是基于新一代信息通信技术与先进制造技术深度融合，贯穿于设计、生产、管理、服务等制造活动的各个环节，具有自感知、自学习、自决策、自执行、自适应等功能的新型生产方式。

智能制造包括智能制造技术（IMT）与智能制造系统（IMS）。

（1）智能制造技术（IMT） 智能制造技术是指利用计算机模拟制造专家的分析、判断、推理、构思和决策等智能活动，并将这些智能活动与智能机器有机融合，使其广泛应用于制造企业的各个子系统（如经营决策、采购、产品设计、生产计划、制造、装配、质量保证和市场销售等）的先进制造技术。

（2）智能制造系统（IMS） 智能制造系统是指部分或全部由具有一定自主性和合作性的智能制造单元组成的、在制造活动全过程中表现出一定智能行为的制造系统。其最主要的特征在于工作过程中对知识的获取、表达与使用。根据其知识来源，智能制造系统可分为如下两类。

1）非自主式制造系统：该类系统以专家系统为代表，其利用的知识是由人类的制造知识总结归纳而来的。

2）自主式制造系统：该类系统是建立在系统自学习、自进化与自组织基础上的，具有强大的适应性以及高度开放的创新能力。

1.2.2 智能制造的范式

智能制造作为制造技术和信息通信技术深度融合的产物，相关范式的诞生和演变与数字化网络化智能化的特征紧密联系，这些范式从其诞生之初都具有数字化特征，计算机集成制造、网络化制造、云制造和智能化制造等具有网络化特征，而未来融入新一代人工智能的智能化制造则具有智能化特征，见表1-1。

表1-1 智能制造相关范式与特征

特征	数字化	网络化	智能化
范式	智能化制造 云制造 网络化制造 计算机集成制造 数字化制造 敏捷制造 并行工程 柔性制造 精益生产	智能化制造 云制造 网络化制造 计算机集成制造	智能化制造

根据智能制造数字化、网络化、智能化的基本技术特征，智能制造可总结归纳为三种基本范式：数字化制造，即第一代智能制造；数字化网络化制造，即"互联网+"制造或第二代智能制造；数字化网络化智能化制造，即新一代智能制造，如图1-2所示。

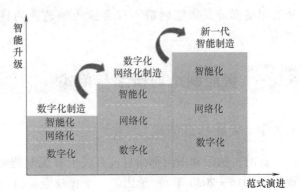

图1-2 智能制造基本范式的演进

需要强调的是，我国制造业有世界上门类最为齐全、最独立完整的产业体系，包括以机电产品制造为主体的离散型制造业和石化、冶金、建材、电力等流程型制造业。这里讨论的智能制造包括了离散型制造业和流程型制造业的数字化网络化智能化。

1. 数字化制造

数字化制造是智能制造的第一种基本范式，也可称为第一代智能制造。智能制造的概念最早出现于20世纪80年代，但是由于当时应用的第一代人工智能技术还难以解决工程实践问题，因而那一代智能制造主体上是数字化制造。

20世纪下半叶以来，随着制造业对于技术进步的强烈需求，以数字化为主要形式的信息技术广泛应用于制造业，推动制造业发生革命性变化。数字化制造是在数字化技术和制造技术融合的背景下，通过对产品信息、工艺信息和资源信息进行数字化描述、分析、决策和控制，快速生产出满足用户要求的产品。

数字化制造的主要特征表现为：第一，数字技术在产品中得到普遍应用，形成"数字一代"创新产品；第二，广泛应用数字化设计、建模仿真、数字化装备、信息化管理；第三，实现生产过程的集成优化。

20世纪80年代以来，我国企业逐步推进应用数字化制造，取得了巨大的技术进步。特别是近年来，各地大力推进"数控一代产品创新""机器换人""数字化改造"，大批数字化产品涌现出来，一大批数字化生产线、数字化车间、数字化工厂建立起来，众多的企业完成了数字化制造升级，我国数字化制造迈入了新的发展阶段。

对于这一种范式，须清醒地认识到我国大多数企业，特别是广大中小企业还没有完成数字化制造转型。面对这样的现实，我国在推进智能制造过程中，必须实事求是、踏踏实实地完成数字化"补课"，进一步夯实智能制造发展的基础。

需要说明的是，数字化制造是智能制造的基础，其内涵不断发展，贯穿于智能制造的三种基本范式和全部发展历程，这里定义的数字化制造是作为第一种基本范式的数字化制造，是一种相对狭义的定位，国际上也有关于数字化制造比较广义的定位和理论。

2. 数字化网络化制造

数字化网络化制造是智能制造的第二种基本范式，也可称为"互联网+"制造或第二代智能制造。

20世纪末，互联网技术开始广泛应用，"互联网+"不断推进互联网和制造业融合发展，网络将人、流程、数据和事物连接起来，通过企业内、企业间的协同和各种社会资源的共享与集成，重塑制造业的价值链，推动制造业从数字化制造向数字化网络化制造转变。

数字化网络化制造主要特征表现为：第一，在产品方面，数字技术、网络技术得到普遍应用，产品实现网络连接，设计、研发实现协同与共享；第二，在制造方面，实现横向集成、纵向集成和端到端集成，打通整个制造系统的数据流、信息流；第三，在服务方面，企业与用户通过网络平台实现联接和交互，企业生产开始从以产品为中心向以用户为中心转型。

我国工业界紧紧抓住互联网发展的战略机遇，大力推进"互联网+"制造，数字化网络化水平大大提高，企业的需求极为迫切，发展的势头极为迅猛。一方面，一批数字化制造基础较好的企业成功转型，实现了数字化网络化制造；另一方面，大量原来还未完成数字化制造的企业，则采用并行推进数字化制造和数字化网络化制造的技术路线，在完成数字化制造"补课"的同时，跨越到数字化网络化制造阶段，实现了企业的优化升级。

3. 数字化网络化智能化制造

数字化网络化智能化制造是智能制造的第三种基本范式，也可称为新一代智能制造。近年来，人工智能加速发展，实现了战略性突破，先进制造技术与新一代人工智能技术深度融合，形成了新一代智能制造——数字化网络化智能化制造。

新一代智能制造的主要特征表现在制造系统具备了"学习"能力。通过深度学习、增强学习、迁移学习等技术的应用，制造领域的知识产生、获取、应用和传承效率将发生革命性变化，显著提高创新与服务能力。

新一代智能制造是真正意义上的智能制造，将从根本上引领和推进新一轮工业革命，是我国制造业实现"换道超车"的重大机遇。

4. 对三种范式的理解

智能制造的三种基本范式体现了智能制造发展的内在规律。一方面，三种基本范式依次展开，各有自身阶段的特点和要重点解决的问题，体现着先进信息技术与先进制造技术融合发展的阶段性特征。另一方面，三种基本范式在技术上并不是绝然分离的，而是相互交织、迭代升级，体现着智能制造发展的融合性特征。

对中国等新兴工业国家而言，应发挥后发优势采取三种基本范式"并行推进、融合发展"的技术路线。

1.3　智能制造的特征

推动智能制造，能够有效缩短产品研制周期、提高生产效率和产品质量、降低运营成本和资源能源消耗，并促进基于互联网的众创、众包、众筹等新业态、新模式的孕育发展。智能制造具有以智能工厂为载体、以关键制造环节智能化为核心、以端到端数据流为基础、以网络互联为支撑等特征，这实际上指出了智能制造的核心技术、管理要求、主要功能和经济目标，体现了智能制造对于我国工业转型升级和国民经济持续发展的重要作用。

1.3.1　以智能工厂为载体

智能工厂是实现智能制造的载体。在智能工厂中，通过生产管理系统、计算机辅助工具和智能装备的集成与互操作来实现智能化、网络化分布式管理，进而实现企业业务流程与工艺流程的协同，以及生产资源（材料、能源等）在企业内部及企业之间的动态配置。

一方面，"工欲善其事必先利其器"，实现智能制造的利器就是数字化、网络化的工具软件和制造装备，包括以下类型。

1）计算机辅助工具，如 CAD（Computer Aided Design，计算机辅助设计）、CAE（Computer Aided Engineering，计算机辅助工程）、CAPP（Computer Aided Process Planning，计算机辅助工艺设计）、CAM（Computer Aided Manufacturing，计算机辅助制造）等工具。

2）计算机仿真工具，如物流仿真、工程物理仿真（包括结构分析、声学分析、流体分析、热力学分析、运动分析、复合材料分析等多物理场仿真）、工艺仿真等工具。

3）工厂（车间）业务与生产管理系统，如 ERP（Enterprise Resource Planning，企业资源计划）、MES（Manufacturing Execution System，制造执行系统）、PLM（Product Life cycle Management，产品全生命周期管理）、PDM（Product Data Management，产品数据管理）等管理系统。

4）智能装备，如高档数控机床与机器人、增材制造装备（3D 打印机）、智能传感与控制装备、智能检测与装配装备、智能物流与仓储装备等。

5）新一代信息技术，如物联网、云计算、大数据等技术。

另一方面，智能制造是一个覆盖宽泛领域和技术的"超级"系统工程，在生产过程中以产品全生命周期管理为主线，还伴随着供应链、订单、资产等的全生命周期管理，如图 1-3 所示。

智能工厂借助于各种生产管理工具、软件和系统以及智能设备，打通企业从设计、生产到销售、维护的各个环节，实现集成产品仿真设计、生产自动排程、信息上传下达、生产过程监控、质量在线监测、物料自动配送等环节的智能化生产。下面介绍几个智能工厂中的"智能"生产场景。

场景 1：设计制造一体化。在智能化较好的航空航天制造领域，采用基于模型的设计（Model-Based Design，MBD）技术实现产品开发，用一个集成的三维实体模型完

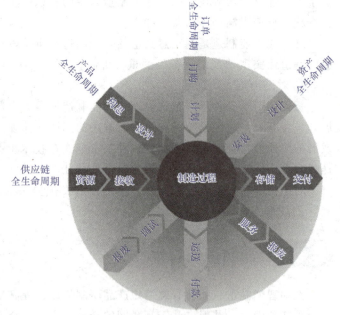

图 1-3　智能制造生命周期管理

整地表达产品的设计信息和制造信息［产品结构、三维尺寸、BOM（Bill of Material，物料清单）等］，所有的生产过程，包括产品设计、工艺设计、工装设计、产品制造、检验检测等都基于该模型实现，这打破了设计与制造之间的壁垒，有效解决了产品设计与制造一致性问题。

场景 2：供应链及库存管理。企业要生产的产品种类、数量等信息通过订单确认，这使得生产变得精确。例如，使用 ERP 或 WMS（Warehouse Management System，仓库管理系统）进行原材料库存管理，包括各种原材料的种类、数量及供应商等信息。当客户订单下达时，

ERP 自动计算所需的原材料，并根据供应商信息计算原材料的采购时间，确保在满足交货时间要求的同时使库存成本最低甚至为零。

场景3：质量控制。车间内使用的传感器、设备和仪器能够自动地在线采集质量控制所需的关键数据；生产管理系统基于实时采集的数据，提供质量判异和过程判稳等在线质量监测和预警方法，及时有效发现产品质量问题。此外，产品具有唯一标识（条形码、二维码、电子标签），可以以文字、图片和视频等方式追溯产品质量所涉及的信息，如用料批次、供应商、作业人员、作业时间、作业地点、加工工艺、加工设备等信息，以及质量检测及判定、不良处理过程等过程记录。

场景4：能效优化。采集关键制造装备、生产过程、能源供给等环节的能效相关数据，使用 MES 或 EMS（Energy Management System，能源管理系统）对能效相关数据进行管理和分析，及时发现能效的波动和异常，在保证正常生产的前提下，相应地对生产过程、设备、能源供给及人员等进行调整，实现生产过程的能效提高。

总之，智能工厂的建立可大幅改善劳动条件，减少生产线人工干预，提高生产过程可控性，最重要的是借助信息化技术打通企业的各个流程，实现从设计、生产到销售各个环节的互联互通，并在此基础上实现资源的整合优化和提高，从而进一步提高企业的生产效率和产品质量。

1.3.2 以关键制造环节智能化为核心

互联网技术的普及使得企业与个体客户间的即时交流成为现实，促使制造业可实现从需求端到研发生产端的拉动式生产，以及从"生产型"向"服务型"产业转变。因此，企业领先于竞争对手完成数字化、网络化与智能化的转型升级，实现大规模定制化生产来满足个性化需求并提供智能服务，方能在瞬息万变的市场上立于不败之地。

看得见的是个性化定制和智能服务，看不见的是生产制造各环节的数字化、网络化与智能化。实现智能制造，网络化是基础，数字化是工具，智能化则是目标。

1. 网络化

网络化是指使用相同或不同的网络将工厂或车间中的各种计算机系统、智能装备，甚至操作人员、物料、半成品和成品等连接起来，以实现设备与设备、设备与人、物料与设备之间的信息互通和良好交互。生产现场的智能装备通过工业控制网络连接，工业控制网络包括现场总线（如 PROFIBUS、CC-Link、Modbus 等类型的现场总线）、工业以太网（如 PROFI-NET、CC-LinkIE、Ethernet/IP、EtherCAT、POWERLINK、EPA 等类型的工业以太网）、工业无线传感器网络（如 WIA-PA、WIA-FA、WirelessHART、ISA100.11a 等类型的工业无线传感器网络）等网络技术。射频识别（Radio Frequency Identification，RFID）技术在智能工厂中也扮演着重要角色，可实现产品在整个制造过程中的自动识别与跟踪管理。车间或工厂的生产管理系统则直接使用以太网连接。此外，工厂网络还要求与互联网相连接，通过大数据应用和工业云服务实现价值链企业协同制造、产品远程诊断和维护等智能服务。

2. 数字化

数字化是指借助于各种计算机工具，一方面在虚拟环境中对产品物体特征、生产工艺甚至工厂布局进行辅助设计和仿真验证，例如，使用 CAD 软件进行产品二维、三维设计并生成数控程序 G 代码，使用 CAE 软件对工程和产品进行性能与可靠性分析与验证，使用

CAPP 软件通过数值计算、逻辑判断和推理等功能来制订和仿真零部件机械加工工艺过程，使用 CAM 软件进行生产设备管理控制和操作过程等；另一方面，对生产过程进行数字化管理，例如，使用 CDD（Common Data Dictionary，通用数据字典）建立产品全生命周期数据集成和共享平台，使用 PDM 平台管理产品相关信息（包括零件、结构、配置、文档、CAD 文件等），使用 PLM 平台进行产品全生命周期管理（产品全生命周期的信息创建、管理、分发和应用的一系列应用解决方案）等。

3. 智能化

智能化可分为两个阶段，当前阶段是面向定制化设计的阶段，支持多品种小批量生产模式，通过使用智能化的生产管理系统与智能装备，实现产品全生命周期的智能管理，未来愿景则是实现状态自感知、实时分析、自主决策、自我配置、精准执行的自组织生产。这就要求首先实现生产数据的透明化管理，各个制造环节产生的数据能够被实时监测和分析，从而做出智能决策；其次要求生产线具有高度的柔性，能够进行模块化的组合，以满足生产不同产品的需求。此外，还应提升产品本身的智能化水平，如提供友好的人机交互、语言识别、数据分析等智能功能，并且生产过程中的每个产品和零部件是可标识、可跟踪的，甚至产品了解自己被制造的细节以及将被如何使用。

数字化、网络化、智能化是保证智能制造实现"两提升、三降低"[一]经济目标的有效手段。数字化确保产品从设计到制造的一致性，并且在制样前对产品的结构、功能、性能乃至生产工艺都进行仿真验证，极大节约开发成本和缩短开发周期。网络化通过信息横、纵向集成实现研究、设计、生产和销售各种资源的动态配置以及产品全程跟踪检测，在实现个性化定制与柔性生产的同时提高了产品质量。智能化将人工智能融入设计、感知、决策、执行、服务等产品全生命周期，提高生产效率和产品核心竞争力。

1.3.3 以网络互联为支撑

智能制造的首要任务是信息的处理与优化，工厂或车间内各种网络的互联互通则是基础与前提。没有互联互通和数据采集与交互，工业云、工业大数据都将成为无源之水。智能工厂或数字化车间中的生产管理系统（信息管理系统）和智能装备（自动化系统）互联互通形成了企业的综合网络。按照所执行功能的不同，企业综合网络划分为不同的层次，自下而上包括现场层、控制层、执行层和计划层。图 1-4 给出了符合该层次模型的一个智能工厂或数字化车间网络互联的典型结构。随着技术的发展，该结构呈现扁平化发展趋势，以适应协同高效的智能制造需求。

智能工厂或数字化车间网络互联各层次定义的功能以及各种系统、设备在不同层次上的分配如下。

1）计划层：实现面向企业的经营管理，如接收订单、建立基本生产计划（如原材料使用、交货、运输）、确定库存等级、保证原料及时到达正确的生产地点及远程运维管理等。ERP、CRM（Customer Relationship Management，客户关系管理）、SCM（Supply Chain relationship Management，供应链关系管理）等管理软件在该层运行。

2）执行层：实现面向工厂或车间的生产管理，如维护记录、详细排产、可靠性保障

[一] "两提升"指的是提高生产效率和资源综合利用率，"三降低"指的是缩短研制周期、减少运营成本及降低不良品率。

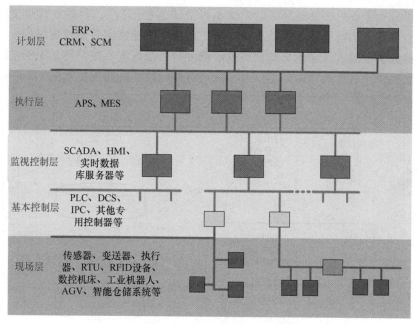

图 1-4 智能工厂或数字化车间网络互联典型结构

等。APS（Advanced Planning and Scheduling，高级计划与排程）、MES 等软件在该层运行。

3）控制层：实现面向生产制造过程的监视和控制。按照不同功能，该层次可进一步细分为如下两层。

监视控制层：包括可视化的 SCADA（Supervisory Control and Data Acquisition，数据采集与监视控制）系统、HMI（Human Machine Interface，人机接口）、实时数据库服务器等，这些系统统称为监视控制系统。

基本控制层：包括各种可编程的控制设备，如 PLC（Programmable Logic Controller，可编程逻辑控制器）、DCS（Distributed Control System，分布式控制系统）、IPC（Industrial PC，工业计算机）、其他专用控制器等，这些设备统称为控制设备。

4）现场层：实现面向生产制造过程的传感和执行，包括各种传感器、变送器、执行器、RTU（Remote Terminal Unit，远程终端单元）、RFID 设备，以及数控机床、工业机器人、AGV（Automated Guided Vehicle，自动引导车）、智能仓储系统等制造装备，这些设备统称为现场设备。

工厂或车间的网络互联互通本质上就是实现信息或数据的传输与使用，具体包含以下含义：物理上分布于不同层次、不同类型的系统和设备通过网络连接在一起，并且信息或数据在不同层次、不同设备间传输；设备和系统能够一致地解析所传输信息或数据的数据类型甚至了解其含义。前者即指网络化，后者需首先定义统一的设备运行规范或设备信息模型，并通过计算机可识别的方法（软件或可读文件）来表达设备的具体特征（参数或属性），这一般由设备制造商提供。这样就可以在生产管理系统（ERP、MES、PDM 等）或监控系统（SCADA 等）接收到现场设备的数据后，能够解析出数据的数据类型及其代表的含义。

1.3.4 以端到端数据流为基础

智能制造要求各层次网络集成和互操作，这打破原有的业务流程与过程控制流程相脱节的局面，使得分布于各生产制造环节的系统不再是"信息孤岛"，数据或信息交换要求从底层现场层向上贯穿至执行层甚至计划层，使得工厂或车间能够实时监视现场的生产状况与设备信息，并根据获取的信息来优化和调整生产调度与资源配置。按照图 1-4 所示的智能工厂或数字化车间网络互联典型结构，工厂或车间中可能的端到端数据流如图 1-5 所示。

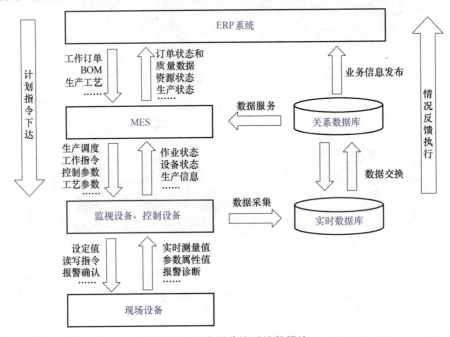

图 1-5　智能制造端到端数据流

智能制造端到端数据流具体包括如下数据数。

1）现场设备与控制设备之间的数据流：交换输入、输出数据，如控制设备向现场设备发送的设定值（输出数据），以及现场设备向控制设备发送的测量值（输入数据）；控制设备读写现场设备的访问记录参数；现场设备向控制设备发送诊断信息和报警信息。

2）现场设备与监视设备之间的数据流：监视设备采集现场设备的输入数据；监视设备读写现场设备的访问记录参数；现场设备向监视设备发送诊断信息和报警信息。

3）现场设备与 MES 或 ERP 系统之间的数据流：现场设备向 MES 或 ERP 系统发送与生产运行相关的数据，如质量数据、库存数据、设备状态等；MES 或 ERP 系统向现场设备发送作业指令、参数配置等。

4）控制设备与监视设备之间的数据流：监视设备从控制设备采集可视化所需要的数据；监视设备向控制设备发送控制和操作指令、参数设置等信息；控制设备向监视设备发送诊断信息和报警信息。

5）控制设备与 MES 或 ERP 系统之间的数据流：MES 或 ERP 系统将作业指令、参数配置、处方数据等发送给控制设备；控制设备向 MES 或 ERP 系统发送与生产运行相关的数据，如质量数据、库存数据、设备状态等；控制设备向 MES 或 ERP 系统发送诊断信息和报警信息。

6）监视设备与 MES 或 ERP 系统之间的数据流：MES 或 ERP 系统将作业指令、参数配置、处方数据等发送给监视设备；监视设备向 MES 或 ERP 系统发送与生产运行相关的数据，如质量数据、库存数据、设备状态等；监视设备向 MES 或 ERP 系统发送诊断信息和报警信息。

1.4 国家智能制造标准体系建设

1.4.1 智能制造系统架构

智能制造是基于先进制造技术与新一代信息技术深度融合，贯穿于设计、生产、管理、服务等产品全生命周期，具有自感知、自决策、自执行、自适应、自学习等特征，旨在提高制造业质量、效率效益和柔性的先进生产方式。

智能制造系统架构从生命周期、系统层级和智能特征等 3 个维度对智能制造所涉及的要素、装备、活动等内容进行描述，主要用于明确智能制造的标准化对象和范围。智能制造系统架构如图 1-6 所示。

1. 生命周期

生命周期涵盖从产品原型研发到产品回收再制造的各个阶段，包括设计、生产、物流、销售、服务等一系列相互联系的价值创造活动。生命周期的各项活动可进行迭代优化，具有可持续性发展等特点，不同行业的生命周期构成和时间顺序不尽相同。

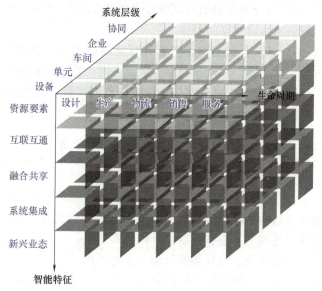

图 1-6 智能制造系统架构

1）设计是指根据企业的所有约束条件以及所选择的技术来对需求进行实现和优化的过程。

2）生产是指将物料进行加工、运送、装配、检验等活动创造产品的过程。

3）物流是指物品从供应地向接收地的实体流动过程。

4）销售是指产品或商品等从企业转移到客户手中的经营活动。

5）服务是指产品提供者与客户接触过程中所产生的一系列活动的过程及其结果。

2. 系统层级

系统层级是指与企业生产活动相关的组织结构的层级划分，包括设备层、单元层、车间层、企业层和协同层。

1）设备层是指企业利用传感器、仪器仪表、机器、装置等，实现实际物理流程并感知和操控物理流程的层级。

2）单元层是指用于企业内处理信息、实现监测和控制物理流程的层级。

3）车间层是实现面向工厂或车间的生产管理的层级。

4）企业层是实现面向企业经营管理的层级。

5）协同层是企业实现其内部和外部信息互联和共享，实现跨企业间业务协同的层级。

3. 智能特征

智能特征是指制造活动具有的自感知、自决策、自执行、自学习、自适应之类功能的表征，包括资源要素、互联互通、融合共享、系统集成和新兴业态等5层智能化要求。

1）资源要素是指企业从事生产时所需要使用的资源或工具及其数字化模型所在的层级。

2）互联互通是指通过有线或无线网络、通信协议与接口，实现资源要素之间的数据传递与参数语义交换的层级。

3）融合共享是指在互联互通的基础上，利用云计算、大数据等新一代信息通信技术，实现信息协同共享的层级。

4）系统集成是指企业实现智能制造过程中的装备、生产单元、生产线、数字化车间、智能工厂之间，以及智能制造系统之间的数据交换和功能互连的层级。

5）新兴业态是指基于物理空间不同层级资源要素和数字空间集成与融合的数据、模型及系统，建立的涵盖了认知、诊断、预测及决策等功能，且支持虚实迭代优化的层级。

1.4.2 智能制造标准体系建设总体要求

1. 基本原则

加强统筹，分类施策。完善国家智能制造标准工作顶层设计，统筹推进国家标准与行业标准、国内标准与国际标准的制定与实施。结合重点行业（领域）的技术特点和发展需求，有序推进细分行业智能制造标准体系建设。

夯实基础，强化协同。加快基础通用、关键技术、典型应用等重点标准制定。结合智能制造跨行业、跨领域、系统融合等特点，推动产业链各环节、产学研用各方共同开展标准制定。

立足国情，开放合作。结合我国智能制造技术和产业发展现状，鼓励国内企事业单位积极参与国际标准化活动。加强与全球产业界的交流与合作，积极贡献中国的技术方案和实践经验，共同推进智能制造国际标准制定。

2. 建设目标

到2023年，制修订100项以上国家标准、行业标准，不断完善先进适用的智能制造标准体系。加快制定人机协作系统、工艺装备、检验检测装备等智能装备标准，智能工厂设计、集成优化等智能工厂标准，供应链协同、供应链评估等智慧供应链标准，网络协同制造等智能服务标准，数字孪生、人工智能应用等智能赋能技术标准，工业网络融合等工业网络标准，支撑智能制造发展迈上新台阶。

到2025年，在数字孪生、数据字典、人机协作、智慧供应链、系统可靠性、网络安全与功能安全等方面形成较为完善的标准簇，逐步构建起适应技术创新趋势、满足产业发展需求、对标国际先进水平的智能制造标准体系。

1.4.3 智能制造标准体系结构

智能制造标准体系结构包括"A基础共性""B关键技术""C行业应用"3个部分，主要反映标准体系各部分的组成关系。智能制造标准体系结构图如图 1-7 所示。

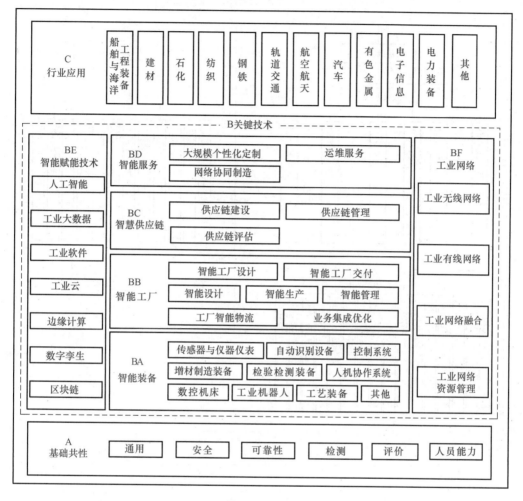

图 1-7 智能制造标准体系结构图

具体而言，A 基础共性标准包括通用、安全、可靠性、检测、评价、人员能力等 6 大类，位于智能制造标准体系结构图的最底层，是 B 关键技术标准和 C 行业应用标准的支撑。B 关键技术标准是智能制造系统架构智能特征维度在生命周期维度和系统层级维度所组成的制造平面的投影，其中，BA 智能装备标准主要聚焦于智能特征维度的资源要素，BB 智能工厂标准主要聚焦于智能特征维度的资源要素和系统集成，BC 智慧供应链对应智能特征维度互联互通、融合共享和系统集成，BD 智能服务对应智能特征维度的新兴业态，BE 智能赋能技术对应智能特征维度的资源要素、互联互通、融合共享、系统集成和新兴业态，BF 工业网络对应智能特征维度的互联互通和系统集成。C 行业应用标准位于智能制造标准体系结构图的最顶层，面向行业具体需求，对 A 基础共性标准和 B 关键技术标准进行细化和落地，指导各行业推进智能制造。

智能制造标准体系框架图包含了智能制造标准体系的基本组成单元，具体包括 A 基础共性、B 关键技术、C 行业应用等 3 个部分，如图 1-8 所示。

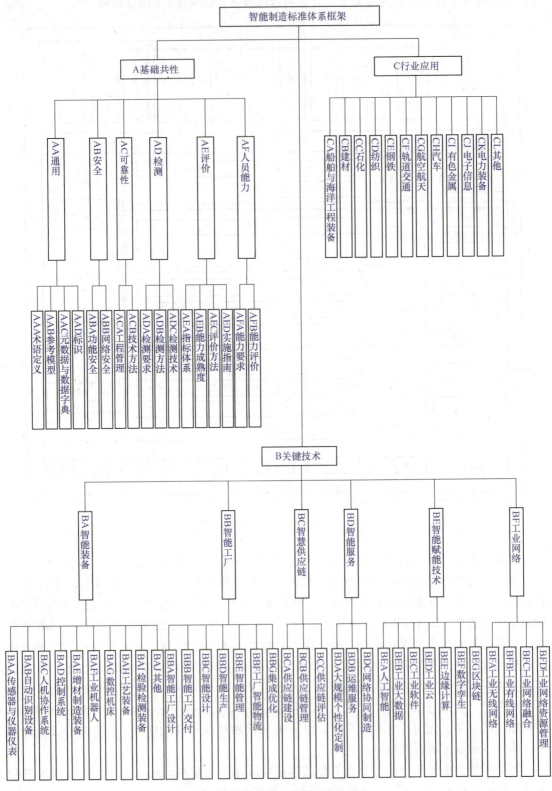

图 1-8　智能制造标准体系框架图

1.5 智能制造与我国制造业发展

1.5.1 我国制造业发展现状

我国制造业现状是"2.0 补课，3.0 普及，4.0 示范"，其中工业 2.0、3.0、4.0 对应的含义如下。

1）2.0 实现"电气化与自动化"生产：使用继电器、电气自动化来控制机械制造装备，但各生产环节和制造装备都是"信息孤岛"，生产管理系统与自动化系统信息不贯通，甚至企业尚未使用 ERP 系统或 MES 进行生产信息化管理。我国许多中小企业都处于此阶段。

2）3.0 实现"信息化"生产：广泛应用电子与信息技术，使得制造过程的自动化控制程度大幅度提高。使用网络化的基于 PC（Personal Computer，个人计算机）、PLC 或单片机的制造装备，因此制造装备具有一定智能功能（如标识与维护、诊断与报警等），采用 ERP 系统和 MES 进行生产信息化管理，初步实现了企业内部的横向集成与纵向集成。

3）4.0 实现"智能化"生产：利用信息通信技术实现工厂中所有信息基础设施（包括智能制造装备、操作人员、物料、半成品和成品）的高度互联互通，借助计算机软件工具实现产品数字仿真设计及快速实体化"虚拟"实现，借助生产管理软件实现产品全生命周期和全制造流程数字化管理，利用互联网、云计算、大数据实现价值链企业协同生产、产品远程维护智能服务等，形成高度灵活、小规模、个性化的产品与服务新模式。

我国实现智能制造必须 2.0、3.0、4.0 并行发展，既要在改造传统制造方面"补课"，又要在绿色制造、智能升级方面"加课"。对于制造企业而言，应着手完成传统生产装备网络化和智能化的升级改造，以及生产制造工艺数字化和生产过程信息化的升级改造。对于装备供应商和系统集成商，应加快实现安全可控的智能装备与工业软件的开发和应用，以及提供智能制造顶层设计与全系统集成服务。

1.5.2 我国制造业发展趋势

党的十八大以来，我国智能制造应用规模和发展水平大幅跃升，制造业智能化发展成效明显，有力支撑了工业经济的高质量发展。近年来，制造业努力推进数字技术与制造技术深度融合、数字经济与实体经济深度融合、信息化与工业化深度融合、人工智能与制造业深度融合，目前，全国已建成近万家数字化车间和智能工厂。经过多年培育，我国智能制造已经取得长足进展，智能制造正在多领域、多场景落地开花。例如，在新能源汽车制造车间，借助智能设备，引入机器人、物联网等技术，实现生产线的自动化改造，提高生产效率，降低生产成本，助力精细化生产；在风电行业，依靠智能巡检技术，远在千里之外也能云端管理大型风力发电机，相比人工巡检，效率显著提升。

当前，我国智能制造产业发展仍然存在一些短板。例如，高性能芯片、智能仪器仪表和传感器、操作系统、工业软件等关键核心元器件和零部件不能完全自主掌握。又如，智能制造的国家标准还不够完善，很多企业应用标准去对标、评价的时候存在"水土不服"的情况。基于此，要多措并举，稳妥施策，构建智能制造的融合创新生态体系。

1）筑牢技术基底，促进人工智能技术与制造业融合创新。加强核心技术攻关，解决一批基础性、共性的技术短板。聚焦于制造业生产全过程，以"揭榜挂帅"方式集中科创资源，攻关一批共性和关键技术，突破精密加工等先进工艺技术。随着工业互联网、大数据及人工智能实现群体突破和融合应用，智能制造已经进入新一代人工智能技术和先进制造技术深度融合的新阶段，应以智能制造系统软件、AI大模型和通用仿生机器人的部署应用为重点产业突破方向，支持打造以大模型为代表的人工智能与制造业深度融合的应用场景。

2）完善标准体系建设，为智能制造提供"中国范式"。我国智能制造的创新发展，离不开技术和产业生态的标准化。通过加强标准引领，建立健全智能制造领域的标准体系，积极推广标准的实施和应用试点、示范。鼓励智能制造领域龙头企业牵头打造智能制造的实践和示范样本，建设示范性工厂和生产线，探索未来制造的模式和企业形态。支持国内高校、科研机构与企业协同合作，通过产学研用深度融合，共同参与智能制造标准、规范的制定。

3）加快中小微企业制造智能化升级。中小微企业既是我国智能制造升级的最大短板，也是未来最大潜力的所在之处。面向中小微企业，可以大规模推行工艺优化、精益管理和流程再造等针对性解决方案。打造"政府-行业龙头企业-服务机构-中小微企业"多级联动的推进机制，以信息流推动产业链、供应链上下游企业间的数据贯通、资源共享和业务协同，实现中小微企业智能化升级。

参 考 文 献

[1] 工业和信息化部，国家标准委. 国家智能制造标准体系建设指南（2021版）[Z]. 2022.
[2] 周济，李培根. 智能制造导论 [M]. 北京：高等教育出版社，2021.
[3] 李培根，高亮. 智能制造概论 [M]. 北京：清华大学出版社，2021.
[4] 刘强. 智能制造概论 [M]. 北京：机械工业出版社，2021.
[5] 陈明，张光新，向宏. 智能制造导论 [M]. 北京：机械工业出版社，2021.
[6] 德州学院，青岛英谷教育科技股份有限公司. 智能制造导论 [M]. 西安：西安电子科技大学出版社，2016.
[7] 张小红，秦威. 智能制造导论 [M]. 上海：上海交通大学出版社，2019.
[8] 曾芬芳，景旭文. 智能制造概论 [M]. 北京：清华大学出版社，2001.
[9] 路雅宁. 网络化制造与关键技术分析 [J]. 数字化用户. 2013，19（11）：2.

习题与思考题

1-1 制造业经历了哪四个阶段？

1-2 什么是智能制造？

1-3 什么是智能制造系统？

1-4 智能制造的本质是实现哪几个维度的全方位集成？

1-5 智能制造的技术特征有哪些？

1-6 要想实现产业的升级，制造业需要在哪几个方面进行智能化升级？

1-7 随着工业4.0的提出，我国出台《中国制造2025》，把智能制造作为主攻方向，以期实现由制造大国向制造强国的跨越。目前，国内智能制造水平相比发达国家还存在较大差距，制造业面临全面升级改造需求，国内亟需大量智能制造领域的优秀专业人才。作为智能制造专业或方向的大学生，请思考你该怎么做，能够为中华民族的伟大复兴贡献哪些力量？

1-8 以你了解的我国某个制造企业为例，说明它现在还主要处于什么发展阶段，在企业的生产经营中面临的主要困难是什么？

✎ **思政拓展**：我国科学事业取得的历史性成就，是一代又一代矢志报国的科学家前赴后继、接续奋斗的结果。新中国成立以来，广大科技工作者们正是在推动祖国科技进步、谋求人民幸福的道路上隐姓埋名、龃龉前行，创造出令世界瞩目的科技成果，铸就了内涵丰富的科学家精神，扫描右侧二维码感受科学家精神。

科学家精神

第2章

智能制造装备

2.1 概述

智能制造装备是指具有感知、分析、推理、决策、控制功能的制造装备，它是先进制造技术、信息技术和智能技术集成和深度融合的产物。

智能制造装备是高端装备制造业发展的重点方向之一。《中国制造2025》提出，到2020年，智能制造装备产业要形成完整的产业体系，实现装备的智能化及制造过程的自动化，部分产品取得原始创新突破，成为具有国际竞争力的先导产业，基本满足国民经济重点领域和国防建设的需求。

《智能制造工程实施指南》提出要突破高档数控机床与工业机器人、增材制造装备、智能传感与控制装备、智能检测与装配装备、智能物流与仓储装备五类关键技术装备，开展首台首套装备研制，提高质量和可靠性，实现工程应用和产业化。本章结合智能制造生产（加工、装配）过程，将重点介绍数控机床、工业机器人、增材制造装备、智能传感检测装备、智能物流与仓储装备五种必要的智能制造装备。

2.2 数控机床

2.2.1 数控机床概述

1. 数控机床的概念

数控技术即数字控制（Numerical Control，NC）技术，是近代发展起来的一种自动控制技术，用数字化的信息实现机床控制。计算机数控（Computerized Numerical Control，CNC）技术是采用计算机实现数字程序控制的技术。这种技术用计算机按事先存储的控制程序来执行对设备的控制功能。由于采用计算机替代原先用硬件逻辑电路组成的数控装置，输入数据的存储、处理、运算、逻辑判断等各种控制机能均可以通过计算机软件来完成。

数控机床是采用数字控制技术对机床的加工过程进行自动控制的一类机床。它把机械加工过程中的各种操作（如主轴变速、进刀与退刀、开车与停车、选择刀具等）和步骤，以及刀具与工件之间的相对位移量都用数字代码形式的信息（程序指令）表示，通过信息载体输入数控装置，经运算处理后由数控装置发出各种控制信号，来控制机床的伺服系统或其他执行元件，按图样要求的形状和尺寸，自动地将零件加工出来。数控机床较好地解决了复杂、精密、小批量、多品种零件的加工问题，是一种柔性的、高效能的自动化机床，代表了现代机床控制技术的发展方向。数控机床是一种典型的机电一体化产品，是集现代机械制造技术、自动控制技术、检测技术、计算机信息技术于一体的高效率、高精度、高柔性和高自动化的现代机械加工设备。

2. 数控机床的特点

数控机床与普通机床加工零件的区别在于数控机床按照程序自动加工零件，而普通机床要求由工人手工操作来加工零件。在数控机床上只要改变控制机床动作的程序，就可以达到加工不同零件的目的，具体而言，数控机床具有以下特点。

1）数控机床可以提高零件的加工精度、稳定产品的质量。

2）数控机床可以完成普通机床难以完成或根本不能加工的复杂曲面的零件加工。

3）相较于普通机床，数控机床可以将生产效率提高2~3倍，尤其对某些复杂零件的加工，生产效率可以提高十几倍甚至几十倍。

4）数控机床可以实现一机多用，特别适用于加工小批量且形状复杂、精度高的零件。

5）数控机床有利于向计算机控制与管理方面发展，为实现生产过程自动化创造了条件。

2.2.2 数控机床的分类

数控机床通常从以下不同角度进行分类。

1. 按工艺用途分类

目前，数控机床的品种规格已达500多种，按其工艺用途可以划分为以下三大类。

1）金属切削类数控机床：又分为普通数控机床和数控加工中心，普通数控机床包括数控车床、数控铣床、数控钻床、数控磨床、数控镗床等。

2）金属成形类数控机床：指采用挤、压、冲、拉等成形工艺的数控机床，常用的有数控弯管机、数控压力机、数控冲剪机、数控折弯机、数控旋压机等。

3）特种加工类数控机床：主要有数控电火花线切割机床、数控电火花成形机床、数控激光与火焰切割机床等。

2. 按控制运动的方式分类

1）点位控制数控机床：点位控制是指数控系统只控制刀具或工作台从一点到另一点的准确定位，对运动轨迹不做控制，在刀具运动过程中，不进行切削加工，如图2-1所示。为了在提高生产效率的同时保证定位精度，刀具或工作台通常先以机床参数设定的速度快速移动，在接近终点时做分级或连续降速，以较低速度趋近目标点，从而减少由运动部件的惯性引起的定位误差。采用这种控制方式的机床有数控钻床、数控镗床、数控压力机、三坐标测量机、印制电路板钻床等。

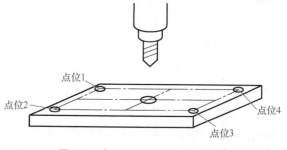

图2-1 点位控制钻孔加工示意图

2）直线控制数控机床：直线控制是指数控系统不仅要控制行程的终点坐标值，还要保证在两点之间，机床的刀具走的是一条直线，而且刀具在走直线的过程中往往要进行切削，如图 2-2 所示。采用这种控制方式的机床有经济型数控车床、数控铣床、数控磨床、数控镗床等。

现代组合机床采用数控技术，驱动各种动力头、多轴箱轴向进给进行钻、镗、铣等加工，也算是一种直线控制数控机床。直线控制也称为单轴数控。

3）轮廓控制数控机床：轮廓控制又称为连续轨迹控制，不仅要控制行程的终点坐标值，还要保证两点之间的轨迹是某种设定的曲线。这类机床能加工圆弧面、锥面和其他复杂曲面。采用这种控制方式的机床有数控车床、数控铣床、数控凸轮磨床、加工中心等。

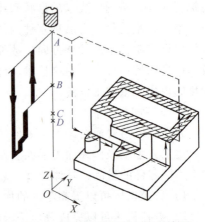

图 2-2　直线控制切削加工示意图

轮廓控制数控机床的数控系统能够同时控制两个或两个以上坐标轴方向上的协调运动，即"坐标联动"。在加工过程中，每时每刻都对各坐标轴方向上的位移和速度进行严格的不间断的控制。按同时控制的轴数，轮廓控制方式可分为 2 轴联动、2.5 轴联动、3 轴联动、4 轴联动、5 轴联动等。例如，采用 2 轴联动轮廓控制方式进行外轮廓铣削加工，如图 2-3 所示；采用 3 轴联动轮廓控制方式铣削曲面，如图 2-4 所示。

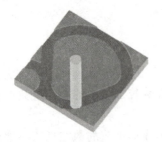

图 2-3　2 轴联动轮廓控制方式

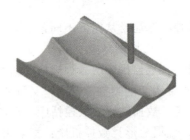

图 2-4　3 轴联动轮廓控制方式

3. 按伺服系统的控制方式分类

1）开环数控机床：其控制框图如图 2-5 所示。这类数控机床没有位置检测反馈装置，数控装置发出的指令信号是单向的，其精度主要取决于驱动元器件和步进电动机的性能，因此具有结构简单、价格较为经济、维护维修方便、速度及精度低的特点。中、小型经济型数控机床一般为这种类型。

图 2-5　数控机床开环控制框图

2）半闭环控制数控机床：其控制框图如图 2-6 所示。这类数控机床采用安装在进给丝杠或电动机端头上的转角测量元件测量丝杠旋转角度，来间接获得位置反馈信息。这种系统的闭环内不包括丝杠、螺母副及工作台，因此可以获得稳定的控制特性，而且由于采用了高分辨率的测量元件，可以获得比较满意的精度及速度。这种控制方式可以获得比开环系统更高的精度，调试比较方便，因而得到广泛应用。大多数数控机床采用这种控制方式，如数控车床、数控铣床、加工中心等。

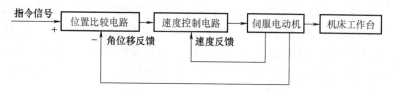

图 2-6　数控机床半闭环控制框图

3）闭环控制数控机床：其控制框图如图 2-7 所示。这类机床上装有位置检测装置，直接对工作台的位移量进行测量。数控装置发出进给指令信号后，经伺服驱动使工作台移动，位置检测装置检测出工作台的实际位移，并反馈到输入端，由位置比较电路将其与指令信号进行比较，然后驱使工作台向其差值减小的方向运动，直到差值等于零为止。闭环控制可以消除传动部件制造中存在的精度误差给工件加工带来的影响，从而得到很高的精度。但是由于很多机械传动环节包括在闭环控制的环路内，直接影响到伺服系统的稳定性。因此，闭环控制系统的设计和调整都非常困难。精度要求很高的数控镗铣床、超精密车床、超精密铣床、加工中心等常采用这种控制方式。

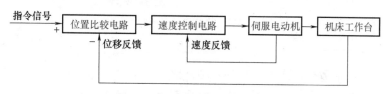

图 2-7　数控机床闭环控制框图

4. 按功能水平分类

数控机床按功能水平的高低，分为高档、中档、低档三类。数控机床功能水平的高低主要由它们的主要技术参数、功能指标和关键部件的功能水平等决定，主要包括以下内容。

1）中央处理单元（Central Processing Unit，CPU）：低档数控机床一般采用 8 位 CPU；而中档、高档数控机床已经由 16 位 CPU 发展到 32 位或 64 位 CPU，并用具有精简指令集的 CPU。

2）分辨力和进给速度：低档数控机床分辨力为 $10\mu m$，进给速度为 $6\sim15m/min$；中档数控机床的分辨力为 $1\mu m$，进给速度为 $12\sim24m/min$；高档数控机床的分辨力为 $0.1\mu m$ 或更小，进给速度为 $24\sim100m/min$ 或更高。

3）多轴联动功能：低档数控机床多为 $2\sim3$ 轴联动；中档、高档数控机床多为 $3\sim5$ 轴或更多轴联动。

4）显示功能：低档数控机床一般只有简单的数码显示或简单的阴极射线管（Cathode Ray Tube，CRT）字符显示；中档数控机床有较齐全的 CRT 显示，不仅有字符，而且有图形及人机对话、自诊断等功能显示；高档数控机床还有三维动态图形显示。

5）通信功能：低档数控机床无通信功能；中档数控机床有 RS-232C 或直接数控（Direct Numerical Control，DNC，也称群控）等接口。高档数控机床有制造自动化协议（Manufacture Automation Protocol，MAP）等高性能通信接口，且具有联网功能。

按数控系统功能水平的高低，另一种分类方法是将数控机床分为经济型（简易）、普及型（全功能）和高档型数控机床。制造经济型数控机床的目的是根据机床的实际使用要求，合理地简化系统，降低价格。在我国，经济型数控机床是指装备了功能简单、价格低、使用方便的低档数控系统的机床，组成主体是数控化改造了的车床、线切割机床及普通机床等。普及型数控机床并不追求过多功能，以实用为准，也称为标准型数控机床。高档型数控机床是指具有高速、精密、智能、复合、多轴联动、网络通信等多功能于一体的数控机床。

2.2.3　数控机床的组成

数控机床是典型的数控设备，其基本组成包括程序介质、数控装置、伺服系统、测量反馈装置、机床主体、辅助装置等，如图 2-8 所示。

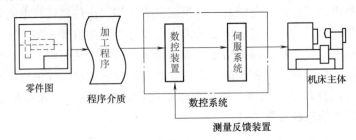

图 2-8　数控机床的组成

1. 程序介质

程序介质用于记录数控机床加工零件所必需的各种信息，如零件加工的工艺过程、工艺参数、位移数据、切削速度等。常用的程序介质有磁带、磁盘等。

数控机床大都采用操作面板上的按钮和键盘将加工程序直接输入或通过串行口将计算机上编写的加工程序输入到数控系统。在 CAD/CAM 集成系统中，其加工程序可不需任何载体就直接输入到数控系统。

2. 数控装置

数控装置是数控机床的核心，现代数控装置均采用 CNC 装置，这种 CNC 装置一般使用多个微处理器，以程序化的软件形式实现数控功能。数控装置由硬件和软件组成。

硬件（除计算机外）的外围设备主要包括光电阅读机、CRT、键盘、操作面板、输入/输出接口等。光电阅读机用于输入系统程序和零件加工程序；CRT 用于显示和监控；键盘用于输入操作命令，以及输入、编辑和修改零件加工程序；操作面板可供操作人员改变操作方式；伺服驱动接口主要用于进行数/模转化，以及对反馈元件的输出进行数字化处理并做记录，以供计算机采样；输入/输出接口用于数控装置与外部交换信息。

软件由管理软件和控制软件组成。管理软件主要包括输入/输出、显示、诊断等程序；控制软件主要包括译码、刀具补偿、速度控制、插补运算、位置控制等程序。

数控装置对机床的控制主要包括以下几个方面：①机床主运动，包括主轴的起动、停止，主轴的转动方向和速度，以及多坐标联动等；②机床的进给运动，包括运动形式（点位、直线、轮廓等）、运动方向和速度等；③刀具的选择和刀具补偿（偏置补偿、半径补偿）；④其他辅助动作，包括工作台的锁紧和松开、工作台的旋转和分度、冷却泵的开/停等辅助动作；⑤显示功能，用 CRT 可以显示字符、轨迹、平面图形及动态三维图形等；

⑥故障自诊断，数控装置中配置各种诊断软件，可以及时发现故障并查明其类型和部位，发出报警；⑦通信和联网功能。

3. 伺服系统

伺服系统是数控机床的执行部分，它接受来自数控装置的指令信息，经转换、放大后驱动伺服电动机，带动机床移动部件运动。伺服系统主要包括主轴驱动单元、进给驱动单元、伺服电动机。常用的伺服电动机有交流伺服电动机和直流伺服电动机。交流伺服电动机由于具有精度高、动态响应好、输出功率大、调速范围宽、价格低等优点，因此得到了广泛应用。

4. 测量反馈装置

测量反馈装置包括速度、位移检测元件及相应电路，它通常被安装在丝杠或伺服电动机上，或者直接安装在机床移动部件上，能将测量信息及时反馈回数控装置，构成半闭环或闭环控制系统。常用检测元件有旋转变压器、感应同步器、脉冲编码器、光栅、磁栅（磁尺）等。

5. 机床主体

机床主体主要包括机床的主传动系统、进给传动系统和基础部件（底座、床身、立柱、工作台、导轨等）。普通机床的主运动传动链与进给运动传动链是由许多齿轮副组成的，传动链结构复杂；数控机床的主运动和各个坐标轴的进给运动由单独的电动机驱动，传动链短，结构简单，主运动与进给运动之间的协调运动由数控系统控制。

（1）数控机床的主传动系统 为了满足数控机床加工精度高、加工柔性好、自动化程度高等要求，数控机床主传动系统具有如下特点。

1）精度高。由于数控机床主轴部件本身精度高、传动链短，故数控机床的主传动系统的精度高。

2）转速高、功率大。数控机床的主传动系统能使数控机床进行大功率切削和高速切削，从而提高生产率。

3）调速范围宽。数控机床的主传动系统有较宽的调速范围，以保证加工时能选用合理的切削用量，获得最佳的生产率、加工精度和表面质量。

4）主轴组件的耐磨性高。有机械摩擦的部位，如轴承、锥孔等都有较高的硬度，轴承处润滑良好，因此耐磨性高，精度保持性好。

（2）数控机床的进给传动系统 数控机床进给传动装置的精度、灵敏度和稳定性，将直接影响工件的加工精度。为此，数控机床的进给传动系统必须满足下列要求。

1）传动精度高。从机械结构方面考虑，进给传动系统的传动精度主要取决于传动间隙和传动件的精度。传动间隙主要来自于传动齿轮副、丝杠螺母副之间，因此在进给传动系统中广泛采用施加预紧力或其他消除间隙的措施。此外，缩短传动链及采用高精度的传动装置，也可提高传动精度。

2）摩擦阻力小。为了提高数控机床进给系统的快速响应性能，必须减小运动部件之间的摩擦阻力和动、静摩擦力之差。为满足上述要求，数控机床进给传动系统普遍采用滚珠丝杠螺母副、静压丝杠螺母副、滚动导轨、静压导轨和塑料导轨等。

3）运动部件转动惯量小。在满足运动部件强度和刚度要求的前提下，应尽可能减小运动部件的质量和旋转部件的直径，以降低其转动惯量，从而改善伺服机构的起动和制动特性。

在数控机床上，一般采用滚珠丝杠螺母副将伺服电动机的回转运动转变为机床移动部件的直线运动。滚珠丝杠螺母副的特点是：传动效率高，一般为 0.92~0.96；传动灵敏，不易产生爬行；使用寿命长；具有可逆性，不仅可以将旋转运动转变为直线运动，而且可以将直线运动转变为旋转运动；施加预紧力后，可消除轴向间隙，反向时无空行程。滚珠丝杠螺母副的结构有内循环与外循环两种方式，如图 2-9 所示。

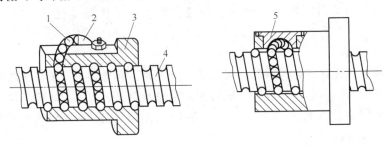

a)外循环滚珠丝杠螺母副　　　　　　　b)内循环滚珠丝杠螺母副

图 2-9　滚珠丝杠螺母副的结构

1—滚珠　2—回珠管　3—螺母　4—丝杠　5—反向器

6. 辅助装置

为了充分发挥设备的性能，数控机床还配置有许多辅助装置，如冷却、润滑、防护、自动排屑等装置，以及对刀仪、刀库和自动换刀机械手等。用于数控车床的几种辅助装置如图 2-10 所示。

a) 电动(或液压)回转刀架　　　　b) 跟刀架　　　　　　c) 对刀仪

图 2-10　数控车床的几种辅助装置

2.2.4　数控机床的技术参数及工作过程

1. 数控机床的主要技术参数

（1）主要规格尺寸　数控车床主要规格尺寸有床身上最大工件回转直径、刀架上最大工件回转直径、加工最大工件长度、最大车削直径等；数控铣床、加工中心主要规格尺寸有工作台面尺寸（长、宽）、工作台 T 形槽尺寸、工作行程等。

（2）主轴系统　数控机床主轴系统有主轴驱动方式、转速、调速范围、主轴回转精度等主要技术参数。数控机床主轴采用直流或交流电动机驱动，具有较宽调速范围和较高回转精度，主轴本身刚度与抗振性比较好。现在，数控机床主轴普遍能达到 $5000 \sim 10000 \mathrm{r/min}$ 甚至更高的转速，可以通过操作面板上的转速倍率开关直接改变主轴转速。

（3）进给系统　进给系统有进给速度范围、快速（空行程）速度范围、脉冲当量（分辨力）、定位精度和螺距范围等主要技术参数。

1）进给速度是影响加工质量、生产效率和刀具寿命的主要因素，直接受到数控装置运算速度、机床运动特性和工艺系统刚度的限制。进给速度可通过操作面板上的进给倍率开关调节。

2）脉冲当量（分辨力）是指两个相邻分散细节之间可以分辨的最小间隔，是重要的精度指标。有两个方面的内容，一是机床坐标轴可达到的控制精度（可以控制的最小位移增量），表示数控装置每发出一个脉冲时坐标轴移动的距离，称为实际脉冲当量或外部脉冲当量；二是内部运算的最小单位，称为内部脉冲当量，一般内部脉冲当量比实际脉冲当量设置得要小，目的是在运算过程中不损失精度。目前，数控机床的脉冲当量一般为 $0.001\mathrm{mm}$，精密或超精密数控机床的脉冲当量采用 $0.1\mu\mathrm{m}$。脉冲当量越小，数控机床的加工精度和加工表面质量越高。

3）定位精度是指数控机床工作台等移动部件在确定的终点所达到的实际位置的精度。移动部件实际位置与理想位置之间的误差称为定位误差。定位误差包括伺服系统、检测系统、进给系统等的误差，还包括移动部件导轨的几何误差等。定位误差将直接影响零件加工的位置精度。

重复定位精度是指在同一台数控机床上，应用相同程序代码加工一批零件，所得到的连续结果的一致程度。重复定位精度受伺服系统特性、进给系统的间隙与刚性以及摩擦特性等因素的影响。一般情况下，重复定位精度是呈正态分布的偶然性误差，它影响一批零件加工的一致性。对于中小型数控机床，定位精度普遍可达 $\pm 0.01\mathrm{mm}$，重复定位精度约为 $\pm 0.005\mathrm{mm}$。

（4）刀具系统　数控车床刀具系统主要技术参数包括刀架工位数、工具孔直径、刀杆尺寸、换刀时间、重复定位精度等各项内容。加工中心刀具系统主要技术参数包括刀库容量与换刀时间等。刀库容量与换刀时间直接影响其生产率，中小型加工中心的刀库容量一般为 $16 \sim 60$ 把，大型加工中心可达 100 把以上。换刀时间是指自动换刀系统将主轴上的刀具与刀库刀具进行交换所需要的时间。

（5）数控机床的可控轴数与联动轴数　数控机床的可控轴数是指机床数控装置能够控制的坐标数目。可控轴数与数控装置的运算处理能力、运算速度及内存容量等有关。目前世界上最高级数控装置的可控轴数已达到 24 轴。数控机床的联动轴数是指机床数控装置控制的坐标轴同时达到空间某一点的坐标数目。

2. 数控机床的工作过程

数控机床加工工件时，首先要根据工件的几何信息和工艺信息按规定的代码类型和格式编制数控加工程序，并将加工程序输入数控系统。数控系统根据输入的加工程序进行信息处理，计算出实际轨迹和运动速度（计算轨迹的过程称为插补），最后将处理的结果输出给伺服机构，控制机床的运动部件按规定的轨迹和速度运动。

（1）加工程序编制　加工一个工件所需的数据及操作命令构成了工件的加工程序。加工前，首先要根据工件的形状、尺寸、材料及技术要求等，确定工件加工的工艺过程、工艺参数（包括加工顺序、切削用量、位移数据、速度等），并根据编程手册中规定的代码或依据不同数控设备说明书中规定的格式，将这些工艺数据转换为工件程序清单。

（2）程序输入 零件加工程序可采用不同形式输入数控装置，具体有以下几种方式。

1）用光电读带机读入数据（早期数控机床）。读入过程分两种形式：一种是边读入边加工；另一种是一次性地将工件的加工程序全部读入数控装置内部的存储器，加工时再从存储器逐段调用。

2）用键盘将程序直接输入数控装置。

3）在通用计算机上采用 CAD/CAM 软件编程或者在专用编程器上编程，然后将加工程序通过电缆输入数控装置或者先将加工程序存入存储介质，再将存储介质上的加工程序输入数控装置。

（3）信息处理 信息处理是数控的核心任务，它的作用是识别输入程序中每个程序段的加工数据和操作命令，并对其进行换算和插补计算。零件加工程序中只能包含各种线段轨迹的起点、终点和半径等有限数据，在加工过程中，伺服机构按零件形状和尺寸要求进行运动，即按图形轨迹移动，因而就要在各线段的起点和终点坐标值之间进行"数据点的密化"，求出一系列中间点的坐标值，并向相应坐标输出脉冲信号，这就是所谓的插补。

（4）伺服控制 伺服控制是根据不同的控制方式对数控装置插补输出的脉冲信号进行功率放大，通过驱动元件（如步进电动机、交流或直流伺服电动机等）和机械传动机构，使数控机床的执行机构相对于工件按规定工艺路线和速度进行加工。

2.2.5 数控技术在智能制造中的应用

高档数控机床是配备制造业智能制造的工作母机，是衡量一个国家配备制造业技术水平和产品质量的重要标志。现在，发达国家在高档数控机床监控、测量、补偿、故障诊断、加工优化等智能化技能上取得的突破，为智能机床的发展奠定了技能根基。

2018 年初，济南二机床自主研制的国产首条自伺服高速自动冲压线，在上汽通用武汉基地全线贯通，并正式交付使用。该伺服冲压线由一台 2000t 多连杆伺服压力机、三台 1000t 多连杆伺服压力机，以及线首自动上料设备、双臂送料设备、线尾自动出料设备等组成，使用了伺服驱动、数控液压、同步操控等多项核心技术。与传统全自动冲压线比较，全伺服高速自动冲压线生产节拍可达到 18 次/min，效率提高 20%，生产柔性也更加优异，可完成"绿色、智能、交融"的全伺服高速冲压生产。

华中数控的新一代智能数控体系可完成自感知、自学习等功能。自感知是采用独创的"指令域"大数据汇聚方法，按毫秒级采样周期汇集数控体系内部电控数据、插补数据，以及温度、振荡、视觉等外部传感器数据，构成数控加工指令域"心电图"和"色谱图"。

沈阳高精 GJ400 总线式全数字数控体系选用基于 Compact PCI 总线结构的多处理器硬件平台；具有多任务实时操作体系软件平台、多通道多轴联动操控系统，以及 SSB Ⅲ、MECHATROLINK Ⅲ 和 EtherCAT 等 3 种总线接口。完成复合加工操控，最小分辨力达 1nm；一起完成高速、高精度操控，其最小插补周期为 0.125ms，程序前瞻可达 2000 段。

北京精雕推出的 JD50 数控体系是集 CAD/CAM、测量为一体的复合式数控体系，具有在机测量自适应补偿功能。其具有的高精度多轴联动加工操控能力，满足微米级精度产品的多轴加工需求,可用于航空航天叶轮等精细零部件加工。

在汽车制造领域,加工中心配备使用取得了重大发展。数控锻压成形设备的产业化成效最为显著,其中,汽车大型覆盖件冲压设备达到世界先进水平,具有了世界市场竞争能力。2016年,济南二机床已成功向福特汽车美国工厂出口了9条冲压线,得到了世界同行的认可和尊重,在世界上树立了崭新的品牌形象。2017年6月底,在经过3套模具试模之后,冲压线顺利通过福特终验收。福特WSP2项目包括1台2500t、1台1600t、3台1000t压力机和线首、线尾及压力机间自动化传送体系,安装在福特汽车伍德黑文工厂。WSP2整个快速冲压线产品运转速度高,产出的零件质量好,服务响应快。福特的第3套模具完成了接连4h不间断出产,运转速度接近整线的设计速度15次/min,每小时出件800件以上。

苏州胜利精密制造科技股份有限公司建造的"便携式电子产品结构模组精密加工智能制造新模式"是2016年工信部智能制造综合标准化与新模式应用项目,是3C制造领域华东地区第一条智能制造示范线。项目进行了车间整体三维建模和运转仿真,利用网络体系完成了实时数据采集与资源互联,建造了包括配备华中8型数控体系的189台高速高精钻攻中心、108台华数机器人、在线视觉检测设备、抛光和打磨设备的20条柔性自动生产线(19条CNC自动化生产线和1条机器人自动打磨线),实现了制作现场无人化。项目建造了包括PLM、三维CAPP、ERP、MES、APS、WMS体系的产品全生命周期管理体系。利用三维CAPP与工艺知识库,有效缩短了产品开发周期。利用MES体系和APS体系,实现了生产计划自动排程和物料精准配送。利用数据驱动云平台,实现了设备状况可视化管理,并进行了工艺参数评估与优化、刀具管理与断刀检测,监测数据实时反馈,与误差补偿等数据进行比对、分析与优化。该项目实现了便携式电子产品结构模组在批量定制环境下的高质量、规模化、柔性化生产。项目实施后生产效率提高45.38%,生产成本下降24.59%,产品研制周期缩短39%,产品不良率下降37.5%,动力利用率提高23.01%。

2.3 工业机器人

2.3.1 工业机器人概述

机器人是"制造业皇冠顶端的明珠",其研发、制造和应用的情况是衡量一个国家科技创新和高端制造业水平的重要标志。《中国制造2025》将"高档数控机床和机器人"作为大力推动的重点领域之一。工信部等多部门印发《"十四五"智能制造发展规划》以及《"十四五"机器人产业发展规划》,为我国机器人产业设立了"十四五"的新目标。

国际上对机器人的概念已经逐渐趋近一致。联合国标准化组织采纳了美国机器人协会给机器人下的定义:"一种可编程和多功能的操作机,或者为了执行不同的任务而具有可用电脑改变和可编程动作的专门系统。"机器人是自动执行工作的机器装置,它既可以接受人类指挥,又可以运行预先编制的程序,也可以根据以人工智能技术制定的原则纲领行动。它的任务是协助或替代人类进行工作,例如,在生产业、建筑业中协助或替代人来完成繁重、重复或危险的工作。

机器人是20世纪出现的新名词。1920年,捷克剧作家Karel Capek在罗萨姆万能机器人公司剧本中第一次提出了"robot"(机器人)这个词,而真正使机器人成为现实的是1959

年美国英格伯格和德沃尔制造出的世界上第一台工业机器人（见图 2-11）。

图 2-11　第一台工业机器人

随着机器人技术、传感器技术和计算机技术的发展，工业机器人经历了三代发展，如图 2-12 所示。

1）第一代机器人是通过遥控的方式操作机器，机器人不能离开人的控制独自运动。通过计算机控制具有多自由度的机械，以示教的方式对机器人存储程序和信息，这样的机器人在其工作时把信息读取出来，可以重复执行人类示教的结果。该类机器人的特点是它对外界的环境没有感知的能力。

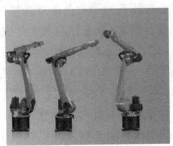

a) 第一代机器人　　　　b) 第二代机器人　　　　c) 第三代机器人

图 2-12　机器人的发展示意图

第一代机器人具有存储功能，可以按指定的程序重复作业，但对周围环境基本没有感知与反馈控制能力。第一代机器人也被称为示教再现型机器人，这类机器人需要使用者事先教给它们动作顺序和运动路径，才能自行重复这些动作。

2）第二代机器人是具有类似人类感官功能的机器人，如力觉、触觉、听觉。第二代机器人在工作时，根据感觉器官（传感器）获得的信息来判断力的大小和滑动的情况等，灵活调整自己的工作状态，以保证在适应环境的情况下完成工作。第二代机器人能够获得作业环境和作业对象的部分信息，进行一定的实时处理，进而更好地进行作业。

3）第三代机器人是目前正在研究的"智能机器人"。它不仅具有比第二代机器人更加完善的环境感知能力，而且还具有逻辑思维、判断和决策能力，可根据作业要求与环境信息自主地进行工作。第三代机器人利用各种传感器、测量器等仪器设备来获取环境信息，然后利用智能技术进行识别、理解、推理，最后做出规划决策。第三代机器人是一种能自主行动实现预定目标的高级机器人，而且在发生故障时，能自我诊断出发生故障部位，并能自我修复。

机器人可代替或协助人类完成各种工作，如枯燥、危险、有毒、有害的工作。机器人除了被广泛应用于制造领域外，还应用于资源勘探开发、救灾排险、医疗服务、家庭娱乐、军事和航天航海等其他领域，机器人的应用示例如图 2-13 所示。机器人是工业及非产业界的重要生产和服务性设备，也是智能制造技术领域不可缺少的自动化设备。

a) 焊接机器人

b) 装配机器人

c) 探月机器人

图 2-13 机器人的应用示例

2.3.2 工业机器人的分类

工业机器人可以按照机械结构、坐标形式、驱动方式、应用领域、程序输入方式等方式进行分类。

1. 按机械结构分类

（1）串联机器人（图 2-14a） 串联机器人的特点是一个轴的运动会改变另一个轴的坐标原点，在位置求解上，串联机器人的正解容易获得，但反解求取十分困难。

（2）并联机器人（图 2-14b） 并联机器人采用并联机构，其一个轴的运动则不会改变另一个轴的坐标原点。并联机器人具有刚度大、结构稳定、承载能力大、微动精度高、运动负荷小的优点。其正解求解困难，反解求解却非常容易。

a) 串联机器人

b) 并联机器人

图 2-14 工业机器人按机械结构分类

2. 按坐标形式分类

（1）直角坐标型工业机器人（图 2-15a） 直角坐标型工业机器人的运动部分由三个相互垂直的直线移动机构（PPP）组成，其工作空间图形为长方形。系统在各个轴向上的移动距离可在相应坐标轴上直接读出，直观性强，易于进行位置和姿态的编程计算，定位精度高，控制无耦合，结构简单，但机体所占空间体积大，动作范围小，灵活性差，难与其他工业机器人协调工作。

（2）圆柱坐标型工业机器人（图 2-15b） 圆柱坐标型工业机器人的运动形式是一个转动和两个直线移动的组合，其工作空间为圆柱形，与直角坐标型工业机器人相比，在相同的工作空间条件下，机体所占体积小，运动范围大，其位置精度仅次于直角坐标型机器人，较难与其他工业机器人协调工作。

（3）球坐标型工业机器人　球坐标型工业机器人又称为极坐标型工业机器人，其手臂的运动由两个转动和一个直线移动组合实现，其工作空间为一球体，它可以做上下俯仰动作并能抓取地面上或较低位置的工件，位置精度高，位置误差与臂长成正比。

（4）多关节型工业机器人　多关节型工业机器人又称为回转坐标型工业机器人，其手臂与人体上肢类似，其结构最紧凑，灵活性大，占地面积最小，能与其他工业机器人协调工作，但位置精度较低，有平衡问题，存在控制耦合，这种工业机器人应用越来越广泛。

（5）平面关节型工业机器人（图 2-15c）　平面关节型工业机器人采用一个移动关节和两个回转关节，移动关节实现上下运动，两个回转关节控制前后、左右运动。这种形式的工业机器人又称为 SCARA（Selective Compliance Assembly Robot Arm，可选择适应性装配机器人手臂）。在水平方向上具有柔顺性，而在竖直方向上有较大的刚性。它结构简单，动作灵活，多用于装配作业中，特别适合进行小规格零件的插接装配，例如，在电子工业的插接、装配中应用广泛。

a) 直角坐标型　　　　　　　b) 圆柱坐标型　　　　　　c) 平面关节型

图 2-15　工业机器人按坐标形式分类

3. 按驱动方式分类

（1）液压驱动　相对于气压驱动，液压驱动的机器人具有更大的抓举能力，可抓举上百千克的重物。液压驱动式机器人结构紧凑，传动平稳，动作灵敏，但对密封性要求较高，且不宜在高温或低温的场合工作，要求的制造精度较高，成本较高。

（2）气压驱动　气压驱动式机器人是以压缩空气来驱动执行机构。这种驱动方式的优点是动作迅速、结构简单、空气来源广泛而成本低；缺点是空气具有可压缩性，致使工作速度的稳定性较差。

（3）电气驱动　目前越来越多的机器人采用电气驱动方式，这不仅是因为可供选择的电动机品种众多，还因为在控制方面可以灵活运用多种控制方法。

4. 按应用领域分类

在制造业中按应用领域分类，主要有焊接、装配、搬运码垛、上下料、打磨喷涂、切割加工等类型的工业机器人。

2.3.3　工业机器人的组成

工业机器人通常由驱动系统、执行系统、控制系统、感知系统组成。

1. 驱动系统

要使机器人运行起来，就需给各个关节安装传动装置，这就是驱动系统。驱动系统可以是液压、气压、电气驱动的传动系统，或者是把它们结合起来应用的综合系统。可以采用直接驱动方式，也可以通过同步带、链条、轮系、谐波齿轮、RV减速器等机械传动机构进行间接驱动。

2. 执行系统

执行机构是机器人完成工作任务的实体，通常由一系列连杆、关节或其他形式的运动副组成。从功能的角度可分为手部、腕部、肩部、腰部和基座，如图 2-16 所示。

（1）手部 手部又称为末端执行器或夹持器，是工业机器人对目标直接进行操作的部分，手部一般为安装的专用的工具，如焊枪、喷枪、电钻、电动螺钉（母）拧紧器等。

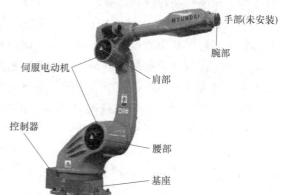

图 2-16 工业机器人执行系统的组成

（2）腕部 腕部连接手部，主要功能是调整手部的姿态和方位。

（3）肩部和腰部 肩部支承腕部和手部，腰部连接与基座相连，它们由动力关节和连杆组成，用以承受工件或工具的负载，改变工件或工具的空间位置，并将它们送至预定位置。

（4）基座 基座是机器人的支承部分，有固定式和移动式两种。

3. 控制系统

控制器是工业机器人的大脑，对机器人的性能起着决定性的作用。工业机器人控制器主要控制机器人在工作空间中的运动位置、姿态和轨迹，以及操作顺序、动作的时间等。工业机器人的控制系统主要由硬件和软件两部分构成，硬件即工业控制板卡，软件主要包括系统支撑软件、机器人语言程序、运动学软件、控制算法软件、二次开发功能软件等。

4. 感知系统

感知系统是机器人的重要组成部分，按其采集信息的位置，一般可分为内部和外部传感器两类。内部传感器是完成机器人运动控制所必需的传感器，如位置、速度传感器等，用于采集机器人内部信息，是机器人不可缺少的基本元件。外部传感器检测机器人所处环境、外部物体状态或机器人与外部物体的关系，常用的外部传感器有力觉传感器、触觉传感器、接近觉传感器、视觉传感器等。

工业机器人的基本工作原理如图 2-17 所示。

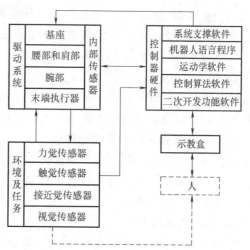

图 2-17 工业机器人的基本工作原理

2.3.4 工业机器人的技术参数及关键基础部件

1. 工业机器人的技术参数

（1）自由度　自由度可以用机器人的轴数进行衡量，机器人的轴数越多，自由度就越多，机械结构运动的灵活性就越大，通用性越强。但是自由度增多，会使机械臂结构变得复杂，降低机器人的刚性。当机械臂上自由度多于完成工作所需要的自由度时，多余的自由度就可以为机器人提供一定的避障能力。目前，大部分工业机器人具有 3~6 个自由度，可以根据实际工作的复杂程度和障碍情况进行选择。

（2）工作速度　工作速度指的是机器人在合理的工作负载之下，匀速运动的过程中，机械接口中心或工具中心点在单位时间内转动的角度或移动的距离。简单来说，最大工作速度越高，其工作效率就越高。但是，工作速度越高，就要花费越多的时间加速或减速，对工业机器人的最大加速率或最大减速率的要求就更高。

（3）工作空间　工作空间指的是机器人正常工作时，末端执行器坐标系的原点能在空间活动的最大范围，或者说末端执行器工作部分可以到达的所有空间点的集合。工作空间范围的大小不仅与机器人各连杆的尺寸有关，而且与机器人的总体结构形式有关。工作空间的形状和大小是十分重要的，机器人在执行某作业时可能会因运动盲区的存在而不能完成任务。

（4）工作负载　工作负载是指机器人在规定的性能范围内工作时，机器人腕部所能承受的最大负载。工作负载不仅取决于负载自身，还与机器人运行的速度和加速度的大小和方向有关。为保证安全，将工作负载这一技术指标确定为高速运行时的承载能力。通常，工作负载不仅指外负载，也包括末端执行器的质量。

（5）运动精度　机器人机械系统的精度主要涉及位姿精度、重复位姿精度、轨迹精度、重复轨迹精度等。位姿精度是指指令位姿和从同一方向接近该指令位姿时的实际位姿中心之间的偏差。重复位姿精度是指对同指令位姿从同一方向重复响应 n 次后实际位姿的不一致程度。轨迹精度是指机器人机械接口从同一方向 n 次跟随指令轨迹的接近程度。轨迹重复精度是指对一给定轨迹在同方向跟随 n 次后实际轨迹之间的不一致程度。

（6）动态特性结构参数　动态特性结构参数主要包括质量、惯量、刚度、阻尼、固有频率和振动模态。设计时应该尽量减小质量和惯量。对于机器人的刚度，若刚度差，机器人的位姿精度和固有频率将下降，从而导致系统动态不稳定；但对于某些作业（如装配操作），适当地降低刚性是有利的，最理想的情况是机器人臂部连杆的刚度可调。增加系统的阻尼对于缩短振荡的衰减时间、提高系统的动态稳定性是有利的。提高系统的固有频率而避开工作频率范围，也有利于提高系统的稳定性。

2. 工业机器人的关键基础部件

机器人关键基础部件是指构成机器人传动系统、控制系统和人机交互系统，对机器人性能起到关键影响作用，并具有通用性和模块化的部件单元。机器人关键基础部件主要有减速器、伺服电动机和驱动器、控制器，它们性能的优劣都对机器人是否能获得高精度、高性能具有决定性的影响。

（1）减速器　减速器是机器人的关键部件，目前主要使用两种类型的减速器：谐波齿轮减速器和 RV 减速器。提供动力的电动机转速通常很高，与工业机器人的应用场景不匹配，这就需要减速器来降低转速，减速器还有另外两种作用：一是增加电动机的输出转矩，对于同一个电动机，其输出功率（P）是恒定的，此时转速与转矩成反比，因此使用减速器降低转速后，转矩会相应提高，使机器人可以承受更高的负载；二是提高控制精度，原理与时钟类似，如果直接控制时针，则读取非整数时刻的误差非常大，若控制转速更高的秒针，利用秒针来带动分针和时针，则可大大降低控制难度，提高控制精度。通常，在工业机器人的每个关节处，都有一个电动机，每个电动机配套使用一个减速器，减速器的核心性能参数是传动比（输入转速与输出转速之比），此外，噪声、寿命、回差（设备刚性不足导致的误差）等也比较重要。

（2）伺服电动机和驱动器　伺服电动机将电信号转换成电动机轴上的角位移或角速度输出。伺服驱动器接收编码器信号并进行修正调整，然后根据指令发出相应的控制电流，控制方式包括位置控制、速度控制等。编码器与电动机同步转动，电动机转一圈，编码器也转一圈，转动的同时将编码信号送回驱动器，驱动器根据编码信号判断伺服电动机的转向、转速、位置是否正确，并据此调整驱动器输出的电源频率及电流大小。

（3）控制器　控制器是机器人的大脑，也是决定机器人性能的关键要素。它用于接收来自其他各单元的信号，根据已编程的系统进行处理，再向各单元发出指令，进而控制各单元的运行。

目前常用的控制系统从结构上分为三类：以单片机为核心的控制系统，以 PLC 为核心的控制系统，以及基于 PC 和运动控制器的机器人控制系统。其中，基于 PC 和运动控制器的控制系统凭借运行稳定、通用性强、抗干扰性能力强等优势，正在逐步成为工业机器人控制系统的主流。

2.3.5　工业机器人技术在智能制造中的应用

在智能制造领域，工业机器人作为一种集多种先进技术于一体的自动化装备，体现了现代工业技术的高效益、软硬件结合等特点，成为柔性制造系统、自动化工厂、智能工厂等现代化制造系统的重要组成部分。机器人技术的应用转变了传统机械制造模式，提高了制造生产效率，为机械制造业的智能化发展提供了技术保障，优化了制造工艺流程，能够构建全自动智能生产线，为制造模块化作业生产提供了良好的环境条件，满足现代制造业的生产需要和发展需求。

工业机器人在我国企业中的应用主要体现在以下两大方面：一方面，工业机器人能够在恶劣环境中或特殊条件下完成工作，如真空焊接、高温热处理、锻造冲压等，同时，工业机器人能够胜任一些精密度要求比较高的工作，如微米级或原子级加工；另一方面，随着企业数量的不断增加，制造业对工人的需求量也在不断增加，而劳动力是有限的，因此很多生产线工作就可以使用机器人代替，从而大大减少人力、物力成本。相关调查显示，目前我国智能制造中对于工业机器人的应用主要集中在自动拆捆、自动贴签、自动取样及无人行车等四个功能，并且范围还在不断扩大。

1. 工业机器人在数控机床中的应用

在现代工业生产中，工业机器人的应用范围非常广泛，既可以用于不相同的单品生产线，也可以用于不同生产规模的柔性生产线。工业机器人可以帮助企业提升工作效率、改善工作环境、减少对原材料的浪费、降低工业生产成本。此外，工业机器人还能与不同类型的数控机床相连接，按照不同要求进行生产，为建立柔性生产线打下良好基础。工业机器人还可以使用视觉传感器来进行工件精确定位，实现工件运输的任务。在整个生产过程中，人员不需要参与生产线工作，完全实现了智能化制造，体现出工业机器人高工作效率、高精度及高一致性的优点。

2. 工业机器人在汽车制造中的应用

工业机器人在汽车制造业中的应用十分广泛，主要应用于搬运、焊接、喷涂及整车装配等方面。在汽车生产过程中，可以根据工件形态和重量的不同来对工业机器人输入不同的搬运指令，从而保证搬运工作的质量和效率。其次是机器人焊接，在现代汽车制造中应用机器人最多的工艺流程就是弧焊和点焊，一台汽车的制造过程中大约有 4000 个焊点的焊接任务，而其中大部分焊点的焊接都是由机器人完成的，点焊机器人在控制精度、作业质量及效率方面有着巨大的优势。此外还有机器人喷涂，在汽车制造领域，喷涂工作一般分为涂胶和喷漆两种。机器人涂胶指的是根据车身材料物理和化学特性，对所需喷涂部位按照工艺要求进行快速喷涂；而机器人喷漆指的是根据喷漆指令，对车身表面进行快速、均匀的喷涂工作。最后是机器人检测，机器人检测系统包括视觉传感器和测量控制模板两部分，其工作原理为，通过视觉传感器获取所需的图像信息，利用计算机将实际尺寸与标准进行对比，以确定是否存在误差。机器人检测不仅能够准确、快捷地计算出实际误差，还可以为改进生产工艺提供一些思路和方法。

工业机器人技术现已成为自动化技术的重要应用和发展领域，越来越多的制造企业将工业机器人智能制造引入车间，未来，机器人会更多应用于智能制造的各个领域。此外，随着互联网的发展，远程控制、协同控制还会对机器人在智能制造领域的应用产生重大影响。

2.4　增材制造装备

2.4.1　增材制造概述

增材制造（Additive Manufacturing，AM）是先进制造领域提出的相对于"等材"和"减材"制造的新型"自下而上"制造方法，是智能制造的重要组成部分。等材制造，是指通过铸、锻、焊等方式生产制造产品，材料质量基本不变。减材制造，是指使用车、铣、刨、磨等设备对材料进行切削加工而使得材料质量逐渐减少以达到设计形状。增材制造是指通过光固化、选择性激光烧结、熔融堆积等技术，使材料一点一点累加，形成需要的形状，该方法问世只有约 40 年时间。增材制造实现了制造方式的重大转变，改变了传统制造的理念和模式，对传统的工艺流程、生产线、工厂模式、产业链组合产生了深刻影响，被认为是制造业领域具有代表性的颠覆性技术。

增材制造技术源自 20 世纪 80 年代末期出现的"快速原型技术"（Rapid Prototyping，RP），1984 年开始了实验室研究，1986 年完成样机制造。随着该技术的不断发展及应用推广，其名称也不断变化，从一开始的"快速原型技术""材料累加制造""分层制造"，到 2000 年的"快速成形制造""自由实体制造"，再到 2012 年美国材料与试验协会（American Society for Testing and Materials，ASTM）的国际增材制造技术委员会（编号为 F42，该委员会完整代号为 ASTM/F42）确定采用"增材制造"一词作为该技术的标准术语，具体可描述为"由三维计算机辅助设计系统（3D CAD）生成的初始模型无需工艺规划而可以直接制造成型的技术"。习惯上所说的"3D 打印"，最早其实是由美国麻省理工学院（Massachusetts Institute of Technology，MIT）于 1991 年发明的以粉末-黏合剂为基本原理的喷墨打印技术，将二维工艺（平版印刷）扩展到三维立体层面，因这种说法更便于大众理解增材制造的概念，所以"3D 打印"这一术语的普及度更高。目前，ASTM 已将"增材制造"与"3D 打印"两种术语等同，不做明确区分。

增材制造技术作为一项颠覆性制造技术，其主要技术优势包括如下方面。

1）设计自由度高，不受复杂零件的结构限制。

2）制造无模化，小批量生产经济性好。

3）原材料利用率高，净成形水平高。

4）生产可预测性好，制造时间可根据实际方案精确预测。

5）装配步骤少，可实现多零件组合成型。

6）产品开发周期短，研发效率高。

7）按需制造，"所见即所得"。利用增材制造的"薄层打印，逐层叠加"原理制成的产品具有尺寸精度高（微米级尺度）、质量一致性好、批量制造稳定性好、复杂结构一体化精密成型等优势。

为抢占增材制造技术高地及产业发展先机，多个国家和地区将其列为重点发展方向，制定了相关规划和扶持政策。2012 年，美国国家科技委员会发布《国家先进制造战略计划》，提出要加强增材制造等平台技术的发展，强化美国工业基础。同年，美国启动"国家制造业创新网络"（现更名为"制造业-美国"），其中成立的首家研究所"美国制造"的工作重点就是开展增材制造技术研究。欧盟早在第一研发框架计划时期就开始资助增材制造技术，在"地平线 2020"计划中，增材制造属于关键使能技术之一，并通过"未来工厂"项目实施。2016 年，"创新英国"组织发布的《英国增材制造研究和创新概况》报告显示，2012 年 9 月至 2022 年 9 月，英国将在增材制造研发上投入约 1.15 亿英镑，重点关注使能技术、航空航天、医疗、材料、教育、汽车、能源、电子和国防等领域，金属是重点研发对象。日本政府 2014 年部署以三维成型技术为核心的制造计划，开展新一代工业 3D 打印机技术和超精密三维成型系统技术开发。

我国高度重视增材制造产业。2015 年，工信部、发改委、财政部联合印发《国家增材制造产业发展推进计划（2015—2016 年）》，提出要着力突破增材制造专用材料、加快提升增材制造工艺技术水平、加速发展增材制造装备及核心器件、建立和完善产业标准体系、大力推进应用示范。2017 年，工信部等十二部门联合印发《增材制造产业发展行动计划（2017—2020 年）》，提出要推动增材制造在航空、航天、船舶、核工业、汽车、电力装备、轨道交通装备、家电、模具、铸造等重点制造领域的示范应用，实施五大重点任务，采取六项保障措施，实现五大发展目标。

经过多年发展，我国在高性能复杂大型金属承力构件增材制造等部分技术领域已达到国际先进水平，成功研制出多种关键工艺装备，相关技术及产品已经在航空航天、汽车、生物医疗、文化创意等领域得到了初步应用，涌现出一批具备一定竞争力的骨干企业，形成了若干产业集聚区，实现增材制造产业快速发展。

2.4.2 增材制造的分类

增材制造的概念有广义和狭义之分。狭义的增材制造是指将不同的能量源与CAD/CAM技术结合,分层累加材料制造零件的技术体系。而广义增材制造则是以材料累加为基本特征,以直接制造零件为目标的大范畴技术群。如果按照加工材料的类型和方式分类,又可以分为金属零件、非金属零件、生物模型等的制造,如图2-18所示。

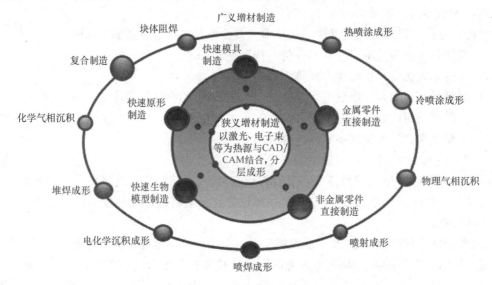

图 2-18 增材制造的分类

2012 年,国际标准化组织(International Standardization Organization,ISO)的增材制造标准化技术委员会(编号为 TC 261)和 ASTM/F12 联合制定了《增材制造标准发展架构》,按照技术特点,将增材制造分为如下 7 类:立体光固化(Stereo Lithography,SL)、粉末床熔融(Powder Bed Fusion)、材料挤出(Material Extrusion)、材料喷射(Material Jetting)、黏结剂喷射(Binder Jetting)、薄材叠层(Sheet Lamination)和定向能量沉积(Directed Energy Deposition)。

2.4.3 增材制造技术原理

增材制造技术是集 CAD 技术、数控技术、材料科学、机械制造技术、电子技术和激光技术等于一体的综合制造技术,它采用离散或堆积原理实现零件成形。通过离散获得堆积的路径、顺序和方式,通过堆积材料形成三维实体,其原理如图2-19所示。

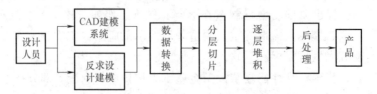

图 2-19 增材制造技术原理图

(1)CAD 建模 设计人员可应用各种三维 CAD 系统,建立对象的三维数字化模型;或者通过三坐标测量仪、激光扫描仪等设备采集三维实体数据，经反求设计建立实体 CAD 模型。

（2）数据转换 将三维实体 CAD 模型转换为增材制造系统所需的 STL（Standard Tessellation Language，标准曲面细分语言）[⊖]格式或 AMF（Additive Manufacturing File Format，增材制造文件格式）[⊜]格式结构模型，目前大部分增材制造系统采用 STL 格式结构模型。

（3）分层切片 对 STL 数据模型按照选定的方向（通常为 z 向）进行分层切片，将三维数据模型切片离散成若干个二维薄片层，切片厚度可根据精度要求控制在 $0.01 \sim 0.5 \text{mm}$ 范围，切片厚度越小，其精度越高，打印用时越长；然后，根据每层轮廓信息，进行工艺规划，选择加工参数，最终自动生成数控代码。

（4）逐层堆积成形 应用增材制造系统根据切片轮廓和厚度要求，通过粉材、丝材、片材等制作切片层，通过切片层的堆积，最终完成三维实体的成形制造。

（5）后处理 清理成形体表面上不必要的支撑结构或多余材料，根据要求还需进行固化、修补、打磨、强化及涂覆等后续处理工作。

2.4.4 典型的增材制造工艺及装备

1. 陶瓷膏体光固化成形（Stereo Lithography Apparatus，SLA）

陶瓷膏体光固化成形又称为立体光刻法、立体光固化成形、立体印刷。该工艺由 Charles W. Hull 申请，并于 1984 年获得美国专利，是最早发展的快速成形技术。1988 年，3D Systems 公司推出了世界上第一台基于 SLA 技术的商用 3D 打印机 SLA-250（图 2-20），其体积非常大，Charles 把它称为"立体平板印刷机"。尽管 SLA-250 身形巨大且价格昂贵，但它的面世标志着 3D 打印商业化正式迈出第一步。1999 年，3D Systems 推出了 SLA 7000，报价 80 万美元。ProX 950 是 3D System 公司最新生产的一款大型的 SLA 3D 打印机（图 2-21），它能实现长度达 1500mm 的大型零件一体成形制造，提高了零件强度，它打印的超大零件或小零件都具有同样出色的分辨率和准确性。

图 2-20 Charles W. Hull 与 SLA-250

图 2-21 ProX 950

⊖ STL 是增材制造文件格式的一种，通过将实物表面的几何信息用三角面片的形式表达，并传递给设备，用以制造实体零件或实物。

⊜ AMF 是增材制造文件格式的一种，包含三维表面几何描述，支持颜色、材料、网格、纹理、结构和元数据。

SLA 工艺原理如图 2-22 所示，液槽中先盛满液态的光敏树脂，氦-镉激光器或氩离子激光器发射出的紫外激光束在计算机的操纵下，按工件的分层截面数据在液态的光敏树脂表面进行逐行逐点扫描，使扫描区域的树脂薄层产生聚合反应而固化，从而形成工件的一个薄层。当一层树脂固化完毕后，工作台将下移一个层厚的距离以使在原先固化好的树脂表面上再覆盖一层新的液态树脂，刮板将黏度较大的树脂液面刮平再进行下一层的激光扫描固化。

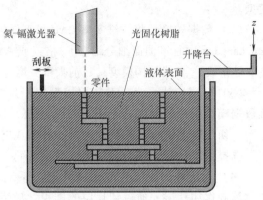

图 2-22　SLA 工艺原理图

SLA 工艺特点：成形过程自动化程度高，尺寸精度高；SLA 原型的尺寸精度可以达到±0.1mm，表面质量优良；系统分辨率较高，可以制作结构比较复杂的模型或零件；零件较易弯曲和变形，需要支撑；设备运转及维护成本较高；可使用的材料种类较少；液态树脂具有气味和毒性，并且需要避光保护；液态树脂固化后的零件较脆、易断裂。采用 SLA 工艺制作的产品如图 2-23 所示。

图 2-23　SLA 产品示例

2. 选区激光烧结法（Selective Laser Sintering，SLS）

SLS 工艺由美国德克萨斯大学于 1989 年研制成功，已被美国 DTM（Detroit & Mackinac Railway Company，活塞 & 吊桥-美国麦基诺铁路公司）公司商品化，推出 SLS Model125 成形机，如图 2-24 所示。

SLS 工艺原理如图 2-25 所示，先采用压辊将一层粉末平铺到已成形零件的上表面，数控系统操控激光束按照该层截面轮廓，在粉层上进行扫描照射而使粉末的温度升至熔点，从而进行烧结并与下面已成形的部分融为一体。当一层截面烧结完成后，工作台将下降一个层厚的距离，这时压辊又会均匀地在上面铺上一层粉末并开始新一层截面的烧结，如此反复操作直接工件完全成形。

SLS 工艺特点：材料适应面广，不仅能制造塑料、陶瓷、蜡、尼龙等材料的零件，还可以制

图 2-24　SLS Model125

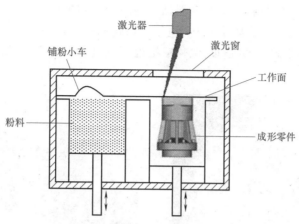

图 2-25　SLS 工艺原理图

造能直接使用的金属零件；粉末粒径一般为 $50\sim125\mu m$；SLS 工艺不需要对零件加支撑，因为烧结的粉末自身便于起支撑作用；精度不高，表面粗糙度不好，不宜做薄壁件；加工过程会产生有害气体。SLS 产品如图 2-26 所示。

3. 分层实体制造成形（Laminated Object Manufacturing，LOM）

图 2-26　SLS 产品

LOM 工艺由美国 Helisys 公司于 1986 年研制成功。应用这种工艺的典型代表是美国 Helisys 公司的和 LOM 成形机，如图 2-27 所示。

LOM 工艺原理如图 2-28 所示，激光切割系统按照计算机提取的横截面轮廓线数据，将背面涂有热熔胶的片材（如纸片、塑料薄膜或复合材料）用激光切割出工件的内、外轮廓，而后将不属于原型的材料切割成网格状。通过升降平台的移动和箔材的送给，并利用热压辊辗压将后铺的箔材与先前的层片融合为一体，再切割出新的层片。这样层层叠加后得到下一个块状物，将不属于原型的材料块剥除，最后就获得所需的三维实体。

图 2-27　LOM 成形机

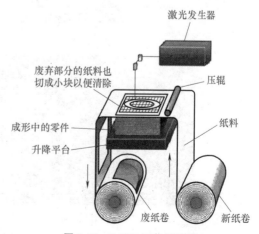

图 2-28　LOM 工艺原理图

LOM 工艺特点：常用材料是纸、金属箔、塑料膜、陶瓷膜等；原材料价格低廉，工艺成本低；不需要支撑，可成形大型零件；适用于快速制造新产品样件、模型或铸造用木模；成形件强度高，有的纸制产品强度与木模相近，可进行钻削等机械加工。LOM 产品如图 2-29 所示。

图 2-29　LOM 产品

4. 熔融沉积成形（Fused Deposition Modeling，FDM）

FDM 工艺于 1988 年研制成功。1992 年，Stratasys 公司推出了第一台基于 FDM 技术的 3D 打印机——3D Modeler（制造模型者），这标志着 FDM 技术步入了商用阶段。该公司生产的 Stratasys F123 系列产品是高精度工业级、以热塑性材料为原材料的 3D 打印机。图 2-30 所示是该公司生产的 Stratasys F123 系列中的 F370 FDM 3D 打印机。其打印尺寸为 355mm×

a) 正面　　　　　　　　　　　　　b) 反面

c) 操作显示屏　　　　　　　　　　d) 材料仓展示

图 2-30　Stratasys F370 FDM 3D 打印机

254mm×355mm，分层厚度有 0.330、0.254、0.178、0.127mm 四种，打印精度为 0.05～0.08mm，设备尺寸为 1626mm×864mm×711mm。它支持多种 3D 打印材料，打印件结实、精准，更换 3D 打印材料只需几分钟，即插即用，在办公室也可轻松进行 3D 打印。

FDM 工艺原理如图 2-31 所示，将热塑性材料 PLA（Polylactic Acid，聚乳酸）、ABS（Acrylonitrile Butadiene Styrene，丙烯腈-丁二烯-苯乙烯）、尼龙或蜡通过喷头加热器熔化，喷头沿零件截面轮廓和填充轨迹运动，同时将熔化的材料挤出，如图 2-32 所示；材料迅速冷却凝固后，与周围的材料凝结在一起形成一个层面；然后将第二个层面用同样的方法建造出来，并与前一个层面融合在一起，如此层层堆积最终获得一个三维实体。

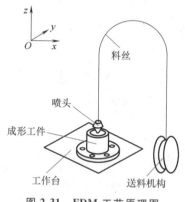

图 2-31　FDM 工艺原理图

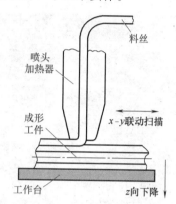

图 2-32　喷头放大图

FDM 工艺特点：FDM 工艺不用激光器件，因此使用、维护简单，成本较低；工艺干净、简单且不产生垃圾；可选用的材料较多，如染色的 ABS、PLA 和 PC（Polycarbonate，聚碳酸酯）、PPSF（Polyphenylene sulfone，聚亚苯基砜）、人造橡胶、铸造用蜡；操作环境干净、安全，在办公室可进行零件制造；精度较低，难以构建结构复杂的零件；在与截面垂直的方向上，零件强度小；成形速度相对较慢，不适合生产大型零件。该类工艺发展极为迅速。FDM 产品如图 2-33 所示。

图 2-33　FDM 产品

5. 三维印刷（Three-Dimensional Printing，3DP）

3DP 工艺又称为喷射成形工艺，最早是由美国麻省理工学院 Emanual Sachs 等人于 1989 年研制成功的，是目前比较成熟的彩色快速成形工艺（其他的快速成形工艺一般难以实现彩色成形）。3DP 的工作原理与喷墨打印机类似，是形式上最为符合"3D 打印"概念的成形技术之一。3DP 工艺与 SLS 工艺类似，不同之处在于 SLS 是采用烧结法将材料粉末结成一体，而 3DP 是通过喷头喷射的黏结剂将制件的截面"印刷"在材料粉末上面。图 2-34 为 3DP 成形机。

3DP 工艺原理如图 2-35 所示，首先，使用水平压辊将粉末平铺在打印平台上，再将带有颜色的胶水通过加压的方式输送到打印头。然后，打印头在计算机的控制下，按照截面的成形数据，有选择地将胶水喷射在粉末平面上。一层粉末黏结完成之后，升降台下降一个层厚的距离，水平压辊再次将粉末铺平，然后开始新一层的黏结。如此逐层反复，最终完成一个零件的制作，未被喷射胶水的部分则为干粉，在成形过程中起支撑作用，成形结束后也很容易去除。

图 2-34　3DP 成形机

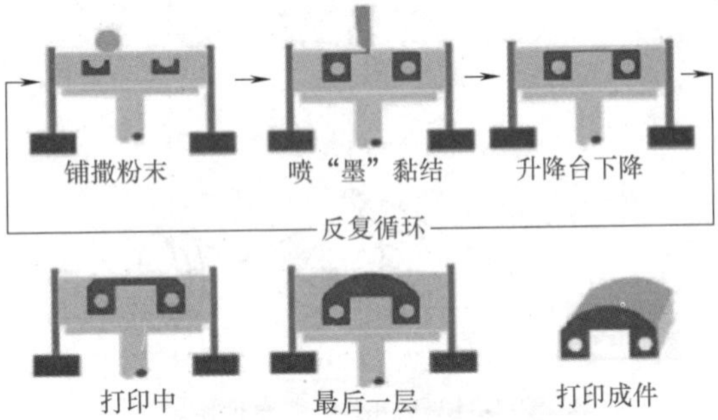

铺撒粉末　喷"墨"黏结　升降台下降

——反复循环——

打印中　　最后一层　　打印成件

图 2-35　3DP 工艺原理图

3DP 工艺特点：可以进行 24 位全彩 3D 打印，色彩丰富，可选材料种类多；成形过程中不需要支撑结构；打印速度快，能够实现大尺寸制件的打印；没有激光器，设备价格较为低廉；工作过程不会产生大量热量，无毒、无污染；模型精度和表面粗糙度比较差，零件易变形甚至出现裂纹，模型强度较低；可用于打印概念模型、彩色模型、教学模型和铸造用的石膏原型，还可用于加工颅骨模型，便于医生进行病情分析和手术预演。3DP 产品如图 2-36 所示。

图 2-36　3DP 产品

6. 电子束熔化成型（Electron Beam Melting，EBM）

早在 20 世纪 90 年代，美国麻省理工学院的 V. R. DHVP 等人提出利用电子束将金属材料熔化后进行增材制造的想法。后来，瑞典的 Arcam 公司申请了该项专利并制造出用于电子束增材制造的设备。图 2-37 所示瑞士 Arcam 成形机，其技术指标：大电子束功率为 3000W，最大加工尺寸为 200mm×200mm×180mm（$W×D×H$），粉末颗粒直径为 45～105μm，打印层厚为 0.05mm，最大电子束扫描速度为 8000m/s，CAD 接口为标准 STL，打印容差为 ±0.4mm。

EBM 的工艺原理如图 2-38 所示，EBM 在真空环境下进行，预先在成形平台上铺展一层金属粉末，电子束在粉末层上扫描三维模型的一个截面，选择性熔化粉末材料。上一层成形完成后，成形平台下降一个粉末层厚度的高度，然后由铺粉器铺上一层新的粉末，电子束继续选择性熔化三维模型的下一个截面，并使之与上一个截面结合。如此反复，直至三维模型的所有截面被熔化并相互结合在一起，形成三维实体零件。实体零件周围的未熔化粉末可以被回收再利用。

图 2-37 Arcam 成形机

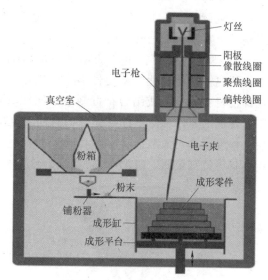

图 2-38 EBM 工艺原理图

EBM 工艺特点：电子枪发射的电子束可被分成若干电子束，一次加工多个零件，并且扫描频率可达 20kHz，可实现快速扫描，成形速度快，成形效率高；整个加工过程均在真空环境下进行，并充以惰性保护气体（一般为氦气）加以保护，可避免金属粉末在烧结过程中氧化，因此对原材料污染较低，具有较高纯度；电子束可以很容易输出几千瓦级功率，最大功率可达激光功率的数倍；打印使用的原材料范围有限，目前集中在 Ti6Al4V、Ti2448 等钛合金材料，在其他金属材料上的应用还不成熟；零件表面质量不高，如果对表面粗糙度有较高要求，必须进行进一步加工；打印尺寸受限，大尺寸样品还不适合 EBM 设备制造。钛合金 EBM 产品如图 2-39 所示。

图 2-39 钛合金 EBM 产品

7. 激光工程净成形（Laser Engineered Net Shaping，LENS）

LENS 是一种利用高能束直接制成目标结构的先进成形方法。1992 年，美国 Optomec 公司与 Sandia（桑迪亚）国家实验室展开合作，针对 LENS 工艺进行联合研发，随后几年获得

商用化许可并研制出激光快速制造系统。LENS
成形机如图 2-40 所示。

    LENS 工艺原理如图 2-41 所示，在零件成形
过程中，激光在基底上聚焦并产生熔池，金属或
陶瓷粉末在惰性气体保护下被送入熔池，当完成
一层沉积后，沉积头上升一个与分层厚度相同的
距离后继续下一层的沉积，依此类推逐层加工，
直到整个零件加工完成为止。

    LENS 工艺特点：生产的零件性能极高，强
度、耐腐蚀性能和化学稳定性能十分突出；可实
现梯度材料的过渡或结合，可制造不同区域具有

图 2-40　LENS 成形机

不同性能的零件，使零件各部分的材质和性能发挥优势。该技术可用于制造成形金属注射
模、修复模具、大型金属零件和大尺寸薄壁形状的整体结构零件，也可用于加工钛、镍、
钽、钨等特殊金属。LENS 产品如图 2-42 所示。

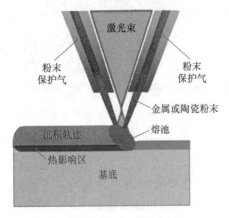

图 2-41　LENS 工艺原理图

图 2-42　LENS 产品

2.4.5　增材制造技术在智能制造中的应用

    近二十多年来，增材制造技术取得了快速的发展。目前，增材制造在众多领域都有应
用，在智能制造领域使用广泛。

1. 汽车工业

    汽车行业是最早使用 3D 打印技术的
领域之一，3D 打印技术在汽车行业的应
用贯穿汽车整个生命周期，包括研发、生
产及使用环节。

    2013 年，世界上第一辆 3D 打印汽车
Urbee2 诞生，如图 2-43 所示。Urbee2 整
个生产成形过程耗时 2500 小时，成本大
约为 5 万美元，该车为混合动力汽车。电

图 2-43　Urbee2

力驱动时，可提供 6~12kW 的动力，最大行驶里程达 64km。

以前，3D 打印技术在汽车领域的应用主要集中于研发环节的实验模型和功能性原型的制造，在生产环节的使用相对较少。自 2016 年开始，3D 打印技术开始真正被汽车制造商和供应商使用在实际的汽车生产过程中。目前，宝马、捷豹、路虎、兰博基尼等汽车行业领军者正在利用 3D 打印技术在企业内部生产持久耐用的概念模型、功能性原型、生产工具和小批量的汽车零部件，从而帮助汽车工程师和设计人员在部件投产前进行全面的设计评估，同时也助力企业大幅降低研发成本并缩短产品上市时间。

2. 航空航天

构型复杂、性能要求高、多品种小批量、尺寸精度高是航空航天零件制造的典型特征，而增材制造的技术特点与航空航天零件的加工需求高度契合。过去几年，增材制造已经在航空航天装备研制与生产领域实现应用，且覆盖范围越来越广，从机体结构到系统功能再到发动机零件，涵盖了数十种结构门类的上百种零件，尺寸规格也从毫米级到米级不等。

西安铂力特激光成形技术有限公司与中国商飞合作研发制造的国产大飞机 C919 上的中央翼缘条零件是金属 3D 打印技术在航空领域的应用典型。此结构件长 3m 多，是国际上目前 3D 打印出的最长的金属航空结构件。如果采用传统制造方法，此零件需要超大吨位的压力机锻造而成，不但费时费力，而且浪费原材料，目前，国内还没有能够基于此种方式生产这种大型结构件的设备。

Aerojet Rocketdyne AR1 火箭发动机的喷油嘴（图 2-44）使用选区激光熔融（Selective Laser Melting，SLM）技术制造而成。设计师将喷油嘴设计优化为一个整体的零件，有利于降低零部件的重量和提升零部件的性能。以前制造喷油嘴的方法是先分别制造出不同的部件，再将它们焊接起来，但焊缝天然具有缺陷，容易断裂，在高强度压力下极易导致零件损坏，而且焊接会使喷油嘴的重量增大。

图 2-44 Aerojet Rocketdyne AR1 火箭发动机的喷油嘴

航空公司 Tethers Unlimited 与商业卫星公司 Space Systems Loral 合作，研发一种能在太空中 3D 打印卫星的机器人（图 2-45）。这一名为"SpiderFab"（蜘蛛机器人）的项目目标是使用机器人在太空中 3D 打印出桁架结构，用于支撑卫星和其他结构体。

图 2-45 SpiderFab

3. 工艺装备

增材制造技术可用来制造各种结构复杂的工装，包括夹具、量具、模具、金属浇注模型等。德国宝马汽车公司使用 FDM 工艺制造符合人体工程学夹具，其性能优于传统制造工艺方法制成的夹具，其重量减少了 72%，大大降低了操作人员的劳动强度。

图 2-46a 所示是使用 PolyCast 材料 3D 打印出的塑料母模，将其进行包埋制作出砂模，然后高温烧掉该塑料母模，最后灌入金属即可得到，如图 2-46b 所示金属零件。

a) 3D打印出的塑料母模　　b) 利用塑料母模制造出的金属零件

图 2-46　利用 3D 打印工艺装备

2.5　智能传感检测装备

智能传感检测装备作为智能制造的核心装备，是"工业六基"的重要组成和产业基础高级化的重要领域。智能传感检测装备部件中最重要的核心器件当属传感器，智能制造生产过程中，产品的加工或装配质量检测、机器设备状态监控等都离不开智能传感器的支持。本节重点介绍智能制造生产过程中的智能传感器与机器视觉检测系统。

2.5.1　智能传感器概述

传感器作为智能设备的主要组成部分，是智能制造系统中的重要器件。传感器是一种可以将特定物理量（如光、声音、压力、温度、振动、湿度、速度、加速度、特定化学成分或气体、灰尘颗粒的存在等）转换为电信号来检测、测量或指示的装置。当传感器感知并发送信息时，执行器被激活并开始运作。执行器接收信号并设置其所需完成的动作，以便能在环境中采取行动。

目前，传感器向智能化、集成化、微型化、系统化方向发展。随着物联网、智能制造的发展，传感器被赋予"智能"的标签，智能传感器应运而生。

1. 智能传感器概念

传统的传感器多输出模拟信号，本身不具备信息处理和组网功能，需要连接特定的测量仪表以完成信号的处理和传输。智能传感器能在其自身内部实现对原始数据的加工，可以通过标准接口与外界实现数据交换，此外根据实际需要，传感器能够在软件控制下工作，实现了智能化、网络化。由于使用标准总线接口，智能传感器具有良好的开放性、扩展性，为系统的扩充带来了很大空间。

智能传感器的概念最早由美国宇航局在研发宇宙飞船的过程中提出，智能传感器是具有信息处理功能的传感器。智能传感器带有微处理器，具有采集、处理、交换信息、现场诊断等功能，智能传感器能将检测到的各种数据储存起来，按照指令处理数据，从而产生新数据。智能传感器之间能进行信息交流，并能自行决定应该传输的数据、舍弃异常数据、完成分析和统计计算等。

2. 智能传感器特点

与一般传感器相比，智能传感器具有如下优点。

1）自检、自校准和自诊断：系统在接通电源时进行自检，并利用诊断测试确定组件是否出现故障。此外，灵敏度还可以根据使用时间在线修正，利用微处理器对存储的测量特性数据进行比对验证。

2）感应融合：智能传感器可同时测量多个物理量和化学量，提供更全面反映物质运动规律的信息。例如，融合液体传感器可以同时测量介质的温度、流量、压力和密度，机械传感器可以同时测量物体在某一点的三维运动加速度、速度、位移等。

3）精度高：智能传感器具有信息处理功能，不仅可以通过软件校正各种确定性系统误差，还可以适当补偿随机误差、降低噪声，从而大大提高传感器精度。

4）可靠性高：集成的传感器系统消除了传统结构的一些不可靠因素，提高了整个系统的抗干扰性能。同时还具有诊断、校准和数据存储功能，系统稳定性好。

5）性价比高：在同等精度要求下，多功能智能传感器的性价比明显高于功能单一的普通传感器，尤其是在集成微控制器之后，性价比得以进一步提升。

6）功能多样化：智能传感器可实现多传感器多参数综合测量，还可通过编程扩大测量和使用范围；具有一定的自适应能力，可根据检测对象或条件的变化，相应地改变输出数据的范围形式；具有数字通信接口功能，可将检测数据直接发送到远程计算机进行处理；具有多种数据输出形式，适用于各种应用系统。

7）信号归一化：传感器的模拟信号通过放大器归一化，然后由模数转换器转换成数字信号。微处理器又以串行、并行、频率、相位和脉冲等多种数字传输形式进行数字归一化。

2.5.2 智能传感器结构

智能传感器是一种带有微处理机的，兼有信息检测、处理、记忆，以及逻辑思维与判断功能的传感器，能够对外界环境信息进行感知、采集、分析、处理，且具有自学习、自诊断、自补偿，以及感知融合和灵活的通信能力。

智能传感器基本结构如图 2-47 所示，一般包含传感单元、计算单元和接口单元。传感单元负责信号采集，计算单元根据设定对输入信号进行处理，再通过接口单元与其他装置进行通信。智能传感器的实现可以采用模块式、集成式或混合式等结构。

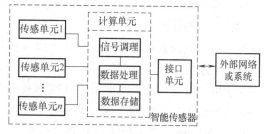

图 2-47 智能传感器基本结构

1）模块式是将传感器、信号调理电路和带总线接口的微处理器组合成一个整体的智能传感器结构形式。

2）集成式是采用微机械加工技术和大规模集成电路工艺技术将敏感元件、信号调理电路、接口电路和微处理器等集成在同一块芯片上的智能传感器结构形式。

3）混合式是将传感器各环节以不同的组合方式集成在数块芯片上并封装在一个外壳中的智能传感器结构形式。

2.5.3 智能传感器功能

智能传感器在传统传感器的基础上增加了丰富的信息处理功能，在智能传感器系统中，微处理器能够按照给定的程序对传感器实现软件控制。与传统的传感器相比，智能传感器通常可以实现以下特有功能。

1）复合功能：智能传感器具有复合功能，能够同时测量多种物理量和化学量，能够给出可以全面反映物质运动规律的信息。

2）自适应功能：在条件变化的情况下，智能传感器可以在一定范围内使自己的特性自动适应这种变化。通过采用自适应技术，智能传感器能补偿部件老化引起的参数漂移，因此自适应技术可以延长器件或装置的寿命，并拓宽其工作范围。自适应技术提高了传感器的精度，其校正和补偿值不再是一个平均值，而是测量点的真实修正值。

3）自检、自校、自诊断功能：普通传感器需要定期检验和标定，以保证其在正常使用时具有足够的精度，一般要求将传感器从使用现场拆卸下来并送到实验室或检验部门以完成上述工作，因此当在线测量传感器出现异常时不能得到及时诊断。采用智能传感器时，这一情况会得以改善，当智能传感器的电源接通时，其自诊断功能发挥作用，通过诊断测试确定组件有无故障，并根据使用时间进行在线校正，微处理器利用存储在 EEPROM（Electrically-Erasable Programmable Read-Only Memory，电可擦除可编程只读存储器）中的计量特性数据进行对比。

4）信息存储功能：智能传感器可以存储大量信息，供用户随时查询，包括装置的历史信息（如传感器工作时长、电源更换次数等），传感器的全部数据、图表及组态选择说明，以及被检测零件的生产日期、目录表和最终出厂测试结果等。内容的多少仅受智能传感器本身存储器容量的限制。

5）数据处理功能：智能传感器提供了数据处理功能，它不仅能放大信号，还能使信号数字化，并通过软件实现信号调节。普通的传感器通常不能给出线性信号，而过程控制却将线性度作为重要指标。智能传感器可以通过查表使非线性信号线性化，但每个传感器要单独编制这种数据表。智能传感器还可以通过数字滤波器对数字信号进行滤波，以减弱噪声等干扰，而且为实现滤波功能，用软件研制复杂的数字滤波器比用分立电子电路实现模拟滤波器容易得多。环境因素补偿也是数据处理的一项重要任务，微控制器能提高信号检测精度。例如，可以通过测量基本检测元件的温度来获得正确的温度补偿系数，从而实现对信号的温度补偿。使用软件也可以实现非线性补偿和其他更复杂的补偿。智能传感器的微控制器能使用户易于实现多个信号的加、减、乘、除运算。

6）组态功能：组态功能是智能传感器的主要特性之一。对于信号应该放大多少倍、温度传感器以摄氏度还是以华氏度输出温度等问题，智能传感器的使用者可随意选择需要的组态，如自主设定检测范围、可编程通断延时、计数器组数、常开和常闭状态、分辨率等。灵活的组态功能大大减少了用户需要研制和更换的传感器类型和数目。智能传感器的组态功能可以使同类型的传感器工作在最佳状态，并能在不同场合完成不同工作。

7）数字通信功能：因为智能传感器能产生大量信息和数据，所以普通传感器的单一连线方式无法为装置的数据提供必要的输入和输出，但也不能为了获取需要的所有信息对它们各配置一条引线，这样会使系统非常庞杂，因此，这样需要一种灵活的串行通信系统。在过程工业领域，当前的趋势是向串行网络方向发展。因为智能传感器本身带有微控制器，所以它属于数字式，能配置与外部连接的数字串行通信接口。串行网络抗环境干扰（如电磁干扰）的能力比普通模拟信号强得多，把串行通信配接到装置上可以有效管理信息传输，使其仅在需要时输出数据。

2.5.4　智能传感器的实现途径

智能传感器的实现途径包括：①将计算机技术与传感器技术结合，即智能合成途径；②利用特殊功能材料实现，即智能材料途径；③利用功能化几何结构实现，即智能结构途径。

目前，智能合成是智能传感器的主要实现途径，智能合成可分为如下3个层次。

（1）模块组合式　将传统的传感器、信号调理电路、带数字总线接口的微处理器组合为一个整体，构成智能传感器系统，这种实现方式在现场总线控制系统发展的推动下迅速发展起来。传感器生产厂家原有的生产工艺可以基本保持不变，在原传感器基础上增加一块带数字总线接口的微处理器插板，并配备能进行通信、控制、自校正、自补偿、自诊断的智能化软件，就实现了智能传感器。

（2）混合集成　若想在一块芯片上实现智能传感器，则存在许多制造工艺方面的难题，产品良品率较低。而可以根据需要将系统的敏感单元、信号调理电路、微处理器单元、数字总线接口等以不同的组合方式集成在两块或三块芯片上，通过混合集成方式封装成智能传感器。

（3）单芯片集成　单芯片集成指采用微机械加工技术和大规模集成电路技术，制作敏感元件、信号调理电路及微处理器单元，并将它们集成在一块芯片上。单芯片集成实现了智能传感器的微型化、结构一体化封装，提供了精度和稳定性。

2.5.5　加工过程的典型传感检测方法

金属零件缺陷的无损检测是利用电、磁、声、光、热等作为激励源对金属零件进行加热，根据金属零件内部结构的形态以及变化所反馈的信息进行检测，从而判断金属零件内部是否存在缺陷。目前，加工过程的典型无损检测方法主要有涡流检测、超声检测、射线检测、渗透检测、磁粉检测、激光检测、红外热成像检测等。这些传统的检测方法在金属零件的检测中取得了非常好的效果，在提高产品质量和社会效益，以及降低产品的生产成本等方面都取到了明显的效果。

（1）涡流检测　涡流检测是一种非接触式的检测方法，感应线圈不与试件直接接触，可进行高速检测，易于实现自动化。只能用于检测铁磁材料（导电材料）制成的金属零件的缺陷，且只能用于对零件表面及近表面的缺陷进行检测。

（2）超声检测　超声检测是一种利用声脉冲在试件的缺陷处发生变化的原理来进行检测的方法。利用计算机、信号采集及图像处理技术，可将超声波图像化，进行直观地反映被检金属零件内部的结构信息。作为一种新型的无损检测方法，超声无损检测技术有灵敏度高、检测深度大、结果精确可靠、成本低、操作简单等诸多优点，而且超声波探伤仪体积小，重量轻，便于携带，对人体无害，因此超声检测已经广泛地用于金属加工、材料试验、航空航天等领域。根据目前的发展情况，超声检测技术主要用于金属零件的质量评估，如用于钢板、管道、压力容器、金属材料复合层、铁路轨道及列车零件等的无损检测。

（3）射线检测　射线检测是一种利用 X 射线、γ 射线及中子射线等穿过试件时产生的强度衰减进行检测的方法。根据穿过试件的射线强度不同，可以判断出试件内部结构是否存在缺陷，只要试件中存在缺陷，射线的连续性就会遭到破坏，由于不连续的射线在胶片上的感光程度存在着一定差异，因而就显示出不连续的图像信息。近年来，射线检测技术主要用于对小型、几何形状复杂的金属铸件或锻件的无损检测和尺寸测量，以及航空工业复合型材料和金属零件等的无损检测。射线检测方法具有检测效果直观、缺陷尺寸检测结果精确、能提供永久性记录及灵敏度高等优点，是目前应用最广泛的体积型缺陷的无损检测方法，只是射线有一定的危害性，要求操作人员具有较高的安全意识。

（4）渗透检测　渗透检测具有操作简单、成本低、检测灵敏度高、一次性检测范围广、缺陷显示效果直观等特性，可用于检测各类不同缺陷。该方法只能用于检测金属零件表面裂纹，且被检试件表面必须相对光滑且无污染物。

（5）磁粉检测　磁粉检测操作简单且成本低，适用于检测所有铁磁材料零件的表面和近表面的缺陷，检测完毕后需要对被检试件进行清理。

（6）激光检测　激光检测是对被检试件施加激光载荷，当金属零件内部存在缺陷时，其缺陷部位与正常部位产生的形变量不同，通过对施加载荷前、后所形成的信息图像的叠加来判断零件内部是否存在缺陷。由于激光束可以入射到试件的任何部位，因此激光检测可用来检测几何形状不规则的金属零件。目前，激光检测主要用于对高温条件、不易接近的试件以及超薄、超细试件进行检测，如用于检测热钢材、放射性材料零件等。由于激光检测技术的成本高、安全性差，目前仍处在发展完善的阶段。

（7）红外热成像检测　红外热成像检测是一种利用红外热像仪将物体表面不可见的红外热辐射信息转换为可见的热图像的方法。该方法具有非接触、不破坏、实时、快速等特性，能有效地对金属零件缺陷进行无损检测研究。目前，该技术广泛应用于军事、航空航天、冶金、电力、石化等诸多领域。虽然红外热成像检测有其突出的优点，但也存在着一定的局限性，如信号的信噪比不高，热传导惰性大、衰减快，缺陷定量化检测水平低等。

随着计算机技术与现场总线技术的发展，基于视觉技术的机器视觉检测日臻成熟，已成为现代加工制造业不可或缺的部分。接下来重点介绍机器视觉智能检测系统的概念、分类、组成、原理及应用。

2.5.6　机器视觉智能检测系统

1. 机器视觉概述

20 世纪 80 年代以来，机器视觉技术在全球引起了研究热潮，并且逐步走向了实际应用阶段。作为先进的产品检测技术，机器视觉技术在工业检测、医疗诊断、航空航天及智能交通等领域都得到了广泛的应用。基于机器视觉的检测技术对于控制产品的质量、树立良好企业形象起到了重要作用。

国内在机器视觉领域的研究起步较晚，20 世纪 90 年代才开始出现相关的研究，经过 30 年的发展，机器视觉技术目前已经应用于工业检测的各个领域，是智能检测中正在快速发展的一个重要分支。

简单来说，机器视觉就是用机器代替人眼来做测量和判断，完成工业生产与民用领域的测量、引导、检测和任务识别。机器视觉系统通过图像摄取装置将被摄取目标的信息转换成图像信号，对图像信号进行数字化处理，再经过图像处理系统的分析和处理，最终得到被摄取目标的形态、位置、表面亮度、颜色等信息。人们可以根据这些被摄目标的特征信息进行测量、定位、检测或识别，进而进行判断和决策，并根据得到结果来控制现场的设备动作。

机器视觉最大的特点就是非接触、无磨损，因而避免了接触式检测可能造成二次损伤的隐患。机器视觉系统可以在生产速度很快的生产线上对产品进行测量、引导、检测和识别，并能保质保量地完成任务。因而机器视觉系统可提高生产的柔性和自动化程度，而且易于实现信息集成，是实现计算机集成制造的基础。

2. 机器视觉系统的分类

（1）按照操作方式分类 机器视觉系统按照操作方式的不同，一般可以分为可配置的机器视觉系统和可编程的机器视觉系统两种。

1）可配置的机器视觉系统。可配置的机器视觉系统集底层开发和应用开发于一身，提供一种通用的应用平台。系统分模块设计，包含众多的机器视觉模块。把核心系统与应用工艺进行垂直整合、设计，可自由添加工具，配置灵活，无须编程，像家用电器一样简单易用。视觉工程师只需学习如何设置机器视觉系统，就可以配置和部署好整个解决方案。

可配置的机器视觉系统架构如图 2-48 所示，它由图像采集单元和视觉处理单元组成，图像采集单元负责采集图像并将其传送给视觉处理单元，视觉处理单元包括视觉处理工具、逻辑配置工具等，每个单元都可以单独配置。通过实际测试发现，可配置的机器视觉系统的硬件兼容性比其他集成类型的机器视觉系统（如板卡、相机、个人计算机等硬件来自不同制造商的集成的机器视觉系统）更好，可以获得更高的稳定性。

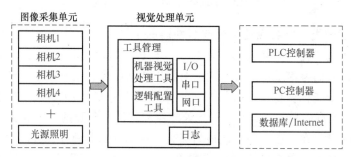

图 2-48 可配置的机器视觉系统架构

可配置的机器视觉系统通常固装有成熟的机器视觉功能模块，通常具有配置标准化、接口标准化、系统模块化、功能专业化且通用化、产品多样化等特点，可以实现快速定位、几何测量、有无检测、计数、字符识别、条码识别、颜色分析等功能，适用于大多数机器视觉场合。

2）可编程的机器视觉系统。可编程的机器视觉系统可根据用户的实际应用需求进行开发。通常情况下，需要从机器视觉器件公司采购合适的工业相机或镜头、光源，自行编写合适的机器视觉软件，实现工业自动化所需的定位、测量、识别、控制等功能。因为机器视觉系统底层技术比较难以实现，机器视觉开发人员需从开源的函数库中获得基础代码源，或者购买商品化机器视觉函数库进行二次开发，如 Adept 公司的 HexSight 开发包（见图 2-49）、Cognex 公司的 VisionPro 开发包等。要完成机器视觉系统软件开发，软件工程师既要熟悉特定的编程语言，又要具备机器视觉理论知识和各种开发工具、函数库的使用技能。此外，软件的开发周期一般较长。

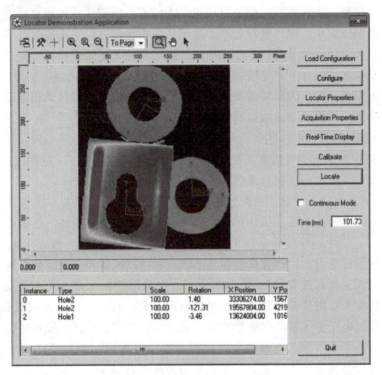

图 2-49　HexSight 开发包软件界面

（2）按照性能分类　机器视觉系统按照性能的不同，一般可分为视觉传感器、智能相机及视觉处理器。这三种产品其实都可称为智能相机（Smart Camera 或 Intelligent Camera）。为了进一步细分，人们习惯采用三种不同的名称以便在中文上把它们区分开来。视觉传感器（Vision Sensor）一般指比较低端的智能相机，像传感器一样使用，在三者之中功能最为简单。视觉处理器（Vision Processor）一般指处理器和相机是分开的智能相机类型，也称为视觉盒子（Vision Box），在三者之中功能最为强大。视觉处理器硬件计算能力最强，软件包中的机器视觉软件工具也最多；它采用外接相机，一般能接 4 台相机，有些产品甚至可以外接更多相机。智能相机介于这两者之间，与视觉传感器一样，为一体式产品，即图像采集、处理、分析都在相机内完成，不像视觉处理器那样采取分体式结构。智能相机功能适中，软件包中的机器视觉软件工具比视觉传感器的多，比视觉处理器的少，软件配置刚好匹配其硬件处理能力。

1）视觉传感器。视觉传感器一般是嵌入式一体化产品，处理器配置较低，机器视觉软件工具较少。视觉传感器的图像采集单元主要由 CCD（Charge Coupled Device，电荷耦合元件，通常称为 CCD 图像传感器）芯片或 CMOS（Compementary Metal Oxide Semiconductor，互补金属氧化物半导体）芯片、光学系统、照明系统等组成。图像采集单元将获取的光学图像转换成数字图像，传递给图像处理单元。图像分析是在视觉传感器中完成的。视觉传感器具有低成本和易用的特点。视觉传感器的工业应用包括有无检测、正反检测、方向检测、尺寸测量、读码及识别等。几种视觉传感器产品实物如图 2-50 所示，目前市面上国外视觉传感器的生产厂家有日本基恩士（Keyence）、日本欧姆龙（OMRON）、美国康耐视（Cognex）等，国内视觉传感器的生产厂家有深圳视觉龙、厦门麦克玛视等，典型产品有 Cognex Checker/ID 等。这类产品一般被当作传感器使用，因而往往自带照明，甚至具有自动对焦功能，有的产品设计中还集成了液体镜头⊖等。

图 2-50　几种视觉传感器产品实物

2）智能相机。智能相机并不是一台简单的相机，而是一种高度集成化的微小型嵌入式机器视觉系统，处理器配置较高，视觉软件工具较多。智能相机集图像信号采集、模/数转换及图像信号处理于一体，能直接给出处理的结果。其大小与一个普通家用相机差不多，包括视觉处理功能在内的所有功能都在一个小盒子中完成。由于应用了数字信号处理器（Digital Signal Processor，DSP）、现场可编程门阵列（Field Programmable Gate Array，FPGA）及大容量存储技术，其智能化程度不断提高。通过软件配置，智能相机可轻松实现各种图像处理与识别功能，满足多种机器视觉应用需求。

智能相机一般由图像采集单元、图像处理单元、通信控制单元等构成。智能相机采用的硬件一般为高性能微处理器，软件则基于实时操作系统。图像分析软件是智能相机的核心，一般包含丰富的图像处理和分析底层函数库，在智能相机配套的软件开发环境中，可以对这些底层软件工具模块进行某种组合（称为"组态"），也可以对单个模块进行参数设置，从而"组装"出各种图像分析和处理软件。这就是机器视觉应用开发的软件设计环节所做的核心工作。智能相机生产厂家都会提供这类软件，所以智能相机往往也称为可配置系统。

基于嵌入式技术和并行计算技术的智能相机集成度高，结构紧凑，安装体积小，空间利用率高，在运算速度和稳定性上大大超过计算机，适用于环境严苛的特定应用场合。其工作过程可完全脱离计算机，与生产线上其他设备连接方便，能直接在显示器或监视器上输出 SVGA（Super Video Graphics Array，高级视频图形阵列）或 SXGA（Super Extended Graphics Array，高级扩展图形阵列）格式的视频图像。

图 2-51　几种智能相机产品实物

几种智能相机产品实物如图 2-51

⊖　液体镜头是一种通过改变厚度仅为 8mm 的两种不同液体交接处的月牙形表面的形状来实现焦距变化的镜头，它可以自动调焦，清晰地捕捉物体影像。

所示,目前市面上国外智能相机的生产厂家有日本基恩士、美国康耐视、美国迈思肯(Microscan)、意大利得利捷(Datalogic)等,国内智能相机的生产厂家有深圳视觉龙、厦门麦克玛视等。

3)视觉处理器。视觉处理器一般要基于计算机(×86 架构,多用 Microsoft Windows 操作系统)视觉系统和工业计算机,开发合适的机器视觉软件,再配合光学成像硬件(如工业相机或镜头、光源等),实现工业自动化所需的定位、测量、识别、控制等功能。

视觉处理器的图像处理、通信及存储功能由控制器完成。控制器提供相机接口,可以与多台不同类型的工业相机相连,共同完成图像采集、处理及结果输出任务。理想情况下,人们希望来自不同厂商的硬件和软件能够互相兼容,互相支持,实现数据共享。但事实并非如此,通常情况下,机器视觉系统必须被添加到现有设备系统中,而这些系统往往包含了来自不同厂商配备专用接口的设备。

视觉处理器通常尺寸较大,结构复杂,开发周期较长,但处理能力强,软件资源丰富,可达到理想的精度和速度,能实现较为复杂的系统功能。它在测量精度、检测速度、灵活性等方面具有绝对优势,因此占据了相对较高的行业份额。几种视觉处理器产品实物如图 2-52 所示。

图 2-52　几种视觉处理器产品实物

以上三种按性能分类的产品对比见表 2-1。

表 2-1　三种产品对比

对比项目	视觉传感器	智能相机	视觉处理器
结构形式	一体化	一体化	非一体化,集成度较低
市场定位	低端市场	高端市场	高端市场
灵活性/可编程性	低	高	高
接口	简单	复杂	复杂
处理能力	弱	强	强
内存配置	低	中	高
分辨率	低	高	高
检测速度	较低		高
检测精度	较低		较高
多相机支持	不可以		可以
复杂运算能力	弱		强
系统成本	低		高
工作空间	小		大
操作难度	小		大
集成能力	强		弱

3. 机器视觉系统的组成

典型的机器视觉系统基本组成如图 2-53 所示,包括图像采集单元、图像处理单元、通信控制单元、终端监控单元等。

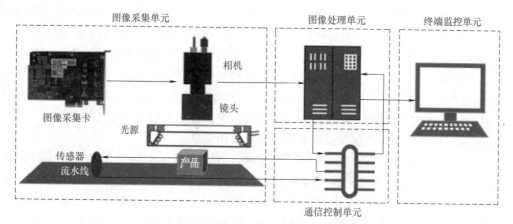

图 2-53 典型的机器视觉系统基本组成

(1)图像采集单元 图像采集单元又称为帧采集器,图像采集是指从工作现场获取场景图像的过程,是机器视觉的第一步。早期的图像采集单元独立于相机之外,配合相机实现数字化图像采集。现在的数码相机已经把图像采集单元集成进去了,只有一些特定接口的相机还需要外接图像采集单元。在机器视觉系统中,图像采集单元相当于普通意义上的 CCD 相机或 CMOS 相机和图像采集卡,用于将光学图像转换为数字图像,并输出至图像处理单元。

(2)图像处理单元 图像处理单元由图像存储器、图像处理软件等构成。图像处理软件包含大量图像处理算法。在取得图像后,用这些算法对数字图像进行处理和分析,并输出指定的质量判断和规格测量等结果。图像处理算法包含图像校正、图像分割、图像特征提取、二进制大对象(Binary Large Object,BLOB)分析、图像识别与理解等算法。

1)图像校正。图像校正是指对失真图像进行复原性处理。引起图像失真的原因很多,成像系统的像差、畸变,带宽限制,成像器件拍摄姿态不正,扫描过程存在的非线性,由运动模糊、辐射失真引入的噪声等都会造成图像失真。图像校正的基本思路是,根据图像失真的原因建立相应的数学模型,从被污染或畸变的图像信号中提取所需要的信息,沿着使图像失真的过程的逆过程来复原图像。实际的复原过程是设计一个滤波器,使其能从失真图像中计算出真实图像的估值,并根据预先规定的误差准则,最大程度地接近真实图像。

2)图像分割。图像分割是指把图像分成若干个特定的、具有独特性质的区域并提取操作人员所关心的目标的技术和过程。它是从图像处理到图像分析的关键步骤。现有的图像分割方法主要有基于阈值的分割方法、基于区域的分割方法、基于边缘的分割方法及基于特定理论的分割方法等类型。从数学角度来看,图像分割是指将数字图像划分成互不相交的区域的过程。图像分割的过程也是一个标记过程,对属于同一区域的像素赋予相同的编号。

3)图像特征提取。图像特征提取是图像识别过程中保证后期分类判别质量的重要步骤。提取的图像特征需要能够代表目标识别物的典型特征，具备独特性、完整性、几何不变性及抽象性，常见特征有颜色、纹理、边缘、形状等。

4）BLOB 分析。BLOB 是指图像中的具有相似颜色、纹理等特征的图像碎片所组成的一块连通区域。BLOB 分析就是对前景或背景分离后的二值图像进行连通区域的提取和标记。BLOB 分析完成的每一个 BLOB 都代表一个前景目标，然后计算 BLOB 的一些相关特征，如面积、质心位置、外接矩形等几何特征，这些特征都可以作为判别的依据。

5）图像识别与理解。图像识别与理解是指利用计算机对图像进行处理、分析、理解，以识别出各种不同模式的目标和对象的技术。传统的图像识别流程分为 3 个步骤：图像预处理→特征提取→图像识别。在较简单的工业应用中，通常采用工业相机拍摄图片，然后利用软件根据图片灰阶差来处理，从而识别并获得有用信息。

（3）通信控制单元　通信控制单元包含输入/输出（Input/Output，I/O）接口、运动控制模块等。图像处理软件完成图像处理后，将处理结果输出至图像监视单元，图像监视单元剔除无用信息或发出报警信号等；或者将处理结果同时通过运动控制单元传递给机械臂以执行分拣、抓取等动作。相对复杂的逻辑和运动控制则必须依靠 PLC 或运动控制卡来实现。

1）I/O 接口。I/O 接口是主机与被控对象进行信息交换的纽带。主机通过 I/O 接口与外部设备进行数据交换。目前绝大部分 I/O 接口都是可编程的，即它们的工作方式可由程序进行控制。在工业控制机中常用的标准接口有通用并行 I/O 接口、RS-232 或 RS-485 接口、网口、USB 接口等。

2）运动控制。运动控制起源于早期的伺服控制，简单地说，运动控制是指对机械运动部件的位置、速度等进行实时的控制管理，使其按照预期的运动轨迹和规定的运动参数运动。常用的运动控制技术有全闭环交流伺服驱动技术、直线电动机驱动技术、可编程计算机控制技术等。

（4）终端监控单元　终端监控单元用于在软件界面上显示配置的内容，一般包括采集的图片、产品检测结果、产品良品率统计数据等。

4. 机器视觉系统的工作原理

机器视觉系统利用相机将被检测的目标转换为图像信号，传递给专用的图像处理系统。图像处理系统根据像素分布和亮度、颜色等信息，将图像信号转换为数字信号，然后由机器视觉软件工具、逻辑工具、通信工具等进行处理来实现完整的视觉检测功能。一个完整的机器视觉系统的主要工作过程如下。

1）相机可以在连续拍照模式下对产品（对象）进行拍照，把获取的图像传递给图像采集单元。相机也可以采用外部触发模式，当接收到外部传感器信号之后，相机按照事先设定好的参数进行曝光，然后正式开始图像的采集、扫描和输出。外部触发模式下的相机只有在接收到有效触发信号后才拍摄一帧图像，没有外部有效触发信号时处于等待状态。触发脉冲信号往往由传感器发出，当它感知到产品靠近相机视野中心的时候发出脉冲信号，触发抓拍一帧图像的动作。

2）图像采集卡把输入的光学图像转换为数字图像，存入主机内存，由图像处理单元进行处理。如果输入信号是模拟信号，则图像采集卡的作用就是把模拟信号转换为数字信号。现在很多相机是数字式的，如 USB、GigE 等接口的面阵相机，其输出图像就不需要图像采集卡进行模/数转换，可以直接存入主机内存。具有 CameraLink⊖ 等接口的相机还是需要图像采集单元进行图像信号的收集和转换。

3）光源也有常亮和触发两种工作状态，常亮状态不需要控制，但光源常亮容易引起人眼不适。工作在触发状态下的光源由光源控制器提供驱动电流，为了配合相机实现有效成像，光源触发脉冲的发生时刻和脉冲宽度需要准确控制，由专用的控制器或相机控制。光源控制器一般还有频闪模式。频闪模式下往往可以做到过流控制，即在瞬时提供很大的电流，让光源亮度提升数倍，以配合相机曝光。

4）图像处理单元对图像进行处理、分析、理解、识别，获得测量结果或逻辑控制值，并由通信控制单元将结果发送给外部控制装置等。

5. 机器视觉技术在智能制造中的应用

在流水化作业生产、产品质量检测方面，有时需要由工作人员观察、识别、发现生产环节中的错误和疏漏。若引入机器视觉技术取代传统的人工检测方法，能极大地提高生产效率和产品的良品率。例如，机器视觉技术可用于进行印刷电路板的视觉检查、钢板表面的自动探伤、大型工件的平行度和垂直度测量、容器容积检测或内容物杂质检测、机械零件的自动识别分类和几何尺寸测量等。机器视觉技术在智能制造中具有如下典型应用。

（1）机器视觉技术用于检测超标准烟尘及污水排放 利用机器视觉技术，能够及时发现机房及生产车间的火灾、烟雾等异常情况。利用机器视觉中的人脸识别技术，企业能够加强出、入口的控制和管理，提高管理水平，降低管理成本。机器视觉检测系统示意图如图 2-54 所示。

（2）机器视觉技术用于产品瑕疵检测 产品瑕疵检测是指先利用相机、X 光等使产品瑕疵成像，然

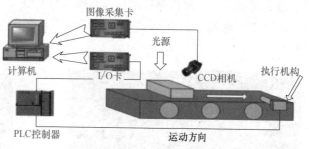

图 2-54 机器视觉检测系统示意图

后通过机器视觉技术对获取的图像进行处理，确定有无瑕疵以及瑕疵的数量、位置和类型等，甚至对瑕疵产生的原因进行分析。利用机器视觉技术能大幅减少人工评判的主观性差异，更加客观、可靠、高效、智能地评价产品质量，同时提高生产效率和自动化程度，降低人工成本。而且机器视觉技术可以运用到一些危险环境和人工视觉难以满足要求的场合，因此，机器视觉技术在工业产品瑕疵检测中得到了大量的应用。

（3）用机器视觉技术实现机器人视觉伺服控制系统 赋予机器人视觉是机器人领域的研究重点之一，其目的是通过图像定位、图像理解，向机器人运动控制系统反馈目标或机器人自身的状态与位置信息，从而使机器人更加自主、灵活，也更能适应变化的环境。目前，大多数机器人都是通过预设好的程序进行重复性的指定动作，一旦作业环境发生变化，就需要对机器人重新编程，机器人才能适应新的环境。视觉伺服控制是利用视觉传感器采集空间图像的特征信息（包括特征点、曲线、轮廓、常规几何形状等）或位置信息（通常通过深度摄像头获取），并将其作为反馈信号构造机器人的闭环控制系统，视觉伺服控制的目的是

⊖ CameraLink 标准由国际自动成像协会制定，该标准的接口解决了高速传输的问题。

控制机器人执行部分快速而准确地到达预定位置以完成任务，这样可以使机器人搬运、加工零件、自动焊接的时候更加有效率。

2.5.7 智能传感检测装备在智能制造中的应用

大量传统制造企业在实现智能制造的转型升级过程中，广泛地在生产、检测及物流等环节采用智能传感检测装备，可以说，智能传感检测装备对实现智能制造而言具有不可或缺的作用和地位。

智能传感在制造过程中的典型应用之一，体现在机械制造行业广泛采用的数控机床中。现代数控机床在检测位移、位置、速度、压力等方面均部署了高性能传感器，能够对加工状态、刀具状态、磨损情况及能耗情况等进行实时监控，以实现灵活的误差补偿与自校正，实现数控机床智能化升级。此外，基于视觉传感器的可视化监控技术的采用，使得数控机床的智能监控变得更加便捷。自动化生产线上的机器视觉系统如图 2-55 所示。

汽车制造行业是应用智能传感器较多的行业。以基于光学传感的机器视觉为例，在工业领域的三大主要应用有视觉测量、视觉引导和视觉检测。在汽车制造行业中，视觉测量技术通过测量产品关键尺寸、表面质量、装配效果等，可以确保出厂产品的产品合格率；视觉引导技术通过引导机器完成自动化搬运、最佳匹配装配、精确制孔等，可以显著提高制造效率和车身装配质量；视觉检测技术可以监控车身制造工艺的稳定性，同时也可以用于保证产品的完整性和可追溯性，有利于降低制造成本。利用机器视觉系统检测汽车车门如图 2-56 所示。

 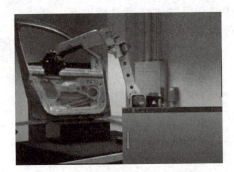

图 2-55　自动化生产线上的机器视觉系统　　　　图 2-56　机器视觉系统检测汽车车门

高端装备行业的传感器多应用在设备运维与健康管理环节。例如，航空发动机装备智能传感器，能使控制系统具备故障自诊断、自处理能力，提高系统应对复杂环境的能力。基于智能传感技术，综合多领域建模技术和新型信息技术，构建出可精确模拟物理实体的数字孪生体，该数字孪生体能反映系统的物理特性，应对环境的多变性，实现发动机的性能评估、故障诊断、寿命预测等；同时，基于全生命周期多维反馈数据，该数字孪生体在行为状态空间迅速学习，自主模拟，预测对安全事件的响应，并通过物理实体与数字实体的交互数据对比，及时发现问题，激活自修复机制，减轻损伤和退化，有效避免具有致命损伤的系统行为。

工业电子领域，生产、搬运、检测、维护等方面均涉及智能传感器，如机械臂、AGV、AOI（Automated Optical Inspection，自动光学检测）等装备均配备有智能传感器。在消费电子和医疗电子产品领域，智能传感器的应用更具多样性，例如，智能手机中比较常见的智能传感器有距离传感器、光线传感器、重力传感器、图像传感器、三轴陀螺仪和电子罗盘等。可穿戴设备最基本的功能就是通过传感器实现运动传感，通常内置 MEMS（Micro-electrome-chanical Systems，微机电系统）加速度计、心率传感器、脉搏传感器、陀螺仪、MEMS 麦克风等多种传感器。智能家居设备（扫地机器人、洗衣机等）涉及位置传感器、接近传感器、液位传感器、环境监测、安防感应等传感检测设备。

2.6　智能物流仓储装备

随着互联网通信技术、自动化技术、人工智能技术的崛起，物流仓储行业的技术进步十分迅速，向着信息化、自动化、智能化方向发展。

2.6.1　智能物流仓储系统概述

智能物流仓储系统在国际上也称为物料搬运系统，主要功能是立体仓储、自主输送和智能分拣，它整合了自动控制、自动输送、场前自动分拣及场内自动输送等模块，通过货物自动录入、管理和查验的信息平台，实现对仓库内货物物理信息的自动化及智能化管理，变传统的静态仓库为智能化的动态仓库。智能物流仓储系统可广泛应用于医药、食品饮料、冷链物流、电子商务、跨境电商、快消品及保健品等行业。

智能物流仓储系统有以下功能。

1）科学储备，提高物料调节水平。

2）有效衔接生产与库存环节，加快物流周转，降低物流成本。

3）提高资源利用效率。为企业的生产计划和决策提供有效的根据。

智能物流仓储系统自动化是整个自动化领域中增长最稳定、成长空间最大的子板块之一，主要有以下特征。

1）下游市场更稳定：受益于现代物流业的快速发展，对处于下游的物流业的投资确定性比一般制造业的投资确定性更高，因此智能物流仓储系统自动化的发展受经济周期的扰动相对较小。

2）适应新型物流方式的需求：第三方物流、电子商务、全冷链生鲜配送等新兴物流方式正在深刻地改变着下游市场，企业需要节约不断上涨的人工成本，同时对于问题处理速度、管理效率和用户体验的需求在急剧上升。自动化物流仓储系统是适应新兴物流方式的最佳解决方案。

3）技术快速进步：随着物联网、机器视觉、仓储机器人、无人机等新技术的应用，物流仓储自动化技术正在以较快的速度发生变革。

下面着重讲解智能仓储系统中常用的自动化立体仓库、射频识别和智能搬运等内容。

2.6.2　自动化立体仓库

随着自动化技术、机械制造技术及计算机技术的飞速发展，当前企业的仓储系统发生了翻天覆地的变化。货物堆积地面的传统方式已经被立体货架取代，人工分拣和手动记录货物信息的方式也已经被自动化的方式取代。我国于 1980 年第一次研制并使用自动化立体仓库。

截止到当下，我国自动化立体仓库已经大范围地在制造业和物流业中得到了广泛的使用。

1. 自动化立体仓库的概念

自动化立体仓库是由立体货架、有轨巷道堆垛起重机、出入库托盘输送机系统、尺寸检测及条码阅读系统、通信系统、自动控制系统、计算机监控和管理系统，以及电线、电缆、桥架、配电柜、托盘、调节平台、钢结构平台等辅助设备组成的复杂的自动化系统。立体货架一般是钢结构或钢筋混凝土结构的建筑物或结构体，货架内是标准尺寸的货位空间，巷道堆垛起重机穿行于货架之间的巷道中，完成存、取货的工作。管理上采用计算机及条形码技术。

利用自动化立体仓库设备，可实现仓库管理合理化、存取自动化、操作简便化，自动化立体仓库是当前技术水平较高的形式。自动化立体仓库运用一流的集成化物流理念，采用先进的控制、总线、通信和信息技术，通过各种设备的协调动作进行出入库作业。

2. 自动化立体仓库的分类

（1）按照立体仓库的高度分类　自动化立体仓库可分为低层立体仓库、中层立体仓库和高层立体仓库。低层立体仓库高度在 5m 以下，中层立体仓库的高度在 5~15m 之间，高层立体仓库的高度在 15m 以上。立体仓库的建筑高度可达 40m，常用的立体仓库高度在 7~24m 之间。

（2）按照操作对象的不同分类　自动化立体仓库可分为托盘式自动仓库、料箱式自动仓库、密集式穿梭库（穿梭板）、自动化立体货柜等。其中，托盘式自动仓库采用托盘集装单元方式来保管物料，被国内企业较多地采用。

（3）按照储存物品的特性分类　自动化立体仓库有常温自动化立体仓库、低温自动化立体仓库、防爆型自动仓库等。

（4）按货架构造形式分类　自动化立体仓库可分为单元货格式仓库、贯通式仓库、水平旋转式仓库和垂直旋转式仓库。

（5）按所起的作用分类　自动化立体仓库可分为生产性仓库和流通性仓库两类。

3. 自动化立体仓库的组成

（1）货架　货架是用于存储货物的结构体，主要有焊接式货架和组合式货架两种基本形式。

（2）托盘　托盘是用于承载货物的器具，也称为工位器具。

（3）巷道堆垛起重机　巷道堆垛起重机是用于自动存取货物的设备。按结构形式分为单立柱和双立柱两种基本形式，按服务方式分为直道、弯道和转移车三种基本形式。

（4）输送机系统　输送机系统是自动化立体仓库的主要外围设备，负责将货物运送到堆垛起重机或从堆垛起重机将货物移走。输送机种类非常多，常见的有辊道输送机、链条输送机、升降台、分配车、提升机、皮带机等。

（5）AGV　AGV 根据其导向方式，分为感应式导向小车和激光导向小车。

（6）自动控制系统　驱动自动化立体库系统各设备的自动控制系统以采用现场总线控制模式为主。

（7）信息储存管理系统　信息储存管理系统也称为中央计算机管理系统，是全自动化立体仓库系统的核心。典型的自动化立体仓库系统均采用大型的数据库系统（如 ORACLE、SYBASE 等）构筑典型的客户机/服务器体系，可以与其他系统（如 ERP 系统等）互联或集成。

　　自动化立体仓库系统是由机械和电气两大部分组合而成，是由上位机管理的机电一体化产物。货物存储、提取和运输这三部分构成自动化立体仓库系统最为核心的部分，在此之上，每个企业根据实际需要的不同，可以增加相应的配套系统。自动化立体仓库系统具有存储量大、货物存取效率高以及货物信息管理精准等优点，成为现代化制造业中最重要的系统之一。自动化立体仓库实物如图 2-57 所示。

图 2-57　自动化立体仓库实物图

4. 自动化立体仓库的功用

　　（1）大量储存　一个自动化立体仓库拥有的货位数可达 30 万个，即可储存 30 万个托盘。若以平均每个托盘储存 1t 货物计算，则一个自动化立体仓库可同时储存 30 万吨货物。

　　（2）自动存取　自动化立体仓库的出入库及库内搬运作业全部由计算机控制的机电一体化系统完成。

　　（3）功能可扩展　自动化立体仓库可以增加分类、计量、包装、分拣、配送等功能。

2.6.3　射频识别

　　现代物流是物流发展到高级阶段的表现形式，仓库管理系统必须与射频识别（Radio Frequency Identification，RFID）技术相结合，才能实现智能物流仓储管理。

1. RFID 的概念

　　RFID 技术是一种利用射频通信实现非接触式自动识别的技术。

　　在 RFID 系统中，识别信息存放在电子数据载体中，电子数据载体称为电子标签或应答器，其中存放的识别信息由阅读器读写。目前，RFID 技术最广泛的应用是各类 RFID 标签和卡的读写和管理。

2. RFID 的分类

　　（1）按工作频段分类　可分为低频、高频、超高频、极高频/微波 RFID 技术。

　　1）低频 RFID 技术最大优点在于其标签靠近金属或液体物品时能有效发射信号，不像其他较高频率 RFID 标签的信号会被金属或液体反射回来，但其缺点是读取距离短、无法同时进行多标签的读取，咨询量也较小。低频 RFID 标签常见的主要规格有 125kHz 和 135kHz 两种，通常采用被动式感应耦合方式，读取距离为 10~20cm，常应用于门禁系统、动物芯片、畜牧或宠物管理、衣物送洗、汽车防盗器和玩具等。低频 RFID 标签技术门槛低，易被高频 RFID 技术取代, 市场成熟后发展空间有限。

2) 与低频 RFID 技术相比, 高频 RFID 技术传输速度较快且可以进行多标签辨识, 最常应用于公交卡、图书馆管理场合, 还用于进行商品管理、制作智能卡片等。

高频 RFID 标签主要特点有: ①主要规格为 13.56MHz; ②主要标准为 ISO-14443A Mifare 和 ISO-15693; ③都是以被动式感应耦合方式工作, 读取距离约为 10~100cm; ④对于环境干扰较为敏感, 在金属或较潮湿环境下的读取率较低; ⑤适用于门禁、公交卡、电子钱包、图书管理、产品管理、文件管理、栈板追踪、电子机票、行李标签等; ⑥技术最成熟, 应用最广泛且市场接受度高。

3) 超高频 RFID 技术虽然在金属与液体的物品上应用较不理想, 但由于其读取距离较远、传输速度较快, 而且可以同时进行大量标签的读取与辨识, 因此目前已成为市场主流, 可应用于航空旅客与行李管理系统、货架及栈板管理、出货管理、物流管理、货车追踪、供应链追踪等。

超高频 RFID 标签主要特点有: ①主要规格有 430~460MHz、860~960MHz; ②主要标准有 ISO-18000 和 EPC Gen2; ③都是依靠被动式天线工作, 可采用蚀刻或印刷的方式制造, 因此成本较低, 其读取距离约为 5~6m; ④技术门槛高, 是未来发展的主流, 应用范围广。

4) 极高频/微波 RFID 技术的特性和应用与超高频 RFID 技术相似, 但是该类型 RFID 技术对环境的敏感性较高, 易被水汽吸收, 实施较复杂, 未完全标准化, 普及率待观察, 一般应用于行李追踪、物品管理、供应链管理等。主要规格是 2.4GHz 和 5.8GHz。

(2) 按射频耦合方式分类 可分为电感耦合和反向散射耦合 RFID 技术。

1) 电感耦合也称为磁耦合, 是指阅读器和应答器之间通过磁场耦合方式进行射频耦合, 能量 (电源) 由阅读器通过载波提供。由于阅读器产生的磁场强度受到电磁兼容性能的限制, 因此一般工作距离都比较近。高频和低频 RFID 技术主要采用电感耦合方式, 即频率为 13.56MHz 或小于 135kHz, 工作距离一般在 1m 以内。电感耦合的电路原理如图 2-58 所示。

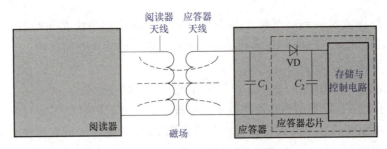

图 2-58 电感耦合的电路原理图

电感耦合的 RFID 系统中, 阅读器与应答器之间耦合的工作原理: 阅读器通过谐振在阅读器天线上产生一个磁场, 当在一定距离内, 部分磁力线会穿过应答器天线, 发生磁场耦合; 穿过应答器天线的磁场通过感应会在应答器天线上产生电压, 经过 VD (通常用 VD 表示二极管) 的整流和对 C_2 充电、稳压后, 电量保存在 C_2 中, 同时 C_2 上产生应答器工作所需要的电压。阅读器天线和应答器天线也可以视为变压器的初、次级线圈, 只不过它们之间的耦合很弱。因为电感耦合系统的效率不高, 所以这种方式主要适用于小电流电路, 应答器的功耗大小对工作距离有很大影响。

电感耦合方式下，应答器向阅读器的数据传输采用电阻负载调制（振幅调制）的方法，调节接入电阻 R 的大小可改变调制幅度的大小。实践中，常通过接通或断开接入电阻 R 来实现二进制的振幅调制。其电路原理如图 2-59 所示。

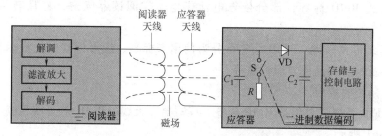

图 2-59　电感耦合电阻负载调制的电路原理图

电感耦合的 RFID 系统中，应答器向阅读器发送数据的过程：在应答器中，以二进制编码形成的高低电平作为控制开关 S，控制应答器线圈上的负载电阻 R 的接通和断开。负载的变化通过应答器天线耦合到阅读器天线进而产生相同变化规律的信号，即变压器的次级线圈的电流变化会影响到初级线圈的电流变化；在该变化反馈到阅读器天线（相当于变压器初级）后，通过解调、滤波放大电路，恢复为应答器端控制开关的二进制编码信号。经过解码后就可以获得存储在应答器中的数据信息，进而可以进行下一步处理。

2）反向散射耦合也称为电磁场耦合，其理论和应用基础来自雷达技术。当电磁波遇到空间目标（物体）时，其能量的一部分被目标吸收，另一部分以不同的强度被散射到各个方向。在散射的能量中，一小部分反射回了发射天线，并被该天线接收（发射天线也是接收天线），对接收信号进行放大和处理，即可获取目标的有关信息。反向散射耦合原理示意图如图 2-60 所示。

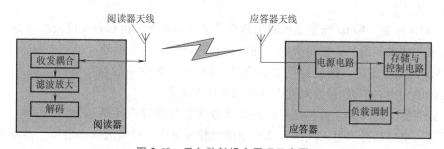

图 2-60　反向散射耦合原理示意图

一个目标反射电磁波的效率由反射横截面来衡量。反射横截面的大小与一系列参数有关，如目标大小、形状和材料、电磁波的波长和极化方向等。由于目标的反射性能通常随频率的升高而增强，因此反向散射耦合方式通常用在超高频和极高频 RFID 系统中，应答器和阅读器的距离大于 1m。

反向散射耦合的 RFID 系统中，阅读器与应答器之间耦合的工作过程：阅读器通过阅读器天线发射载波，其中一部分被应答器天线反射回阅读器天线。应答器天线的反射性能受连接到天线的负载变化影响，因此同样可以采用电阻负载调制方法实现反射波的调制。阅读器天线收到携带有调制信号的反射波后，经收发耦合、滤波放大后，再经解码电路获得应答器发回的信息。

（3）按供电方式分类 可分为有源 RFID 标签、无源 RFID 标签和半无源 RIFD 标签。有源 RFID 标签也称为主动式 RFID 标签，使用电池供电，不需要阅读器提供能量。无源 RFID 标签也称为被动式 RFID 标签，没有电池供电，完全靠阅读器提供能量。半无源 RFID 标签也称为半主动式 RFID 标签，部分依靠电池供电，靠阅读器唤醒，然后转换为自身提供能量。

（4）按封装形式分类 RFID 标签可分为信用卡标签、线形标签、纸状标签、玻璃管标签、圆形标签及特殊用途的异形标签等。

3. RFID 系统的组成

基本的 RFID 系统主要包括 RFID 标签、读写器、天线、RFID 中间件和应用系统软件五部分，如图 2-61 所示。

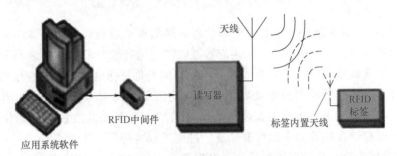

图 2-61 RFID 系统组成示意图

RFID 技术以无线射频方式在读写器和 RFID 标签之间进行非接触双向数据传输，以达到目标识别和数据交换的目的。与传统的条码、磁卡及 IC 卡相比，RFID 标签具有非接触、阅读速度快、无磨损、不受环境影响、寿命长、便于使用等特点，而且具有防冲突功能，能同时处理多张卡片。

（1）RFID 标签 RFID 标签是射频识别系统的数据载体，由耦合元件及芯片组成，每个标签具有唯一的电子编码，且每个电子标签具有全球唯一的识别号（Identification, ID），该 ID 无法修改、无法仿造，这就提供了安全性。RFID 标签中一般保存有约定格式的电子数据，在实际应用中，RFID 标签附着在待识别物体的表面。

（2）读写器 读写器主要包括射频模块和数字信号处理单元两部分。一方面，RFID 标签返回的微弱电磁信号通过天线进入读写器的射频模块中并转换为数字信号，再由读写器的数字信号处理单元进行必要的加工整形，最后从中解调出返回信号，完成对 RFID 标签的识别或读/写操作；另一方面，上层的 RFID 中间件及应用软件与读写器进行交互，实现操作指令的执行和数据汇总上传。有些系统还通过读写器的 RS-232 或 RS-485 接口与外部计算机（上位机主系统）连接，进行数据交换。

（3）天线 天线的作用是在 RFID 标签和读写器间传输射频信号（即标签的数据信息），是一种以电磁波形式把射频信号接收或发射出去的设备，是电路与空间之间的界面器件。在 RFID 系统中，天线分为 RFID 标签天线和读写器天线两大类，分别承担接收能量和发射能量的作用。

在确定了工作频率和带宽的条件下，天线发射射频载波，并接收从 RFID 标签发射或反射回来的射频载波，不同工作频段 RFID 系统天线的原理和设计有着根本上的不同。RFID

读写器天线的增益和阻抗特性会对 RFID 系统的作用距离等产生影响，RFID 系统的工作频段反过来对天线尺寸及发射损耗有一定要求，所以 RFID 天线设计的好坏关系到整个 RFID 系统的成功与否。

（4）RFID 中间件　RFID 中间件是 RFID 标签和应用系统软件之间的中介，从应用系统软件端使用 RFID 中间件所提供一组通用的应用程序接口（Application Program Interface，API），即能连到 RFID 读写器，读取 RFID 标签数据。这样一来，即使存储 RFID 标签信息的数据库软件或后端应用程序增加或由其他软件取代，或者 RFID 读写器种类增加等情况发生时，应用系统软件端不需修改也能处理，避免多对多连接的维护复杂性问题。

RFID 中间件是一种面向消息的中间件（Message-Oriented Middleware，MOM），信息是以消息的形式，从一个程序传送到另一个或多个程序。信息可以以异步的方式传送，所以传送了即不必等待回应。面向消息的中间件的功能不仅是传递信息，还必须能够提供解译数据、保障安全性、提供数据广播、实现错误恢复、定位网络资源、找出符合成本的路径、确定消息与要求的优先次序等服务。

（5）应用系统软件　应用系统软件是直接面向 RFID 应用终端的人机交互界面，协助使用者完成对读写器的指令操作以及对 RFID 中间件的逻辑设置，逐级将 RFID 原事件转化为使用者可以理解的业务事件，并使用可视化界面进行展示。由于应用系统软件需要根据企业的不同应用领域进行专门定制，因此很难具有通用性。

4. RFID 技术在智能物流仓储系统中的应用

随着科学技术的快速发展，劳动力逐渐不能满足现代社会对物流响应速度和成本效率的需求，越来越多的企业选择使用智能物流仓储系统来实现企业物流速度的新飞跃。

在仓库货架管理环节，将不同体积、不同库存深度的商品配置 RIFD 标签，并与适当的存储容器相匹配，通过 RFID 读写器上传位置信息和存储信息，减少通道占用面积，提高仓库空间利用率；在仓库货物盘点过程中，通过在通道门和出入口安装 RFID 读写器，实现自动盘点，有效减少人员行走，提高筛选效率和准确率。RFID 读写设备如图 2-62 所示。

图 2-62　RFID 读写设备

2.6.4　智能搬运

智能化物流仓储系统需要高效、快捷的智能搬运设备，越来越多的智能化设备正在应用于物流领域，AGV 便是其中不可或缺的一类。

1. AGV 的概念

自动引导车（AGV）也称为无人搬运车，出现于 20 世纪 50 年代，是一种自动化的无人驾驶的智能化搬运设备，属于移动机器人范畴。原美国物流协会对 AGV 的定义是：装备电磁或光学等自动导引装置，能够沿规定的导引路径行驶，具有安全保护及各种移载功能的运输车辆。

2. AGV 的分类

工业 AGV 按用途分为自动搬运车、自动拖车和自动叉车等类型。自动搬运车类似于电动汽车，自身具有载货能力。一种背驮式 AGV 自动搬运车如图 2-63 所示。自动拖车也称为自动牵引车，自身不具有承载能力，主要用于牵引运载车辆的运行，类似于火车的车头。自动叉车实际上是一种无人驾驶叉车，图 2-64 所示是德国 MLR 公司的一种自动导向搬运叉车。

图 2-63　背驮式 AGV 自动搬运车

图 2-64　AGV 自动叉车

3. AGV 的组成

AGV 系统由小车车体、综合控制系统、走行机构等部分组成。

（1）小车车体　车体主架采用各规格的钢管焊接而成，小车舱体采用钢板焊接成一个封闭结构，上面加装具有密封功能的盖板。

（2）综合控制系统　综合控制系统由上位控制系统和车载控制系统组成，上位控制系统完成车辆调度、路线管理、自动充电等功能。车载控制系统在上位机系统的指挥下，完成 AGV 的寻址定位、引导路线、工位装卸等功能。车载控制器使用工业级嵌入式主机作为主计算机，在控制器内集成主板、网卡、串口等硬件并封装为 AGV 专用控制器。

（3）走行机构　走行机构由车轮、差速器、电动机及制动器等部分组成，是 AGV 走行运动的控制机构。AGV 的走行指令由计算机或人工控制器发出，运行速度、方向、制动的调节由计算机分别控制，在断电时制动装置能机械实现制动。

4. AGV 的引导方式

AGV 的引导方式不断发展，比较常用的引导方式有电磁感应引导、视觉引导、激光引导和磁引导等。

（1）电磁感应引导　电磁感应引导方式发展较早，该方式通过在 AGV 的行驶路径上埋设加载低频、低压的金属导线，AGV 上的感应线圈通过对导线周围磁场强弱的识别和跟踪，实现对 AGV 走行路线的引导。

（2）视觉引导　视觉引导是在 AGV 的运行线路上预留导向标记，导向标记图像由摄像装置采集后动态反馈给控制系统，实时计算 AGV 与标记的距离及角度误差，不断进行路线修正，直至完成目标引导。

（3）激光引导　激光引导是在 AGV 行进中，通过车载激光发射器不停发射激光，激光射到预置在 AGV 行进线路上的反射板后由激光接收器接收反射激光束。然后，车载控制装置分析、计算由反射板反射回来的激光束，得出当前 AGV 的实际运动节点，再与 AGV 控制系统内预置的地图对比，实时校正，以达到路线引导的目的。

（4）磁引导 磁引导方式是通过获取线路上的磁场信号，校正实线路线与目标行进路线的偏差，引导方式与电磁感应相类似，但比电磁感应引导有更高的精度和再塑性。

（5）惯性引导 惯性引导是指装有陀螺仪的 AGV，路过设有地面定位块的行驶区域时，AGV 通过陀螺仪采集地面定位块信号，来确定自身与定位块的偏差，以此来改变航向，实现目标引导。

（6）直接坐标引导 直接坐标引导就是用定位块将 AGV 的通过区域分成若干个小区域，再统计小区域的计数来实现引导，区域划分越细，引导精度越高。

2.6.5 智能物流仓储系统在智能制造中的应用

下面以国内某能源动力装备制造企业智能物流仓储系统的建设应用为例介绍智能物流仓储系统的应用。

1. 需求说明

某新能源企业是国内率先具备国际竞争力的动力电池制造商之一，专注于新能源汽车动力电池系统、储能系统的研发、生产和销售，致力于为全球新能源应用提供一流解决方案，肩负振兴高端新能源产业的使命与责任。

随着新能源市场全球化竞争日趋白热化及新能源汽车在相关新兴产业市场的不断拓展，随之而来的挑战是：配套仓储业务量急剧增加，客户需求更加多样化，订单拣选配送提前期进一步缩短。该企业配套仓储立体仓库需求如图 2-65 所示。

图 2-65 配套仓储立体仓库需求图

为满足与日俱增的仓储吞吐容量需求及更柔性化、智能化的仓储需求，该企业需在既有仓库的基础上扩充存储空间，提高储运专业化能力，搭建一流的专业化物流库房实体，提高该新能源企业应对库存峰值的存储能力，助力新能源产能的不断提升，并开启对工业 4.0 的探索及应用。

2. 方案设计

为应对项目上线后巨大的存储需求，该新能源企业联手磅旗科技为该项目量身打造了一套智能存储系统，以求通过智能化仓储管理全面提升新能源产品的出入库、存储、拣选作业能力。

经过详细分析该公司仓储系统的物流生产情况、库存需求、发货模式及效率等因素，磅旗科技设计了一套从灌装产线开始，集空托盘调运、码垛、组盘、输送、存储、发货、拣选、空托盘回库等一系列功能的高效率、高智能化的存储解决方案。

该项目使用立体仓库管理系统，整个成品出入库过程采用计算机管理系统进行控制，保证了产品状态信息可监控、可追溯，并能够与客户的 ERP 系统无缝对接，实现数据信息实时交互。该项目通过系统化设计，在有限空间内提高空间利用率和出入库作业效率，实现仓库容量与作业效率的有效平衡。通过先进物流技术和软件管理系统的运用，最终实现仓储系统的自动化、智能化，有效提高业主方的现代化管理水平。

3. 应用效果

该新能源智能立体仓库存储系统（图 2-66）投入使用以来，实现了生产物流与存储物流的统筹调度管理，配合新厂的全套自动化工艺流程，仓库平均订单周转时间可低至 8min 以内，入库作业时间缩短 30%，仓库单位面积存储能力提升 97.7%，平均SKU（Stock Keeping Unit，库存量单位）的拣选时间低至 16s，可存储超 5

图 2-66　立体仓库实际实施应用实物图

万种品类的库存物料，在有效应对仓库库存峰值的同时，保障了订单出库效率及准确度，相信将在信息化、智能化、数字化等方面对全国新能源企业起到引领示范作用。

参 考 文 献

［1］　工业和信息化部，发展改革委，科技部，等. 智能制造工程实施指南（2016—2020）［Z］. 2016.

［2］　范孝良. 数控机床原理与应用［M］. 北京：中国电力出版社，2013.

［3］　李艳霞. 数控机床及应用［M］. 北京：化学工业出版社，2014.

［4］　候春霞. 数控机床编程入门［M］. 北京：机械工业出版社，2012.

［5］　周庆贵. 数控技术［M］. 北京：北京大学出版社，2019.

［6］　张宪民，杨立新，黄沿江. 工业机器人应用基础［M］. 北京：机械工业出版社，2015.

［7］　蔡自兴. 机器人学［M］. 2 版. 北京：清华大学出版社，2009.

［8］　赵杰. 我国工业机器人发展现状与面临的挑战［J］. 航空制造技术，2012（12）：26-29.

［9］　徐方. 我国机器人产业现状分析与发展研判［J］. 中国科学院院刊，2015，30（6）：782-784.

［10］　任小中，贾晨辉. 先进制造技术［M］. 3 版. 武汉：华中科技大学出版社，2020.

［11］　王隆太. 先进制造技术［M］. 3 版. 北京：机械工业出版社，2021.

［12］　吴超群，孙琴. 增材制造技术［M］. 北京：机械工业出版社，2020.

［13］　全国增材制造标准化技术委员会. 增材制造　工艺分类及原材料：GB/T 35021—2018［S］. 北京：中国标准出版社，2018.

［14］　周杏鹏. 现代检测技术［M］. 北京：高等教育出版社，2013.

［15］　张发启. 现代测试技术及应用［M］. 西安：西安电子科技大学出版社，2005.

［16］　王劲松，刘志远. 智能传感器技术与应用［M］. 北京：电子工业出版社. 2022.

［17］　范大鹏. 制造过程的智能传感器技术［M］. 武汉：华中科技大学出版社，2020.

［18］　金伟斌，富佳栋，刘鸣涛，等. 智能传感器及其应用探讨［J］. 日用电器，2022（1）：69-72.

［19］ 颜瑞，王震，李言浩，等. 中国农业智能传感器的应用、问题与发展［J］. 农业大数据学报，2021，
3（2）：3-15.

［20］ 周茂林. 机器视觉智能检测系统的研究［J］. 自动化应用，2016（11）：28-29，33.

［21］ 丁少华，周雄军，李天强. 机器视觉技术与应用实践［M］. 北京：人民邮电出版社，2022.

［22］ 刘国华. 机器视觉技术［M］. 武汉：华中科技大学出版社，2021.

［23］ 付斌斌. 工业机器视觉的应用与发展趋势［J］. 中国工业和信息化，2021（11）：18-24.

［24］ 唐志凌，沈敏. 射频识别（RFID）应用技术［M］. 3版. 北京：机械工业出版社，2021.

［25］ 陈军，徐旻. 射频识别技术及应用［M］. 北京：化学工业出版社，2014.

［26］ 张辉. 基于物联网技术的物流智能仓储系统开发［J］. 无线互联科技，2021，18（3）：70-71.

［27］ 张琰. 自动化立体仓储系统设计［D］. 武汉：武汉轻工大学，2019.

［28］ 薛冰. RFID技术的仓储物流自动化技术探讨［J］. 时代汽车，2021（23）：32-33.

［29］ 高平. 基于AGV的智能仓储管理系统的设计与实现［J］. 电子元器件与信息技术，2021，5（7）：
189-190，194.

［30］ 杨文华. AGV技术发展综述［J］. 物流技术与应用，2015，20（11）：93-95.

［31］ 张辰贝西，黄志球. 自动导航车（AGV）发展综述［J］. 中国制造业信息化，2010，39（1）：
53-59.

［32］ 张文毓. 智能制造装备的现状与发展［J］. 装备机械，2021（4）：19-23；77.

习题与思考题

2-1 数控技术及数控机床的定义是什么？

2-2 数控机床有哪些分类？

2-3 数控机床的组成有哪些？

2-4 机器人系统主要由哪些部分组成？

2-5 论述国内外机器人发展的现状和发展动态。

2-6 机器人机械结构由哪几部分组成？各自有什么特点？

2-7 试比较液压驱动、气压驱动和电气驱动的优缺点。

2-8 增材制造按工艺原理可分为哪七类？

2-9 解释增材制造技术的原理。

2-10 列举典型的增材制造工艺，并叙述它们各自的工艺原理及特点。

2-11 智能传感器的特点是什么？

2-12 说出智能传感器的结构构成。

2-13 智能传感器是如何实现的？

2-14 加工过程的典型传感检测有哪几种？

2-15 简述机器视觉系统的组成。

2-16 简述机器视觉系统的工作原理。

2-17 简述机器视觉技术在智能制造中的应用。

2-18 什么是智能物流仓储系统？

2-19 简述自动化立体仓库的定义、分类。

2-20 简述RFID的定义。

2-21 RFID按原理可分为几类？简述各自的原理。

2-22 RFID系统的组成有哪些？

2-23 简述智能搬运的概念。

2-24 AGV 的组成有哪些?

2-25 AGV 的引导方式有哪几种?

2-26 数控机床在制造业中被称为"工业母机",而数控系统又是控制数控机床的"大脑"。因此数控系统是典型"买不来、讨不来、要不来"的关键技术。近年来,我国在高端数控机床自主研发方面取得了不错的技术突破,请调研 2-3 例介绍一下它们各自的技术优势?

2-27 中国自主开发的工业机器人在近年来取得了显著的进步和发展,其中一些企业和品牌在国内外市场上占据了重要的地位。如新松机器人、国辰机器人、埃斯顿机器人等,请查阅资料说出它们的特点及应用场合。

2-28 中国 3D 打印技术和产业经过最近十多年的高速发展,取得了举世瞩目的成绩,部分产品在市场上的受欢迎程度超越海外品牌,请从 3D 打印机品牌及用途方面举例说明。

思政拓展:装备制造业是为经济各部门进行简单再生产和扩大再生产提供装备的各类制造业的总称,是工业的核心部分,承担着为国民经济各部门提供工作母机、带动相关产业发展的重任,可以说它是工业的心脏和国民经济的生命线,是支撑国家综合国力的重要基石。"彩云号"硬岩掘进机、"天鲲号"重型自航绞吸船都体现着我国装备制造业的先进水平,它们的成功研制也是制造业高端化、智能化、绿色化发展的例证,扫描下方二维码观看相关视频。

中国创造:彩云号

中国创造:天鲲号

第3章

智能制造中的数字化

数字化是指信息（计算机）领域的数字（二进制）技术向人类生活各个领域全面普及。传统的产品开发通常采用二维 CAD 设计，产品加工、装配、样机试制过程易出错，产品参数调整费时费力、产品生产周期长。采用数字化技术可以在线完成产品的形状结构设计、工艺设计、加工仿真、装配仿真、性能测试等过程，部门之间数据实时共享，串行制造过程变为并行制造，减少信息不对称，大大缩短了产品生产周期。数字化技术是实现智能制造的关键技术。本章将从数字化设计、数字孪生、数字化工艺、数字化生产管理、数字化监测诊断与远程维护五个方面进行阐述，借助实例证明数字化在智能制造中的重要作用。

3.1 数字化设计

3.1.1 数字化设计概述

数字化设计技术是计算机技术和产品设计的结合体，因此这一技术同样属于计算机辅助设计技术领域。数字化设计是以计算机软硬件为基础，以提高产品开发质量和效率为目标的相关技术的有机集成，与传统产品研发手段相比，它更强调计算机、数字化信息、网络技术及智能算法在产品开发中的应用。数字化设计技术包括计算机图形学（Computer Graphics，CG）、计算机辅助设计（CAD）、计算机辅助工程（CAE）、逆向工程（Reverse Engineering，RE）等。

1）计算机图形学是一种使用数学算法将二维或三维图形转化为计算机显示器的栅格形式的科学，主要研究如何在计算机中表示图形，以及利用计算机进行图形计算、处理和显示的相关原理与算法。具体研究内容包括图形硬件、图形标准、图形交互技术、光栅图形生成算法、曲线曲面造型、实体造型、真实感图形计算与现实算法、非真实感绘制，以及科学计算可视化、计算机动画、自然景物仿真、虚拟现实等。

2）计算机辅助设计作为信息化、数字化的源头，它包含的内容很多，如概念设计、优化设计、有限元分析、计算机仿真、计算机辅助绘图等。主要完成产品的总体设计、部件设计和零件设计，包括产品的三维造型和二维产品图绘制。计算机辅助设计的支撑技术是曲面造型、实体造型、参数化设计、特征技术和变量参数技术。

3）计算机辅助工程主要指利用计算机对工程和产品进行性能与安全可靠件分析，对其未来的工作状态和运行行为进行模拟，及早发现设计缺陷，并证实未来工程、产品功能和性能的可用性和可靠性。

4）逆向工程也称为反求工程，是在没有产品原始图纸、文档的情况下，对已有的三维实体样品或模型，利用三维数字化测量设备准确、快速测得轮廓的几何数据，并加以建构、编辑、修改而生成通用输出格式的曲线数字化模型，从而生成三维 CAD 实体模型、数控加工程序或者快速成型制造所需的模型截面轮廓数据的技术。

3.1.2 智能设计简介

随着人工智能的发展，数字化设计逐渐向智能设计发展，智能设计是数字化设计与人工智能结合的结果。智能设计指应用现代信息技术，采用计算机模拟人类的思维活动，提高计算机的智能水平，从而使计算机能够更多、更好地承担设计过程中各种复杂任务，成为设计人员的重要辅助工具。

智能设计的 ICAD（Intelligent Computer Aided Design，智能计算机辅助设计）阶段是以设计型专家系统的形式出现，仅仅是为解决设计中某些困难问题而产生的。而在 IICAD（Integrated Intelligent Computer Aided Design，集成智能计算机辅助设计）阶段，表现形式是集成化的人机智能化设计系统，顺应了制造业的柔性、多样性、低成本、高质量的市场需求。

近 10 年来，计算机集成制造系统（CIMS）的迅速发展向智能设计提出了新的挑战，在计算机提供知识处理自动化（这可由设计型专家系统完成）的基础上，实现决策自动化，即帮助人类设计专家在设计活动中进行决策。在大规模的集成环境下，人在系统中扮演的角色将更加重要，人类专家将永远是系统中最有创造性的知识源和关键性的决策者。CIMS 作为一种复杂系统，是人机结合的集成化智能系统，与此相适应，面向 CIMS 的智能设计发展到了 IICAD 这种高级阶段。

3.1.3 智能 CAD 模型

智能 CAD 是将人工智能和知识处理技术应用到产品设计领域，人们用智能 CAD 系统来辅助完成设计方案的生成、选择和评价，以减轻人在设计活动中的劳动强度，提高产品设计质量和效益。图 3-1 所示的就是一个基本的智能 CAD 系统示意图。

智能 CAD 系统的设计模型主要有以下几种。

（1）分析-综合-评价（Analysis-Synthesis-Evaluation，ASE）模型
ASE 模型是由 W. Asimow 于 1962 年提出的，其主要观点是把每一个设计活动分解成为三个阶段。分析指的是对设计进行理解，且要形成对设计目标的显式描述；综合是寻找

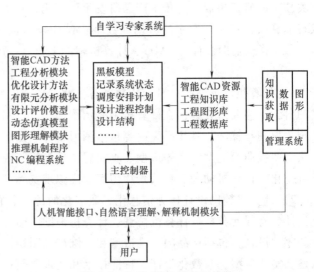

图 3-1　智能 CAD 系统示意图

可能的解决方案，通常可以利用目标分解法及元素重组法来实现综合；评价就是确定解的合理性、与目标的接近程度，并从多个可能解中选取最佳方案，通常可以采用多重准则法来实现评价。从而可以看出该模型的三个阶段具有明确顺序且形成循环，每一次循环不是简单的重复，而是比前一次实现更详细的设计。

（2）生成-测试（Generate-Test，GT）模型　GT 模型是由 Popper 于 1972 年提出的，其主要观点是将设计活动视为在状态空间中搜索求解的过程。首先生成一种假设，然后用已有的现象或数据测试，如发现有不能满足假设的现象，则再次生成一个假设，如此重复，直到找到能符合所有现象的假设作为设计的解。

（3）约束满足（Constraint Satisfaction，CS）模型　CS 模型的出发点是使设计过程形式化，以逻辑表达设计要求，即对设计问题进行描述，然后利用逻辑推理的方法得到最终的设计结果。首先把设计的最终要求概括为一组特征及相应的约束条件，并以此作为问题求解的最终状态。从初始问题状态开始进行设计任务，每一中间状态中都包含这些特征，推理过程就是不断满足状态中特征的各个约束条件。

（4）基于知识的设计模型　基于知识的设计模型是一种 CAD 知识工程方法。它把设计师的知识提炼出来构成知识库，并运用知识库来进行设计，通过学习知识来改善知识库的内容，提高系统的设计能力，所以称之为 CAD 的知识工程方法。其中，最为成功的便是专家系统设计模型，其设计问题知识库中的知识常被分成两类：设计过程的知识，即关于如何进行设计的知识，一般包括设计一般原理、设计的常识等；设计对象的知识，即设计对象的部件、结构、材料、用途、设计规范、典型产品、结构原型和部件类型等。

（5）设计思维模型　上述各类设计模型存在着一个共同的缺陷，它们均未从人脑认知思维过程的深层去研究设计问题，而仅仅是简单的认知模型而已。因此，尽管人们绞尽脑汁地提取设计专家的知识，但由于这些知识的运用与人真正的认知过程相差甚远，使得计算机的设计模拟不能真正地体现出人类的智能，因此必须从研究认知、思维出发，然后建立反映设计思维本质的设计模型系统。

（6）基于计算机辅助软件工程（Computer-Aided Software Engineering，CASE）的设计模型　人类解决问题时往往都借助于先前的某种例子，也就是借助于以前求解类似问题的经验或方法来进行推理、求解，这样做可以不必从零开始。将这一原理应用在智能 CAD 系统中就是 CASE 推理，是近些年发展十分迅速的一种设计模型方法。它建立在分析与设计的方法学基础上，采用结构化、代码生成等定义技术，不仅支持分析与设计阶段，也支持开发阶段，所以 CASE 推理是一种分析与设计工具，它不只是遵循一个专用的程序设计方法，而是遵循一个良好定义的并被认可的过程。CASE 推理是根据当前的问题从实例知识库中检索出相应的实例，调整该实例中的求解方案，使之适合于求解当前问题；然后求解当前问题，并形成新的实例；最后根据一定的策略将新实例加入到实例知识库中。在设计过程中，成功的经验被用来指导当前设计，以前的失败经验被用来避免类似错误。

3.1.4　智能 CAD 系统的设计方法

1. 设计方法类型

智能 CAD 系统的设计方法很多，按设计能力可分为三个层次：常规设计、联想设计和进化设计。

（1）常规设计 常规设计即设计属性、设计过程、设计策略已经规划好，智能系统在推理机的作用下，调用符号模型（如规则、语义网络、框架等）进行设计。目前，国内外投入应用的智能设计系统大多属于此类，如日本 NEC 公司用于 VLSI 产品布置设计的 Wirex 系统，华中科技大学开发的标准 V 带传动设计专家系统（JDDES）、压力容器智能 CAD 系统等。这类智能系统往往只能解决定义良好、结构良好的常规问题，故称常规设计。

（2）联想设计 联想设计的方法目前可分为两类：一类是利用工程中已有的设计实例，进行比较，获取现有设计的指导信息，这需要收集大量良好的、可对比的设计实例，对大多数设计问题，用该方法来完成往往存在较大困难；另一类是利用人工神经网络数值处理能力，从试验数据、计算数据中获得关于设计的隐含知识，以指导设计。这类设计借助于其他实例和设计数据，实现了对常规设计的一定突破，故称为联想设计。

（3）进化设计 遗传算法（Genetic Algorithms，GA）是一种借鉴生物界自然选择进化机制的、高度并行的、随机的、自适应的搜索算法。20 世纪 80 年代早期，遗传算法已在人工搜索、函数优化等方面得到广泛应用，并推广到计算机科学、机械工程等多个领域。进入 20 世纪 90 年代，遗传算法的研究在其基于种群进化的原理上，拓展出进化编程、进化策略等方向，它们并称为进化计算。

进化计算使得智能设计拓展到进化设计，其特点是：设计方案或设计策略编码为基因串，形成设计样本的基因种群。设计方案评价函数决定种群中样本的优劣和进化方向，进化过程就是样本的繁殖、交叉和变异的过程。进化设计对环境知识依赖很少，而且优良样本的交叉、变异往往是设计创新的源泉，所以在 1996 年举办的"设计中的人工智能"（Artificial Intelligence in Design）国际会议上，M. A. Rosenman 提出了设计中的进化模型，使用进化计算作为实现非常规设计的有力工具。

2. 智能设计存在的问题

（1）知识层次结构问题 产品设计的本质是以知识为核心的智力资源处理活动，是知识获取、处理创造和发现的过程。基于知识的智能设计是将人类智力行为通过人工智能技术附加于设计工具或计算机软件系统中，在一定程度上帮助人类工程师进行推理求解和决策。智能设计系统开发是模拟领域专家进行"设计-评价-再设计"的创新设计过程，为产品的不同设计阶段提供智能的决策支持。通常在使用标准遗传算法进行优化设计时，设计者首先把设计变量转换成基因变量，这样的操作对于简单的优化设计问题来说并不困难，但是，存在一定复杂程度的产品几乎都具有多层次结构特征。

现实中的机械产品也大都展示出具有多层次结构特性，有大量的子结构部件和零件被分层次地装配成一个完整的大系统。在标准遗传算法中，通常要把设计变量的编码转换成一维矩阵表示，这就同其他优化设计方法一样，设计者必须把一个多层次系统的设计问题转换成具体设计参数求解确定的问题，如确定机械部件的大小、规模等。但是，如果设计者想要同时使机械的机构与其零部件最优化，使用标准遗传算法这种优化技术就必须分别进行优化。因此，机构和部件处于不同优化水平下，在这种情况下，机械部件的大小、规模的优化需要在机构参数均已确定的前提下完成。标准遗传算法的这种优化模式对产品结构的描述必定是不精确的，而多层次结构产品知识整体进化算法是在标准遗传算法的基础上，用多层次基因代码确切表达出复杂机械中多层次内容和与多层次机械结构系统的有关细节的一种改进进化算法。

（2）设计软件设计问题 对应于智能设计知识模型的复杂体系结构，处理和实施这一模型的智能软件系统也必须具有相应的复杂体系结构。一个合理和优化的体系结构，是保障计算机智能系统正确、高效地完成设计任务的必要条件。因此，到底什么样的体系结构是优化合理的，既能保障设计任务顺利而高效的实施和完成，又符合计算机世界的特点。

人机智能化设计系统是模拟人类专家群体工作的复杂系统，它涉及多学科、多领域、多功能、多任务及多种形式描述的知识的处理和使用。它是将复杂知识系统分割为若干单一的领域知识系统——子系统来处理，然后将它们集成起来。按所要完成的任务和功能来划分，这样的子系统既是有区别的，代表不同的领域专家，具有不同的领域知识，但又是有联系的，它们的协调工作和集成将能完成某一复杂任务，称这样的子系统是处在复杂软件系统同一水平或同一层。任何一个复杂的系统，都可以按此原则划分为若干组在不同水平（或层次）的子系统。因此，最基本而又最重要的课题是解决如何将同一水平（或层次）的子系统集成的问题。这个问题解决了，复杂软件系统的结构就有了一种基本的集成单元和模式，利用这种模式可以实现更大范围、更复杂的集成。

3.1.5 智能设计在智能制造中的应用

智能设计在智能制造中的应用以其在机械设计制造行业中的应用最为常见、典型，下面以两个应用实例介绍智能设计在智能制造中的应用情况。

1. 智能刀具 CAD 系统

西北工业大学对刀具的 CAD 系统进行了智能化设计，给出了基于实例推理（Case-Based Reasoning，CBR）与基于规则推理（Rule-Based Reasoning，RBR）相结合的推理方式，并设计了智能刀具 CAD 系统。RBR 与 CBR 集成推理工作流程如图 3-2 所示。

刀具智能 CAD 技术与传统的刀具 CAD 技术相比，有以下优点。

1）强调设计人员与系统之间的优势互补，明确设计人员对 CAD 系统的控制，所谓的设计自动化也被限制在监控问题的解决行为、冲突发现、评估实施以及搜索和序列规划等方面。

2）能够充分利用刀具设计经验、理论基础、相关领域知识，把设计人员从重复性劳动中解放出来，有更多时间和精力从事刀具创造性设计。

3）可以有效支持知识的添加，能够将设计人员，特别是领域专家的优秀设计经验加以保存和利用，大大提高刀具设计的精度和质量，提高设计效率。

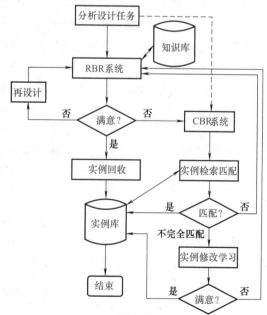

图 3-2 RBR 与 CBR 集成推理工作流程

智能刀具 CAD 系统采用功能模块化的软件设计原理以及面向对象的编程思想。系统由五大模块组成：刀具设计 RBR 系统、刀具设计 CBR 模块、知识库管理模块、三维参数化建模模块、系统安全管理模块。各个模块功能比较单一，具有较强的独立性。模块之间的联系相对较小，接口关系比较简单，模块之间通过结构实现数据交换。各模块具体功能如下。

（1）刀具设计 RBR 系统模块　该模块借助基于知识推理技术，利用领域专家的设计经验、知识完成刀具的设计工作，并为实例库创建实例，为 CBR 奠定基础，并且为实例修改提供支持。此模块由刀具材料选择、刀具结构设计、刀具参数求解、制造技术要求、实例库创建五部分组成。

（2）刀具设计 CBR 系统模块　该模块借助 CBR 技术，对已有设计实例进行检索、评价、修改、学习等一系列操作，设计出符合要求的刀具产品，并存入实例库。同时，该模块和刀具设计 RBR 系统模块借助集成推理技术互为补充，如果基于实例的设计不成功，可以转入利用专家经验、知识进行设计。

（3）知识库管理模块　该模块负责对领域知识及设计实例进行管理，包括规则库管理、事实库管理、设计资料库管理、实例库管理。可以对设计中使用的知识及实例进行增删、修改、储存等，同时维护系统知识库的完整性，消除知识冗余，实现知识的动态扩充。

（4）三维参数化建模模块　该模块利用专家系统或系统的设计结果，调用三维造型软件对刀具产品进行三维参数造型，并利用支撑软件的制图功能输出产品工程图，并为后续的数控加工提供产品的模型信息。

（5）系统安全管理模块　该模块负责管理用户登录、用户增删、用户使用权限、用户密码修改等，同时具有用户系统退出功能。这些模块功能保证了系统使用的安全性。

2. 基于实例推理的车床主轴部件智能 CAD 系统

东北大学对车床主轴部件利用智能 CAD 系统进行设计，将"设计-评价-再设计"这一机械设计创新设计过程用计算机辅助实现。设计主轴部件的 ICAD 系统符合由顶向下模式。首先根据设计者提出的要求和条件（如回转精度、转速、平均直径等）从知识库中推理选择最类似的主轴部件；然后，进入评价子系统，对所提出的实例进行逐个评价，可直接提取评价度最高的实例零件的参数和零件图或总装图。对评价度很高但又不符合设计者要求的实例，执行"修改-评价-再修改"循环，直到得到满意的结果为止。然后，根据所得到的最优参数对最类似的实例进行图形的参数化修改，从而得到设计者想要的三维视图。最后，把设计成功的结果作为实例进行存储。系统总体流程如图3-3所示。

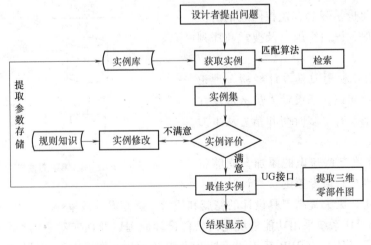

图 3-3　系统总体流程图

　　智能 CAD 系统主要由知识库、推理机、人机接口和其他绘图软件等部分组成，可以根据软件设计原理以及面向对象的编程思想将系统功能分成几大模块。在此主轴部件智能化 CAD 系统中包括实例推理系统、知识库管理和参数化建模三大模块，各个模块之间既联系又独立。实例推理系统和知识库、参数化建模的集成可有效的提取出与设计者要求最近的实例，知识库和参数化建模的独立可以使复杂相关联的知识规则有效的管理。

　　系统中采用了实例推理模块、知识库管理模块、三维参数化建模三大模块，各模块具体功能如下。

　　（1）实例推理模块　该模块借助 CBR 技术，对已有设计实例进行检索、评价、修改、学习等一系列操作，设计出符合要求的主轴部件，并存入实例库。

　　（2）知识库管理模块　该模块负责对领域知识及设计实例进行管理，包括规则库管理、实例库管理，可以对设计中使用的知识及实例进行查询、增删、修改、储存等。

　　（3）三维参数化建模模块　该模块利用智能系统的设计结果，调用三维造型软件，对主轴部件进行三维参数造型，并利用支撑软件的制图功能，输出部件的工程图。

3.2　数字孪生

3.2.1　数字孪生概述

　　当前，以物联网、大数据、人工智能等新技术为代表的数字浪潮席卷全球，物理世界和与之对应的数字世界正形成两大体系平行发展、相互作用。数字世界为了服务物理世界而存在，物理世界因为数字世界而变得高效有序。在这种背景下，数字孪生（Digital Twin，DT）技术应运而生。

　　数字孪生（又称为数字双胞胎、数字化双胞胎等），是以数字化方式创建物理实体的虚拟模型，借助数据模拟物理实体在现实环境中的行为，通过虚实交互反馈、数据融合分析、决策迭代优化等手段，为物理实体增加或扩展新的能力。作为一种充分利用模型数据并集成多学科的技术，数字孪生面向产品全生命周期，起到连接物理世界和数字世界的作用，提供更加实时高效、智能的服务。全球最具权威的 IT 研究与顾问咨询公司 Garter 在 2019 年梳理十大战略科技发展趋势时，将数字孪生作为重要技术之一。其对数字孪生的描述为：数字孪生是现实世界实体或系统的数字化体现。

　　关于数字孪生的定义很多。北京航空航天大学的陶飞在 *Nature*（《自然》）杂志的评述中认为，数字孪生作为实现现实世界与虚拟世界之间双向映射、动态交互、实时连接的关键途径，可将物理实体和系统的属性、结构、状态、性能、功能和行为映射到虚拟世界，形成高保真的动态多维、多尺度或多物理量模型，为观察物理世界、认识物理世界、理解物理世界、控制物理世界、改造物理世界提供了一种有效手段。全球著名产品全生命周期管理（PLM）研究机构 CIMdata 推荐的定义是："数字孪生（即数字克隆）是基于物理实体的系统描述，可以实现对跨越整个系统生命周期的可信来源的数据、模型和信息进行创建、管理和应用。"此定义虽然简单，但若没有真正理解其中的关键词，如系统描述、生命周期、可信来源、模型，则可能产生误解。

3.2.2 数字孪生的模型

一项新兴技术或一个新概念的出现，术语定义是后续一切工作的基础。在给出数字孪生的文字定义并取得共识后，需要进一步开发基于自然语言定义的数字孪生的概念模型，进而制定数字孪生的术语表或术语体系。然后，需要根据概念模型和应用需求，开发数字孪生体的参考架构及其应用框架和成熟度模型，用来指导数字孪生具体应用系统的设计、开发和实施。这个过程也是数字孪生标准体系中底层基础标准（术语、架构、框架、成熟度等标准）的制定过程。概念模型、参考架构、应用框架、成熟度模型之间的关系如图3-4所示。

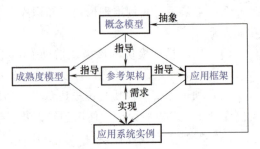

图3-4 概念模型、参考架构、应用框架、成熟度模型之间的关系

1. 数字孪生的概念模型

基于数字孪生的文字定义，数字孪生的五维概念模型如图3-5所示。数字孪生五维概念模型是一个通用的参考架构，能适用不同领域的不同应用对象。

物理实体：物理实体是数字孪生五维概念模型的基础，一般由具备不同功能的子系统构成，它们共同支持设备的运行，支持传感器采集设备和环境数据等。对物理实体的准确分析与有效维护是建立数字孪生模型的前提。

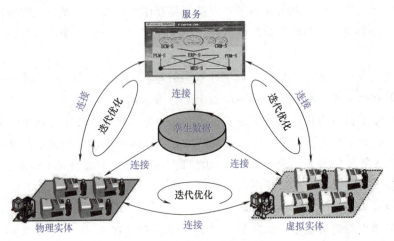

图3-5 数字孪生五维概念模型

虚拟实体：虚拟实体模型包括几何模型、物理模型、行为模型和规则模型，从多时间尺度、多空间尺度对物理实体进行描述和刻画，形成对物理实体的完整映射。可使用 VR（Virtual Reality，虚拟现实）与 AR（Augmented Reality，增强现实）技术实现虚拟实体与物理实体的虚实叠加及融合显示，增强虚拟实体的沉浸性、真实性及交互性。

服务：服务对数字孪生应用过程中面向不同领域、不同层次用户、不同业务需求的各类数据、模型、算法、仿真、结果等进行服务化封装，并以应用软件或移动端 APP（Application，应用）的形式提供给用户，保证用户可以方便、高效使用。

孪生数据：孪生数据是数字孪生的驱动力，集成融合了信息数据与物理数据，满足信息空间与物理空间的一致性与同步性需求，能提供更加准确的全要素、全流程、全业务数据支持。

连接：包括物理实体、虚拟实体、服务之间的连接，使它们在运行中保持交互、一致与同步；也包括物理实体、虚拟实体、服务与孪生数据之间的连接，使它们产生的数据实时存入孪生数据，并使孪生数据能够驱动三者运行。

2. 数字孪生的系统架构

基于图 3-5 所示数字孪生五维概念模型，并参考 GB/T 33474—2016《物联网　参考体系架构》、ISO/IEC 30141：2018《Internet of Things（IoT）-Reference architecture》（物联网　参考架构）及 ISO 23247-2：2021《Automation systems and integration-Digital twin framework for manufacturing Part 2：Reference architecture》（自动化系统与集成 面向制造的数字孪生框架 第 2 部分：参考架构）；数字孪生系统的通用参考架构如图 3-6 所示。一个典型的数字孪生系统包括用户域、数字孪生体、测量与控制实体、现实物理域和跨域功能实体共 5 个层次。

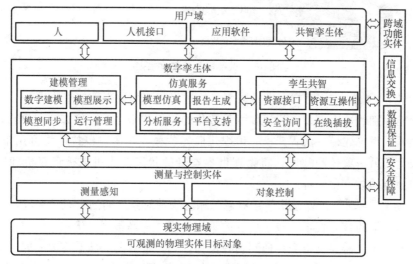

图 3-6　数字孪生系统的通用参考架构

第 1 层（最上层）是使用数字孪生的用户域，包括人、人机接口、应用软件及其他相关的共智孪生体。

第 2 层是与物理实体目标对象对应的数字孪生体。它是反映物理对象某一视角特征的数字模型，并提供建模管理、仿真服务和孪生共智三类功能。建模管理涉及对物理对象的数字建模和模型展示，以及与物理对象相关联的模型同步和运行管理。仿真服务包括模型仿真、分析服务、报告生成和平台支持。孪生共智涉及共智孪生体等资源的资源接口、资源互操作、安全访问和在线插拔。建模管理、仿真服务和孪生共智之间传递物理对象的状态感知、诊断和预测所需的信息。

第 3 层是处于测量控制域的，连接数字孪生体和物理实体的测量与控制实体，实现物理对象的状态感知和控制功能。

第 4 层是数字孪生体所对应的物理实体目标对象所处的现实物理域。测量与控制实体和现实物理域之间有测量数据流和控制信息流的传递。

第 5 层是跨域功能实体，测量与控制实体、数字孪生体及用户域之间的数据流和信息流传递，需要信息交换、数据保证、安全保障等跨域功能实体的支持。信息交换通过适当的协议实现数字孪生体之间的信息交换。安全保障负责数字孪生系统安全相关的认证、授权、保密和完整性。数据保证与安全保障一起确保数字孪生系统数据的准确和完整。

3. 数字孪生的成熟度模型

数字孪生不仅仅是物理世界的镜像，也要接收来自物理世界的实时信息，更要反过来实时驱动物理世界，甚至进化为物理世界的"超体"，这个演变过程称为成熟度进化，即数字孪生的生长发育将经历数化、互动、先知、先觉和共智的过程，如图 3-7 所示。

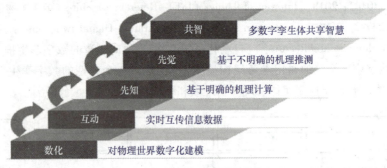

图 3-7　数字孪生成熟度模型

（1）数化　"数化"是对物理世界数字化的过程。这个过程需要将物理对象表达为计算机和网络所能识别的数字模型。建模技术是数化的核心技术之一，例如，测绘扫描、几何建模、网格建模、系统建模、流程建模、组织建模等各种各样的建模技术均可用来实现数化。物联网是数化的另一项核心技术，将物理世界本身的状态变为可以被计算机和网络所能感知、识别和分析的数字化内容。

（2）互动　"互动"主要是指数字对象与相应物理对象之间的实时动态互动。物联网是实现虚实之间互动的核心技术。数字世界的重要作用之一是预测和优化，同时根据优化结果影响物理世界，所以需要将指令传递到物理世界。物理世界的新状态需要实时传递回数字世界，以作为数字世界的新初始值和新边界条件。另外，这种互动包括数字对象之间的互动，依靠数字线程来实现。

（3）先知　"先知"是指利用仿真技术对物理世界实现动态预测。这不仅需要数字对象能够表达物理世界的几何形状，更需要在数字模型中融入物理规律和机理。数字孪生系统的仿真能力应不仅限于能够建立物理对象的数字化模型，还应能根据当前状态，运用物理学规律和机理来计算、分析和预测物理对象的未来状态。

（4）先觉　如果说"先知"是依据物理对象的确定规律和完整机理来预测数字孪生体的未来，那么"先觉"就是依据不完整的信息和不明确的机理，利用工业大数据和机器学习技术来预测未来。如果要求数字孪生体更加智能和智慧，就不应局限于人类对物理世界的确定性知识，因为人类本身就不是完全依赖确定性知识领悟世界的。

（5）共智　"共智"是指利用云计算技术实现不同数字孪生体之间的智慧交换和共享，其隐含的前提是单个数字孪生体内部各构件的智慧可以互相共享。所谓的单个数字孪生体是人为定义的范围，多个数字孪生体可以通过共智形成更大和更高层次的数字孪生体，这个数量和层次可以是无限的。

3.2.3　数字孪生的核心技术

从数字孪生概念模型（图 3-5）和数字孪生系统（图 3-6）可以看出：建模、仿真和基于数据融合的数字线程是数字孪生的三项核心技术。

1. 建模

数字化建模技术起源于 20 世纪 50 年代，建模的目的是将人们对物理世界的实体或问题的理解进行简化和模型化。数字孪生的目的或本质是通过数字化和模型化，消除各种物理实体，特别是复杂系统中存在的不确定性。所以建立物理实体模型的数字化建模技术或信息建模技术是创建数字孪生体、实现数字孪生的源头和核心技术，也是数化阶段的核心。

数字孪生模型的发展分为 4 个阶段，如图 3-8 所示，这种划分代表了工业界对数字孪生模型发展的普遍认识。

图 3-8　数字孪生模型发展的 4 个阶段

第 1 阶段是实体模型阶段，没有虚拟模型与之对应。NASA（National Aeronautics and Space Administration，美国航空航天局）在太空飞船飞行过程中，会在地面构建太空飞船的双胞胎实体模型。这套实体模型曾在拯救 Apollo 13（阿波罗 13 号）的过程中起到了关键作用。

第 2 阶段是部分实体模型有其对应的虚拟模型，但它们之间不存在数据通信。其实这个阶段还不能称为数字孪生，准确的说法应是实物的数字模型。此外，虽然有虚拟模型的存在，但本阶段的虚拟模型可能反映的一类实体，而不是特定的某个实体。例如，二维或三维模型以数字形式表达了实体模型，但数字模型与物理模型之间并不是个体对应的。

第 3 阶段是在实体模型生命周期中，存在与之对应的虚拟模型，但虚拟模型是部分实现的，就像是实体模型的影子，该阶段的虚拟模型也可称为数字影子模型。在虚拟模型和实体模型间可以进行有限的双向数据通信，即存在实体模型的状态数据采集和虚拟模型的信息反馈。当前数字孪生的建模技术能够较好地满足这个阶段的要求。

第 4 阶段是完整数字孪生阶段，即实体模型和虚拟模型完全一一对应。虚拟模型能够完整表达实体模型，并且两者之间能够相互融合，实现虚拟模型和实体模型之间的自我认知和自我处置，相互之间的状态能够实时保真地保持同步。值得注意的是，有时候可以先有虚拟模型，再有实体模型，这也是数字孪生技术应用的高级阶段。

一个物理实体不仅对应一个数字孪生体，可能需要多个数字孪生体从不同侧面或视角进行描述。人们很容易认为一个物理实体对应一个数字孪生体，如果只是几何的，这种说法尚能成立。但是因为实体总会处于不同阶段、不同环境和不同物理过程中，所以它显然难以用一个数字孪生体描述。例如，一台机床在加工时存在振动变形、热变形、刀具与工件相互作用等，这些情况必然需要不同的数字孪生体进行描述。

不同建模者从某一个特定视角描述一个物理实体所形成的数字孪生模型似乎应是一样的，但实际情况往往并非如此。例如，在智能机床中，人们通常通过传感器实时获得加工尺寸、切削力、振动、关键部位的温度等方面的数据，以此了解加工质量和机床运行状态，不同的建模者对数据的取舍往往并不相同。此外，差异的存在不仅是模型表达形式不同而造成的结果，更重要的是孪生数据的粒度不同导致的差异。一般而言，细粒度数据有利于人们更深刻地认识物理实体及其运行过程。

2. 仿真

从技术角度看，建模和仿真是一对伴生体：建模是模型化人们对物理世界的实体或问题的理解，仿真就是验证和确认这种理解的正确性和有效性。所以，数字化模型的仿真技术是创建和运行数字孪生体、保证数字孪生体与对应物理实体之间实现有效闭环的核心技术。仿真是将包含了确定性规律和完整机理的模型转化成用软件表达的形式来模拟物理世界的一种技术。只要模型正确，并拥有了完整的输入信息和环境数据，就可以基本正确地反映物理世界的特性和参数。

仿真兴起于工业领域，逐渐发展出众多不同类型的仿真技术和软件，在产品优化和创新活动中扮演不可或缺的角色。近年来，随着新一轮工业革命的兴起，工程仿真软件与先进制造技术结合，在研发设计、生产制造、试验运维等各环节发挥更重要的作用。制造场景下的仿真示例如图 3-9 所示。

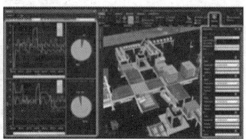

a) 飞机气动仿真　　　　　　　　　　　　　　b) 工厂仿真

图 3-9　制造场景下的仿真示例

仿真在智能制造中有如下几方面的典型应用。

1) 产品仿真：包括系统仿真、多体仿真、物理场仿真、虚拟实验等。

2) 制造仿真：包括工艺仿真、装配仿真、数控加工仿真等。

3) 生产仿真：包括离散制造工厂仿真、流程制造工厂仿真等。

数字孪生是仿真应用的新巅峰。在数字孪生成熟度模型中的每个阶段，仿真都扮演着不可或缺的角色："数化"的核心技术——建模总是和仿真联系在一起，或是仿真的一部分；"互动"是半实物仿真中司空见惯的场景；"先知"核心技术的本色就是仿真；很多学者将"先觉"中的核心技术——工业大数据视为一种新的仿真范式；"共智"需要通过不同孪生体之间的多种学科耦合仿真才能让思想碰撞，才能产生智慧的火花。数字孪生也因为仿真在不同成熟度阶段中无处不在而成为智能化和智慧化的源泉与核心。

3. 数字线程

一个与数字孪生紧密联系在一起的概念是数字线程。数字孪生应用的前提是各个环节的模型及大量的数据，而数字线程主要解决如下问题：如何保障产品的设计、制造运维等各方面的数据顺利产生、交换和流转；在一些相对独立的系统之间，如何实现数据的无缝流动；如何在正确的时间把正确的信息用正确的方式连接到正确的位置；如何高效实现连接的过程追溯及连接效果的评估。CIMdata 公司推荐的定义："数字线程指一种信息交互的框架，能够打通原来多个竖井式的业务视角，连通设备全生命周期数据（也就是其数字孪生模型）的互联数据流和集成视图"。数字线程通过强大的端到端的互联系统模型和基于模型的系统工程流程来支撑和支持数字孪生系统，数字线程示意图如图 3-10 所示。

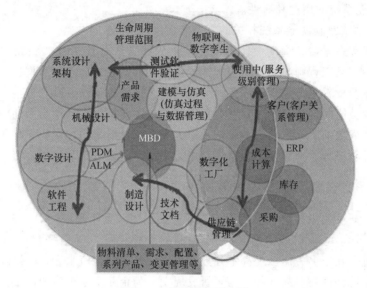

图 3-10 数字线程示意图

ALM—Application Lifecycle Management，软件生命周期管理　PDM—Product Data Management，产品数据管理

MBD—Model-Based Design，基于模型的设计　ERP—Enterprise Resource Planning，企业资源计划

数字线程是某个或某类物理实体与对应的若干数字孪生体之间的沟通桥梁，这些数字孪生体反映了该物理实体不同侧面的模型视图。数字线程与数字孪生体之间的关系如图 3-11 所示。

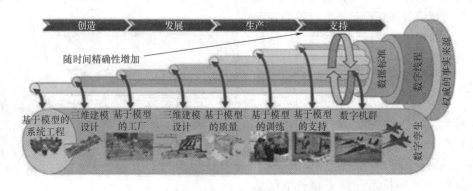

图 3-11 数字线程与数字孪生体的关系

从图 3-11 可以看出，能够实现多视图模型数据融合的机制或引擎是数字线程技术的核心。因此，数字孪生的概念模型中，将数字线程表示为模型数据融合引擎和一系列数字孪生体的结合。数字孪生环境下，对数字线程有如下需求。

1）能区分类型和实例。

2）支持需求及其分配、追踪、验证和确认。

3）支持系统各模型视图间跨时间尺度的实际状态记录、关联和追踪。

4）支持系统各模型间及模型视图间跨时间尺度。

5）记录各种属性及其随时间和视图的变化而变化的情况。

6）记录作用于系统的过程或动作，以及由系统完成的过程或动作。

7）记录使能系统的用途和属性。

8）记录与系统及其使能系统相关的文档和信息。

数字线程必须在全生命周期中使用某种"共同语言"才能交互。例如，在概念设计阶段，就有必要由产品工程师与制造工程师共同创建能够共享的动态数字模型，据此模型生成加工制造和质量检验等生产过程所需要的可视化工艺、数控程序、验收规范等，不断优化产品和过程，并保持实时同步更新。数字线程能有效地评估系统在其生命周期中的当前和未来能力，在产品开发之前，通过仿真的方法及早发现系统性能缺陷，优化产品的可操作性、可制造性、质量控制流程，并在整个生命周期中应用模型实现可预测维护。

3.2.4　数字孪生在智能制造中的应用

在制造业的研发领域，数字化已经取得了长足进展。近年来，CAD、CAE、CAM、MB-SE（Model-Based Systems Engineering，基于模型的系统工程）等数字化技术的普及应用表明，研发设计过程在很多方面已经离不开数字化。从产生的价值来看，在研发设计领域使用数字孪生技术，能够提高产品性能，缩短研发周期，为企业带来丰厚的回报。数字孪生驱动的生产制造，能控制机床等生产设备自动运行，实现高精度的数控加工和精准装配；根据加工结果和装配结果，提前给出修改建议，实现自适应、自组织的动态响应；提前预估出故障发生的位置和时间并安排进行维护，提高流程制造的安全性和可靠性，实现智能控制。下面列举几个数字孪生在智能制造中的典型应用案例。

1. 数字孪生设计物料堆放场

在电厂、钢铁厂、矿场都有物料堆放场。传统上，这些物料堆放场的设计需求是人为规划的，在物料堆放场建设运行后，人们却常常发现当时的设计无法满足现场需求，这种差距有时会非常大而造成巨大浪费。

为了应对这一挑战，在设计新的物料堆放场时，ABB 公司使用了数字孪生技术。从设计需求开始，设计人员就利用通过物联网获得的历史运行数据进行大数据分析，对需求进行优化。在设计过程中，ABB 借助 CAD、CAE、VR 等技术开发了物料堆放场的数字孪生体，如图 3-12 所示。该数字孪

图 3-12　ABB 利用数字孪生技术设计物料堆放场

生体实时反映物料传输、存储、混合、质量等随环境变化的情况。针对该物料堆放场的设计并不是一次完成的，而是经过多次优化才定形的。优化阶段，在数字孪生体中对物理场进行虚拟运行。根据运行反映出的动态变化情况，可以了解运行后可能会出现的问题，然后自动改进设计。通过多次迭代优化，形成最终的设计方案。

运行过程证明，利用数字孪生技术设计的新方案可以更好地满足现场需求。而且结合物联网，设计阶段的数字孪生体将在运行阶段继续使用，不断优化物料堆放场的运行。

2. 数字孪生机床

机床是制造业中的重要设备，随着客户对产品质量要求的提高，机床也面临着提高加工精度、减少次品率、降低能耗等严苛的要求。

在欧盟领导的欧洲研究和创新计划项目中，研究人员开发了机床的数字孪生体，以优化和控制机床的加工过程，如图3-13所示。除了常规的基于模型的仿真和评估之外，研究人员使用自主开发的工具监控机床加工过程，并进行直接控制。采用基于模型的评估，结合监测数据，改进制造过程。通过优化控制部件来进行维护操作、提高能源效率、修改工艺参数，从而提高生产率，确保机床重要部件在下次维修之前都保持良好状态。

图 3-13　数字孪生机床

在建立机床的数字孪生体时，利用CAD和CAE技术建立了机床动力学模型（图3-14）、加工过程模拟模型、能源效率模型和关键部件寿命模型。这些模型能够计算材料去除率和毛边的厚度，预测刀具破坏情况，除了优化刀具加工过程中的切削力外，还可以针对刀具的稳定性进行模拟仿真，允许对加工过程进行优化。此外，这些模型还可以预测表面粗糙度和热误差。机床数字孪生体能实时连接上述模型和测量数据起来，为机床的控制操作提供辅助决策。机床的监控系统部署在本地系统中，同时将数据上传至云端的数据管理平台，在云平台上管理并运行这些数据。

3. 数字孪生在水泵运行中的应用

水泵在工业中的应用非常普遍，由于运行中来流条件的改变，水泵有可能发生气蚀现象，气蚀会导致水泵叶片损坏，从而过早报废。为应对这一挑战，PTC公司和ANSYS公司建立了水泵的数字孪生体，数字孪生体处理仪表设备所生成的传感器数据，并利用仿真来预测故障和诊断低效率问题，使操作人员在发现问题时能立即采取行动，纠正问题并优化资产性能，这种基于数字孪生的服务模式如图3-15所示。

泵的入口和出口处配备压力传感器。泵和轴承箱上配备测量振动的加速计，排出侧配备流量计，制动器控制排出阀。传感器和制动器被连接到数据采集设备，该设备能以20kHz的频率对数据进行采样，并将数据反馈至惠普公司IoT（Internet of Things，物联网）EL.20采集设备，PTC公司的Thing Worx平台创建了一个可将设备和传感器连接到物联网的生态系统，该系统能充分释放物联网数据蕴藏的巨大价值。Thing Worx平台可作为传感器与数字模型（包括泵的仿真模型）之间的网关。Thing Worx平台的机器学习层可在EL.20系统上运行，负责收集传感器数据并监控其他设备，能自动学习泵运行时的状态模式，鉴别异常运

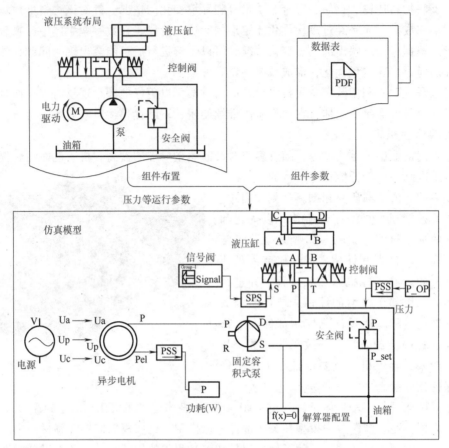

图 3-14　数字孪生机床的动力学模型

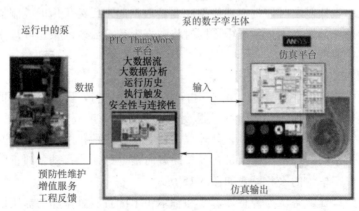

图 3-15　基于数字孪生的服务模式

行状态，并生成有洞察力的信息和预测结果。此外，Thing Worx 平台还可用来创建 Web 应用程序，以显示传感器和控制数据以及分析结果。例如，该应用程序可以显示水泵入口和出口压力，并能够预测轴承寿命。此外，利用 AR 技术将传感器数据和分析结果，以及部件列表、维修说明和其他基于部件的信息叠加到泵的图像上，用户可通过智能手机、平板电脑或 VR 眼镜查看。

3.3　数字化工艺

3.3.1　数字化工艺概述

随着机械制造生产技术的发展和当今市场对多品种、小批量产品的需求，特别是 CAD、CAM 系统向集成化、智能化、网络化、可视化方向发展，如何利用全社会资源完成产品设计和制造任务、怎样快速响应市场的需求、如何采用信息化、数字化手段进行工艺准备工作也就日益为人们所重视。针对上述问题，用计算机辅助完成工艺准备工作代替传统方法势在必行，且具有重要意义，其主要表现在以下几个方面。

1）可以将工艺设计人员从繁琐的重复性劳动中解放出来，转向从事新工艺的研究开发工作，从而促使制造工艺及产品质量产生质的变化。

2）可以大大缩短工艺准备周期，提高产品对市场需求的快速响应能力。

3）有助于总结和继承工艺设计人员的宝贵经验。

4）有利于工艺准备工作的最优化和标准化。

5）为实现制造业信息化创造条件。

计算机辅助工艺设计（Computer Aided Process Planning，CAPP）是指借助于计算机软硬件技术和支撑环境，利用计算机的数值计算、逻辑判断和推理等功能来制订零件的机械加工工艺过程。CAPP 的功能如图 3-16 所示。借助于 CAPP 系统，可以解决手工工艺设计效率低、一致性差、质量不稳定、不易达到优化目标等问题。CAPP 本质是利用计算机技术辅助工艺师完成零件从毛坯到成品的设计和制造过程。

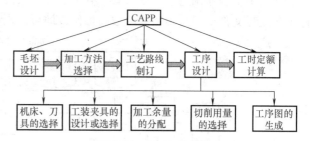

图 3-16　CAPP 的功能

3.3.2　CAPP 系统的分类

自从世界上第一个 CAPP 系统诞生以来，各国对使用计算机进行工艺辅助设计进行了大量的研究，并取得了一定的成果。目前，按照传统的设计方式，CAPP 可分为以下三类。

（1）派生式 CAPP 系统　派生式系统是以成组技术（Group Technology，GT）为基础，它的基本原理是利用零件的相似性，即相似零件有相似的工艺规程。一个新零件的工艺规程是通过检索系统中已有的相似零件的工艺规程并加以筛选或编辑而成的。计算机内存储的是一些标准工艺过程和标准工序；从设计角度看，与常规工艺设计的类比设计相同，区别是用计算机来模拟人工设计，设计过程中继承和应用的是标准工艺。派生式 CAPP 系统必须有一定量的样板（标准）工艺文件，以便在已有工艺文件的基础上修改并编制生成新的工艺文件。派生式 CAPP 系统如图 3-17 所示。

这类系统的主要缺点在于其针对性较强，使用上往往局限于某个工厂中的某些产品，系统的适应能力较差。派生式 CAPP 系统由于开发周期短、开发费用低，因而在一些工艺文

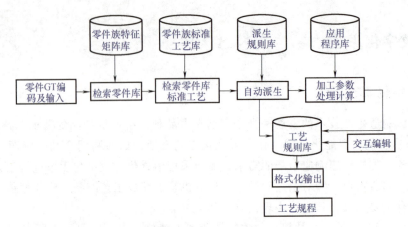

图 3-17 派生式 CAPP 系统

件比较简单的中小工厂中比较受欢迎。

（2）创成式 CAPP 系统　为了克服派生式 CAPP 系统的缺点，许多大学和研究机构纷纷开展了创成式 CAPP 系统的研究工作。该系统的工艺规程是根据程序中所反映的决策逻辑和制造工程数据信息生成的，这些信息主要包含各种加工方法的加工能力和适用对象、各种设备及刀具的适用范围等一系列的基本知识。工艺决策中的各种决策逻辑存入相对独立的工艺知识库，供主程序调用。向创成式 CAPP 系统输入待加工零件的信息后，系统能自动生成各种工艺规程文件，用户不做修改或略加修改即可。创成式 CAPP 系统如图 3-18 所示。

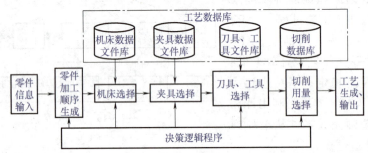

图 3-18 创成式 CAPP 系统

创成式 CAPP 系统中不需要派生法中的样板工艺文件，而是采用一定逻辑算法与规则，对输入的几何要素等信息进行处理并确定加工要素，从而自动生成工艺规程。

（3）综合式 CAPP 系统　该系统是将派生式 CAPP 系统、创成式 CAPP 系统与人工智能结合而成的，如图 3-19 所示。

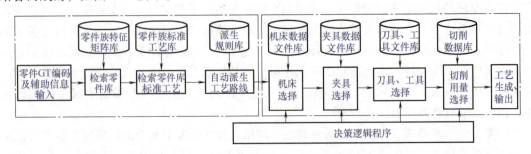

图 3-19 综合式 CAPP 系统

　　从以上三种 CAPP 系统工艺文件产生的方式可以看出，派生式 CAPP 系统必须有样板文件，因此它的适用范围的局限性很大，它只能针对某些具有相似性的零件产生工艺文件。在一个企业中，如果这种零件只是所有零件产品中的一部分，那么派生式 CAPP 系统就无法解决其他类型零件的工艺文件问题。创成式 CAPP 系统虽然基于专家系统，自动生成工艺文件，但需输入全面的零件信息，包括工艺加工的信息，信息需求量极大、极全面，系统要确定零件的加工路线、定位基准和装夹方式等。从工艺设计的特殊性及个性化角度分析，这些知识的表达和推理无法很好地实现；正是由于知识表达的"瓶颈"与理论推理的"匹配冲突"问题至今仍无法很好地解决，因此 CAPP 系统的自优化和自完善功能均较差，CAPP 系统中的专家系统方法仍停留在理论研究和简单应用的阶段。

　　目前，国内商品化的 CAPP 系统可分为以下几种。

　　1）使用 Word、Excel、AutoCAD 或二次开发的 CAPP 系统。此类 CAPP 系统所生成的工艺文件是以文本文件的形式存在的，无法生成工艺数据，更无法完成工艺数据的管理。

　　2）常规的数据库管理系统。工艺卡片使用思爱普（SAP）公司的 Form、Report 报表制作工具制作，也可利用 AutoCAD 的 CAPP 系统制作。此类 CAPP 系统所生成的工艺卡片是由程序生成的，工艺卡片的填写无法实现所见即所得，如果企业的卡片形式需要更新，就需要更改源程序。

　　3）注重卡片的生成，但工艺数据的管理功能较弱的 CAPP 系统。此类 CAPP 系统的工艺数据是分散在各个工艺卡片当中的，很难做到对工艺数据的集中管理。

　　4）采用"所见即所得"的交互式填表方式及工艺数据管理、集成的综合式 CAPP 系统。此类 CAPP 系统的填表方式更符合工艺设计人员的工作习惯，可以很方便地与企业的 PDM 系统集成，管理产品的工艺数据，并为 MRP Ⅱ（Manufacture Resource Plan，制造资源计划）、MIS（Management Information System，管理信息系统）等系统提供有效的生产和管理用的工艺数据。

3.3.3　CAPP 系统的组成

　　CAPP 系统的组成根据工作原理、产品对象、规模大小不同而有较大的差异。CAPP 系统基本的组成包括如下模块。

　　（1）控制模块　控制模块的主要任务是协调各模块的运行，作为人机交互的窗口，实现人机之间的信息交流，控制零件信息的获取方式。

　　（2）零件信息输入模块　当零件信息不能从 CAD 系统直接获取时，用此模块实现零件信息的输入。

　　（3）工艺过程设计模块　工艺过程设计模块用于完成加工工艺流程的决策，产生工艺过程卡片，供加工及生产管理部门使用。

　　（4）工序决策模块　工序决策模块的主要任务是生成工序卡片，计算工序间尺寸，生成工序图。

　　（5）工步决策模块　工步决策模块对工步内容进行设计，确定切削用量，提供 NC 加工控制指令所需的刀位文件。

　　（6）NC 加工指令生成模块　NC 加工指令生成模块依据工步决策模块所提供的刀位文件，调用 NC 指令代码系统，产生 NC 加工控制指令。

（7）输出模块　输出模块可输出工艺流程卡片、工序卡片、工步卡片、工序图及其他文档，输出也可从现有工艺文件库中调出各类工艺文件，利用编辑工具对现有工艺文件进行修改，进而得到所需的工艺文件。

（8）加工过程动态仿真　加工过程动态仿真对所产生的加工过程进行模拟，检查工艺的正确性。

3.3.4　CAPP 的内容

CAPP 包含毛坯的选择及毛坯图的生成，定位基准与夹紧方案的选择，加工方法的选择，加工顺序的安排，通用机床、刀具、夹具、量具等工艺装备的选择，工艺参数的计算，专用机床、刀具、夹具、量具等工艺装备设计方案的提出，工艺文件的输出等主要部分。

3.3.5　CAPP 的基础技术

（1）成组技术（GT）　成组工艺是把尺寸、形状、工艺相近似的零件组成一个个零件族，按零件族制订工艺规程并进行生产制造，这样做不仅能扩大批量，还能减少品种数量，便于采用高效率的生产方式，从而提高劳动生产率，为多品种、小批量生产开辟一条途径。CAPP 系统的研究、开发与成组技术密切相关，早期的 CAPP 系统的开发多是以 GT 为基础的变异式 CAPP 系统。

（2）零件信息的描述与获取　输入零件信息是进行 CAPP 的第一步，零件信息描述是CAPP 的关键，其技术难度大、工作量大，是影响整个工艺设计效率的重要因素。零件信息描述的准确性、科学性和完整性将直接影响所设计的工艺过程的质量、可靠性和效率。因此，对零件的信息描述应满足以下要求。

1）信息描述要准确、完整。完整是指能够满足在进行 CAPP 时的需要即可，而无需描述全部信息。

2）信息描述要易于被计算机接受和处理，界面友好，使用方便，效率高。

3）信息描述要易于被工程技术人员理解和掌握，便于操作人员使用。

4）由于 CAPP 是计算机辅助完成，信息描述系统（模块或软件）应考虑 CAD、CAM、CAT（Computer Aided Testing，计算机辅助检测）等多方面的要求，以便能够信息共享。

（3）工艺设计决策机制　其核心为特征型面加工方法的选择、零件加工工序及工步的安排及组合。主要决策内容包括工艺流程的决策、工序决策、工步决策以及工艺参数决策。为保证工艺设计达到全局最优化，系统把这些内容集成在一起，进行综合分析、动态优化、交叉设计。

（4）工艺知识的获取及表示　工艺设计随设计人员、资源条件、技术水平和工艺习惯的不同而变化。要使工艺设计在企业内得到广泛有效的应用，必须总结出适合本企业零件加工的典型工艺及工艺决策的方法，按 CAPP 系统的开发要求，用不同的知识表示形式和推理策略来描述这些经验及决策逻辑。

（5）工序图及其他文档的自动生成　工序图的绘制是 CAPP 系统中的一个关键组成部分，也是正确实施 CAPP 结果的重要手段之一。工序图自动生成的一个重要机理是自后向前的反推法。利用系统自动生成工序图是有意义的，这样可以降低产品的成本，改善品质，还能提高尺寸的精度，有效保证零件的性能。

（6）NC加工指令的自动生成及加工过程动态仿真 依据工步决策模块提供的文件，调用NC指令代码系统，生成NC加工控制指令。加工过程动态仿真是指对所生成的加工过程进行模拟，检查工艺的正确性。

（7）工艺数据库的建立 工艺数据库的建立包括切削数据库（进给量、切削速度、切削深度等），加工设备库（机床、刀具、夹具等），加工余量、公差、工时定额、成本计算参数库，以及分组矩阵文件、标准工艺文件、工步代码文件等文件库的建立。

3.3.6　CAPP在智能制造中的应用

1. 市场应用

目前国内CAD、CAM软件市场上的CAPP系统有机械加工工艺手册（软件版）、金叶CAPP（CAPP Framework）、开目CAPP（图3-20）及天河CAPP等。它们基本上属于交互式系统，提供人机交互工艺编辑环境，并配有一些辅助功能模块，如工艺尺寸链计算、材料定额及工时定额计算、工艺设计过程管理（会签、标准化、审核及批准）、工艺文档浏览及管理、工艺卡片定制、工艺设计资源信息查询及自定义数据库等，从而为工艺设计提供方便并提高设计效率。

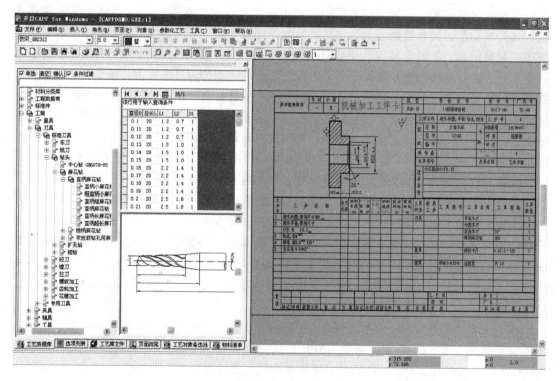

图3-20　开目CAPP界面

2. CAPP在智能制造中的应用

下面以中国一汽集团某汽车厂及天纬油泵油嘴股份有限公司CAPP应用解决方案为例介绍CAPP在智能制造中的应用。

（1）中国一汽集团某汽车厂CAPP应用案例 中国一汽集团某汽车厂是中国第一汽车集

团公司全资子公司，属国家大型企业。1995 年开始大批量生产解放牌平头柴油载货汽车及其系列产品，至今累计销售六万余辆，产品已进入国际市场。1997 年在国家技术监督局进行的全国重卡质量检测中获第二名，同年通过 ISO 9001 国际质量体系认证。列入××市重点发展的十大企业集团之一。

2002 年 7 月，该厂决定使用 CAPP Framework 软件。该系统的实施实现了中国一汽集团某汽车厂工艺编制的全面计算机化，并与 WindChill PDM 系统集成，实现了信息的共享与交换。

在该系统的辅助下，中国一汽集团某汽车厂建立了丰富的机床设备库、工艺装备库、生产资源库、特殊字符库、常用术语库、典型实例库，并可根据企业的实际需要，方便快捷地进行补充完善。拥有强大的知识库支持，可以实现工艺的快速、半智能化编制。将典型工艺图示化使工艺编制效率得到了极大提高，并严格保证了工艺数据的一致性和完整性。该系统实现了整个产品范围内工艺信息数据的共享，具有强大的工艺信息统计汇总功能，因此数据的一致性得到完全保证。系统用户界面基于 Windows 环境，界面简洁、直观，保证工艺人员可以快速掌握系统的功能，并能熟练操作，缩短系统的使用磨合期。

目前，CAPP Framework 软件已经全面应用于中国第一汽车集团××汽车厂的工艺编制工作中，覆盖材料定额、工时定额等综合工艺和机加工工艺、装配工艺、焊接工艺、冲压工艺、热处理工艺、高频热处理工艺、涂装工艺等所有专业工艺，并实现了工装、工具、产品 BOM、材料定额、工时定额等各类统计报表的自动生成，不仅极大提高了工艺文件的编制效率，而且能够最大限度地减少不必要的人为失误，使工艺人员从繁重、重复性的工作中解脱出来，把精力投入到产品的创新中去。同时，系统具有自动推理功能，在知识库的支持下实现了常用工艺设计的自动推理。此外，系统提供动态交互知识获取功能，使工艺人员在编制工艺时可以随时向知识库中添加知识，从而实现知识库的动态扩充，把工艺人员的宝贵经验逐步积累下来。同时，CAPP Framework 与 WindChill PDM 的集成实现了工艺数据的共享、工艺文档管理数字化、工艺工作流程数字化，有望达到工艺管理无纸化。

随着系统的不断开发和应用，在实际的生产过程中，其价值得到了充分体现，产品工艺准备周期缩短到原来的一半，工艺质量大幅度提高，减少了工艺人员的工作量，随着工艺知识库的不断完善，工艺人员有更多的时间投入到新车型的研制和开发中，从而不断推动企业的发展。工艺文档和工作流程的数字化大大提高了工艺管理的效率。CAPP Framework 的使用保证了工艺规范化，增强了中国第一汽车集团××汽车厂的产品开发能力和市场竞争能力，产生了良好的经济效益和社会效益。

（2）天纬油泵油嘴股份有限公司某 CAPP 应用案例　通过针对汽车零部件制造企业扩展的 CAPP 解决方案，除了实现基础 CAPP 解决方案的基本功能外，天纬油泵油嘴股份某 CAPP 系统还具有符合 QS 9000 质量管理体系的工艺设计流程与管理系统。

面向 QS 9000 的部分特征如下所述：能够将 QS 9000 的文件作为一个文件包进行独立管理，从而明确权限、保证安全；能够根据流程节点自动绘制所有的流程图，同时可以对流程信息进行新增、插入、删除、更新等管理操作；能够利用测量数据自动计算出所有的中间和最终结果，并将它们提供给分析人员去判断测量系统是否可用；提供约束选取等方式，辅助完成控制计划的快速编制，并且能够存储控制计划信息，作为工序检验项目编制的参考；能够从工艺流程图中提取流程信息，直接自动生成指导书目录的主干；能够从指导书目录中提取工序信息，用来自动填充工序作业指导书，提高效率、降低错误率；能够根据工序号自动将相应的控制计划项目信息提取到当前工序的检验项目中，降低劳动强度、提高效率。

结合汽车制造行业的工艺信息化需求，通过 CAPP Framework 工艺信息化平台，建立支持汽车制造行业工艺系统业务管理，可实现全过程、全方位工艺信息管理，简化系统的部署与应用，符合企业持续发展战略目标的工艺信息化平台。这不仅满足目前汽车制造行业工艺信息化迫切需求，也有助于大力推进离散制造行业工艺信息化，增强企业的核心竞争力。

如今，建立完备的工艺设计与制造管理系统以适应快速多变的竞争环境，对制造企业而言具有重要意义。数字化工艺的本质，就是要求企业的管理人员能忘掉文件，用数据的思维去看工艺。只有这样，工艺才能够支撑生产，智能制造才能从根本上得以推进。

总的来说，工艺数字化就是让工艺能够贯通生产、实现与机器对话、与设备通信、与机器人聊天，从而赋予信息系统自我学习的能力，将人从繁琐的文件处理工作中解放出来。

3.4 数字化生产管理

智能制造的本质是三个维度的集成，分别是横向、纵向和端到端集成。其中，企业内部传感器、智能机器、智能车间与产品的纵向集成是所有生产智能化的基础；而横向集成将集成范围扩展到不同企业之间，可以实现产品开发、生产制造、精益管理等流程之间的信息共享和业务协同。端到端的集成也是对产品整个生命周期的集成。数字化生产管理就是智能制造三个维度的集成在企业内部的具体实现形式，具体而言，包括产品全生命周期管理系统（PLM）、制造执行系统（MES）、企业资源计划（ERP）系统、客户关系管理（CRM）系统和供应链管理（Supply Chain Management，SCM）系统。

3.4.1 产品全生命周期管理系统

企业内部传感器、智能机器、智能车间与产品的纵向集成是所有生产智能化的基础；而横向集成将范围扩展到不同企业之间，可以实现产品开发、生产制造、精益管理等流程之间的信息共享和业务协同。

1. 概述

产品全生命周期管理（PLM）是对产品从需求提出直至被淘汰的整个过程进行严格的流程控制管理，是对产品生命周期中全部组织、管理行为的综合与优化，以不断增加个体消费者需求为导向，贯穿产品的设计、生产、发展、配送、服务直到最后的回收环节。

PLM 系统使企业在其内部实现产品的业务流程和产品知识的共享，也是产品的设计者、制造者、销售者、使用者之间进行沟通的技术桥梁。通过网络协作，PLM可以让企业的产品设计更具创新性，同时可以缩短开发周期、提高生产效率、降低产品成本。此外，CAD、CAM、CAE、PDM 及数字化制造贯穿于 PLM 的全过程，PLM 系统的主要功能如图 3-21 所示。

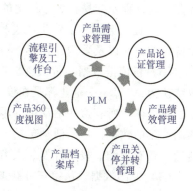

图 3-21 PLM 系统的主要功能

（1）产品需求管理　在设计前期，对客户需求进行存档归类分析，使产品设计更为合理。

（2）产品论证管理　对设计的产品进行上线测试，未通过测试的产品需整改设计，直至测试通过后方可运营。同时按照规范，就成本方案的各个环节与各种变形进行多重叠加综合测试，及时反馈成本设计与实际结果的对比情况，发现设计问题，从而提高设计的准确性，降低市场风险，保证产品成本合理。

（3）产品绩效管理　在运营后对产品进行跟踪，实时了解产品状态，预测产品趋势，定位产品所处生命阶段。对于无效益产品，可及时关停或合并该产品产线，提高企业效益。

（4）产品关停并转管理　产品关停并转即产品下线，可以视为该产品的生命结束，但任何一个实例产品的生产运营数据都有其参考价值，可归档而为以后的产品设计提供参考。

（5）产品档案库　保存所有已生产产品数据的档案，为后期其他产品的设计上线提供参考。

（6）产品360度视图　产品成本分析的一种，可以给用户提供最好的产品及相关解决方案，同时精准提供最合理的产品推荐，从而提高用户满意度。

（7）流程引擎及工作台　流程引擎及工作台是整个流程的开关系统，以上流程均需流程引擎来控制。

PLM与其他企业软件解决方案迥然不同，它以数字化方式创建、验证和管理产品与过程的详细数据，为持续创新提供了强有力的支持。

2. 数据管理

PLM系统的核心是数据，以及对数据进行可视化展示和建模仿真的技术。思爱普（SAP）公司高级副总裁科曼指出："企业的数据分析就像汽车后视镜，没有后视镜就没有安全感。"这同样适用于数据与智能制造的关系。

智能制造系统需要管理的数据包括产品数据、运营数据、价值链数据和外部数据。在智能制造时代，这些数据呈现爆炸式增长态势，对这些数据进行实时分析，并将分析形成的结果渗透到产品全生命周期和企业运营中，能够不断提升企业的管理决策能力和市场应变能力。

（1）产品数据　产品的数据包括产品的内部传感器获得的实时产品数据、企业和消费者在互动过程及交易行为中产生的大量数据。

（2）运营数据　工业生产过程中产生的数据称为运营数据，包括产生于生产线和生产设备的数据，以及采购、仓储、销售、配送等供应链环节上的数据。

（3）价值链数据　价值链是哈佛大学商学院教授迈克尔·波特于1985年提出的概念，波特认为，"每一个企业都是在设计、生产、销售、发送和辅助其产品的过程中进行种种活动的集合体。所有这些活动可以用一个价值链来阐释。"价值链数据是指在价值链上的各种活动产生的数据，这些活动包括内部后勤、生产作业、外部后勤、市场和销售、服务等基本活动，还有采购、技术开发、人力资源管理和企业基础设施等辅助活动。

（4）外部数据　从第三方获取的数据，包括网络、论坛、期刊、会议等。外部数据辅助制订战略，内部数据辅助评估执行情况，相对于更易获得和掌控的内部数据，外部数据蕴含方向和路线信息，价值与空间更大。

3. 三维可视化管理

三维可视化技术是指通过创建三维图形、图像或动画实现信息交流的技术和方法。三维可视化技术可以为产品的整个生命周期提供三维可视化管理服务。

三维可视化管理可以利用产品生产流程中产生的数据、信息和知识进行可视化的集中式管理，为生产运行及设备管理提供一个高效率的信息沟通和协同合作的环境，并为产品全生命周期的管理提供基础保障。

利用可视化管理平台，企业可以将资产的信息属性与三维模型有机地结合起来，通过基于网络的信息处理技术，实现资产运行监视、操作与控制、综合信息分析与智能报警、运行管理和辅助应用等多功能整合，大幅提高企业的资产运营能力。

（1）可视化企业资产布局全景　三维可视化动态设备管理平台可以对企业智能工厂地形地貌、建筑、车间结构、设施设备等进行三维建模，在计算机上直观、真实、精确地展示各种设施、设备形状及生产工艺的组织关系，以及设施、设备的分布和拓扑情况。

系统将装置模型与实时报告、档案信息等基础数据绑定在一起，可以实现设备在三维场景中的快速定位与基础信息查询。

（2）可视化的安装管理　三维可视化动态设备管理平台可以对在建工程、设备安装等步骤进行三维建模，并在三维场景将计划与实际进度时间相结合，用不同颜色表现每一阶段的安装建设过程。

（3）可视化设备台账管理　三维可视化动态设备管理平台可以建立设备台账和资产数据库，并和设备绑定，实现设备台账的可视化，以及模型和属性数据的互查、双向检索定位，从而实现三维可视化的资产管理，使用户能够快速找到相应的设备，并能查看设备的现场位置、所处环境、关联设备、设备参数等真实情况。

（4）可视化智能维护管理　三维可视化动态设备管理平台可以对企业重点设备或生产设施进行在线信息采集、报警、控制等，还可以动态地收集与管理相关的数据，保证及时发现设施缺陷或安全隐患。

4. 虚拟仿真技术

虚拟仿真技术是用虚拟系统模仿真实系统的技术，是在多媒体技术、计算机仿真技术与网络通信技术等信息技术迅猛发展的基础上，将仿真技术与虚拟现实技术相结合的产物，是一种更高级的仿真技术。

在产品设计过程中，运用虚拟仿真技术可以给生产者提供三维模型，还可以在虚拟工厂中对自动化设计的内容进行分析和优化。不仅节约原材料和能源，还节省时间成本。借助VR技术，可以实现整台设备的仿真，以全新的视角帮助企业研发产品和改进设备。

虚拟仿真技术具有以下四个基本特性。

（1）沉浸性　虚拟仿真系统中，使用者可获得视觉、听觉、嗅觉、触觉、运动感觉等多种知觉，从而获得身临其境的感受。未来的虚拟仿真系统将具备提供人类所有感知信息的功能。

（2）交互性　虚拟仿真系统中，环境可以作用于人，人也可以对环境进行控制，且人是以近乎自然的行为（自身的语言、肢体动作等）进行控制的。虚拟环境还能够对人的操作予以实时的反应，例如，当飞行员在虚拟环境中按动导弹发射按钮时，会看见虚拟的导弹发射出去并跟踪虚拟的目标，当导弹碰到目标时会发生爆炸并产生碎片和火光。

（3）虚幻性　系统中的环境是虚幻的，是由人利用计算机等工具模拟而成。用工具既可以模拟客观世界中以前或现在真实存在的环境，也可模拟出客观世界中将来可能出现的环境，还可模拟客观世界中并不存在的、仅仅属于人们幻想中的环境。

（4）逼真性　利用虚拟仿真技术的物理实时计算功能和高画质的渲染技术，可以赋予虚拟环境以真实性，并展现现实世界各种内在特性。虚拟环境给人的各种感觉与所模拟的客观世界非常相像，人们会感觉一切都很逼真，如同在真实世界一样。当人以自然的行为作用于虚拟环境时，环境做出的反应也符合客观世界的有关规律。

3.4.2　制造执行系统

1. 概述

制造执行系统（MES）由美国 AMR 公司在 20 世纪 90 年代初提出。目的是为了加强物料需求计划（Material Requirements Planning，MRP）的执行功能，把 MRP 与车间作业现场的控制设备通过 MES 连接起来。

美国 MES 协会将 MES 定义为"能通过信息传递，对从订单下达到产品完成的整个生产过程进行管理优化的系统。"

MES 即制造企业生产过程的执行管理系统，是一套面向制造企业车间执行层的生产信息化管理系统。与传统手段相比，其功能改进主要体现在如下方面。

1）现场管理细度：由按天变为按分钟或秒。

2）现场数据采集：由人工录入变为扫描方式，快速准确采集数据。

3）电子看板管理：由人工统计发布变为自动采集、自动发布。

4）仓库物料存放：由模糊、杂散变为透明、规整。

5）生产任务分配：由人工分配变为自动分配，产能更易平衡。

6）仓库管理：由人工管理、数据滞后变为系统指导，数据及时、准确。

7）责任追溯：由困难、模糊变为清晰、正确。

8）绩效统计评估：由靠残缺数据估计变为凭准确数据分析。

9）统计分析：按不同时间、机种、生产线等多角度进行统计、分析、对比。

MES 作为连接底层自动化控制系统和上层管理系统的纽带，是构建智能工厂的核心。企业应用 MES 的前提是清楚掌握产销流程，及时正确地搜集生产线数据，合理地安排生产计划并掌控生产进度，从产品开发、设计、生产到按时交付，整个制造流程中的每个阶段都必须高度的自动化、智能化，并且实现各阶段信息的高度集成化。

MES 可以实现双向直接通信，为企业内部和整个产品供应链提供产品的关键任务信息，其主要特征有如下三点。

1）MES 是对整个车间制造过程的优化，而不是单独解决某一生产瓶颈。

2）MES 需要与计划层和控制层进行信息交互，通过企业的连续信息流来实现企业信息的集成。

3）MES 必须具备实时收集生产过程数据，并对数据进行实时分析处理的功能。实时分析就是在设备运行过程中，对实时测量信号处理的时间能够满足动态过程参数分辨需要的分析。实时分析对生产设备和过程的监控、机器的自组织生产、对复杂系统的研究具有重要作用，通过对实时数据的分析，企业可以有效优化生产流程，进行生产计划调度和生产线的质量控制，并提高企业的综合生产指标。

MES 所具有的对实时数据进行精准分析的能力，是智能制造时代的生产体系区别于传统工业生产体系的本质特征。

2. 数据运营

整合全部生产线上的数据并对其分析处理，可以赋予设备和系统"自我意识"，企业实现低成本、高效率的生产。而数据的所有者通过对数据进行分析与挖掘，还可以把隐藏在大量数据中的信息作为商品发布出去，提供给数据的消费者使用，即数据运营。在大数据时代，确保企业内的所有部门以相同的数据协同工作，能够提升组织的运营效率，缩短产品的研发与上市时间。

在企业业务方面，数据运营分为以下 4 个层次。

（1）建立数据监控体系　把数据放到一个有效的框架中，建立数据监控体系，可以掌握流程中发生了什么，到了什么程度，并可以清楚地知道其原因。

（2）通过问题确定解决方案　数据只是表象，是用来发现或描述问题的，而在实际操作中，解决问题更为重要。懂得数据并通过数据了解业务，进而确定解决问题的方案。

（3）寻找商机　利用数据分析市场需求与供给关系，更好地了解并满足消费者的需求，帮助企业发现潜在的商机。

（4）建立数据化运营体系　数据可以作为间接生产力，即数据工作者可以将数据价值通过运营传递给消费者；数据也可以作为直接生产力，即数据工作者可以将数据直接以前台产品的形式出售给消费者，这也称为数据变现。

3.4.3　企业资源计划系统

1. 概述

企业资源计划（ERP）系统是一种面向企业流程管理的系统，于 1990 年由美国的高德纳咨询公司提出并将之定义为应用软件，随后逐渐被商业界所接受，ERP 不但属于软件，同样属于一种先进、科学的管理思想，可以对企业内、外资源加以高效整合，如今已经成为现代企业管理理论之一。

ERP 系统，是指以系统化的管理思想，为企业管理者提供决策运行手段的管理平台，是建立在资讯技术基础上的管理平台，一般包括生产计划、财务、销售、采购、库存管理等环节。

ERP 系统是由 MRP 系统发展演变形成的集成化管理信息系统，因此以物料资源为核心的供应链管理是其中非常重要的核心思想。ERP 系统对 MRP 系统功能做出了有效的完善和拓展，它是一种高度集成的系统，主要目的是将企业各个方面的资源合理配置，使之充分发挥效能，让企业在激烈的市场竞争中全方位地发挥能量，从而取得最佳的经济效益。

2. 功能模块

（1）财务管理模块　财务管理模块又分为会计核算和财务管理两部分。其中，会计核算主要是记录、核算、反映和分析资金在企业经济活动中的变动过程及结果，包括对总账、应收账、现金、固定资产、工资等的核算。财务管理主要功能是在会计核算数据的基础上，进行分析、预测和管理控制，侧重于财务的计划、控制、分析和预测。

（2）生产控制管理模块　生产控制管理模块是 ERP 系统的核心，将企业的各种生产过程有机结合在一起，有效降低企业库存、提高效率。其功能主要包括主生产计划、物料需求计划、能力需求计划的制订，对车间的控制和制造标准的贯彻与执行。

（3）物流管理模块　物流管理模块功能包括分销管理（客户信息管理、销售订单管理、销售统计分析）、库存控制、采购管理和批次跟踪管理（产品批次追溯）。

（4）人力资源管理模块　人力资源管理模块功能包括人力资源规划的辅助决策、招聘管理、工资核算、工时管理、差旅核算等。

3. 特点

ERP 一定程度上代表了当前集成化企业管理软件系统的最高技术水平。ERP 技术及系统特点包括以下几个方面。

1）即时性：ERP 更加面向市场、面向经营、面向销售，信息资料是随时更新的，能够对市场快速响应，为企业决策提供更加准确、及时的报告，帮助企业加强物料和生产计划，增强对经营环境改变的快速反应能力。

2）集成性：ERP 系统将供应链管理功能进行融合，强调了供应商、制造商与分销商间的新伙伴关系，可以实现企业的人员、财务、制造与分销的集成，支持企业过程重组；ERP 强调企业要具有较完善的财务管理体系，可以帮助企业实现物流与资金流的集成，为科学决策提供必要条件；同时，ERP 注重人作为资源在生产经营规划中的作用。

3）远见性：ERP 系统内部各子系统的融合及信息供给有利于进行前瞻性的财务分析和预测。

3.4.4　仓库管理系统

1. 概述

仓库管理系统（WMS）是一个实时的计算机软件系统，它能够按照业务规则和运算法则，对信息、资源、行为、存货和分销运作进行更完善地管理，最大化地满足生产率和精确性要求。它提供了企业整个库存的可视性，能够支持和优化仓库和配送中心的管理功能，通过企业之间信息的交流和共享，增加库存决策信息的透明性、可靠性和实时性。

WMS 通过协调和优化资源使用和物料流动，使企业能够最大限度地利用人力和空间，以及设备投资。它可以实现本地仓库的精细化管理，也可以实现全球范围内的仓库管理，它旨在支持整个供应链的需求管理，包括分销、制造 WMS 和服务等方面的业务。

WMS 可以是独立系统，也可以是 ERP 系统的模块。WMS 接收来自上层主机系统（主要是 ERP 系统）的订单，在数据库中管理这些订单，进行适当优化后，将它们提供给连接的输送机控制系统，实现与 ERP 系统的无缝连接。

2. 功能模块

（1）系统功能设定模块　系统功能设定模块用于定义整个系统的管理规则，包括定义管理员及其操作口令的功能。

（2）基本资料维护模块　基本资料维护模块用于对每批产品生成唯一的序列号，用户可以根据自己的需要定义序列号，每种型号的产品都有固定的编码规则，可以在数据库中对产品进行添加、删除和编辑等操作。

（3）采购管理模块　采购管理模块用于完成采购订单的填写、货物标签的粘贴、扫描入库、货物借出归还、退货管理等功能。

（4）仓库管理模块 仓库管理模块用于完成产品入库和出库管理、库存管理、特殊物品库管理、调拨管理、盘点管理、库存上限报警等功能。

（5）销售管理模块 销售管理模块用于在产品出库时扫描出库产品序列号，扫描后，库存报表会自动减少该类产品。

（6）报表生成模块 报表生成模块用于自动生成各种销售报表、采购报表、盘点报表，用户也可以自定义需要统计的报表。

（7）查询功能模块 查询功能模块用于完成采购单查询，销售单查询，单个产品查询，库存查询等功能。

（8）履历查询功能模块 履历查询功能模块用于完成货物在库履历、人员作业履历、客户业务履历等功能。

3. 特点

1）基础资料的管理更加完善，库存准确，操作效率高。

2）库存低，仓储成本低，物料资产使用率高。

3）现有操作规程的执行难度小，易于制订合理的维护计划。

4）实时更新数据，可以提供历史记录以便于进行分析。

5）规程文件变更后能及时传递和正确使用，仓库与财务的对账工作效率高。

6）预算控制严格，退库业务减少。

3.4.5 客户关系管理系统

1. 定义

全球权威的研究组织 Gartner Group 最早对客户关系管理（CRM）给出了如下定义："客户关系管理是为了增加赢利、销售收入和提高客户满意度而设计的企业范围的商业战略。"CRM 所涉的范围是整个企业，而不是单一的某一部门。CRM 就是为企业提供全方位的管理视角，赋予企业更完善的客户交流能力，使客户满意度最大化。

2. 组成

CRM 系统集成了客户关系管理思想和先进技术成果，是企业实现以客户为中心战略导向的有力助手。一个完整、有效的 CRM 系统应当包含以下四个子系统。

（1）客户合作管理系统 CRM 系统要突出以客户为中心的理念，首先应使客户能够以各种方式与企业进行沟通交流，而客户合作管理系统就具备这项功能。

（2）业务操作管理系统 企业中每个部门都需要与客户进行接触，而市场营销、销售、客户服务部门与客户的接触最为频繁，因此，CRM 系统需要对这些部门提供支持，业务操作管理系统便应运而生。

（3）数据分析管理系统 数据分析管理系统用于实现数据仓库、数据集市、数据挖掘等功能，在此基础上实现商业智能和决策分析。此系统主要负责收集、存储和分析市场、销售、服务及整个企业的各类信息，使企业对客户有全方位的了解，为企业市场决策提供依据，从而理顺企业资源与客户需求之间的关系，提高客户满意度，实现挖掘新客户、达成交叉销售、维系和留存老客户、发现重点客户、个性化服务特定客户等目标。

（4）信息技术管理系统 由于 CRM 系统的各功能模块和相关系统运行都由先进的技术进行保障，因此对于信息技术的管理也成为 CRM 系统成功实施的关键。

3. 特点

CRM 系统依据先进的管理思想，利用先进的信息技术，帮助企业最终实现客户导向战略，这样的系统具有如下特点。

（1）先进性　CRM 系统涉及种类繁多的信息技术，如数据仓库、网络、多媒体等许多先进的技术。同时，为了实现与客户的全方位交流和互动，要求呼叫中心、销售平台、销售终端、移动设备以及基于因特网的电子商务站点之间有机结合，这些不同技术和不同规则的功能模块要结合成统一的 CRM 系统，需要不同类型的资源和专门的技术支持。

（2）综合性　CRM 系统包含了客户合作管理、业务操作管理、数据分析管理、信息技术管理四个子系统，综合了大多数企业的销售、营销、客户服务行为的优化和自动化要求，运用统一的信息库，开展有效的交流管理和执行支持，使交易处理和流程管理成为综合的业务操作方式。

（3）集成性　CRM 系统解决方案因其具备强大的工作流引擎，可以确保各部门、各系统的任务都能够动态协调和无缝衔接。因此，CRM 系统与其他企业信息系统的集成，可以最大限度地发挥企业各个系统的组件功能，实现跨系统的商业智能，全面优化企业内部资源，提升企业整体信息化水平。

（4）智能化　CRM 系统的成熟，不仅能够实现销售、营销、客户服务等商业流程的自动化，大幅减少人力物力，还能为企业的管理者提供各种信息和数据的整合分析结果，为决策提供强有力的依据。同时，CRM 系统对商业流程和数据采取进行集中管理，大大简化软件的部署、维护和升级工作；基于因特网的 CRM 系统可使用户和员工随时随地访问企业的相关信息和资源，大幅降低交易成本。CRM 系统与其他企业管理信息系统集成后，将使商业智能得到更大程度的发挥，为企业发现新市场机会、改善产品定价方案、提高客户忠诚度从而提高市场占有率提供支持。

4. 作用

1）维护老客户，寻找新客户。研究表明，开发一个新客户付出的成本是维护一个老客户的 5 倍，而企业通过建立 CRM 系统能够对客户信息进行收集、整理和分析，并实现内部资源共享，能有效提高服务水平，保持与老客户的关系。并且，CRM 系统依托于先进的信息平台和数据分析平台，能够帮助企业分析潜在客户群和预测市场发展需求，有助于企业寻找目标客户、及时把握商机和占领更多的市场份额，是企业不断开拓新客户和新市场的重要帮手。

2）避免客户资源过于分散引起的客户流失。很多企业的客户资源是分散积累的，这直接导致客户信息记录不完整，价值不高。同时，销售人员流动会导致客户资源流失。而 CRM 系统能够帮助决策者准确得知客户开拓工作的整体推进状况和存在的问题，从而及时开展业务指导和策略调整，避免客户无故流失。

3）提高客户忠诚度和满意度。CRM 系统可以帮助企业详尽地了解客户的资料，促进企业与客户的交流，协调客户服务资源，给客户最及时和最优质的服务。同时能够帮助建立起企业与客户长久且稳固的互惠互利关系，对提高客户忠诚度和满意度作用明显。

4）降低营销成本。企业利用 CRM 系统，对内能够实现资源共享，优化合作流程；对外能够增加对市场的了解，有效预测市场发展趋势。这样不仅能够提高企业运营效率，而且能极大降低运营成本。

5）掌握销售人员工作状态。移动 CRM 系统能够使负责人准确掌握销售人员的位置，了解其工作状态，有利于企业进行绩效考核，提高销售人员工作效率。

3.4.6 供应链管理系统

1. 定义

供应链管理（Supply Chain Management，SCM）系统最早是由西方企业的知名管理顾问在 20 世纪 80 年代提出，它采用集成的管理思想和方法，以信息技术为依托，以集成化和协同化的思想为指导，应用系统的方法来管理供应链中各环节的内部计划、设计及管理等活动，以及各环节之间的协作关系，以期实现物流、信息流、资金流和工作流在整个供应链上的顺畅流动，达到供应链运作最优化的目的。

2. 组成

SCM 系统包括多个关键子系统，这些子系统共同协作以确保供应链的高效运作。

（1）供应链计划（Supply Chain Planning，SCP）系统 SCP 系统负责整体优化与组织供应链资源，涵盖需求计划、分销计划、生产计划和排程、运输计划、企业或供应链分析等功能。

（2）仓储管理系统（Warehouse Management System，WMS） WMS 控制仓库作业活动，精确管理货物的接收、入库、拣选、包装、出库、运输、储位管理、作业计划、仓库布局和分析等活动。

（3）运输管理系统（Transportation Management System，TMS） TMS 确保从采购到配送过程的物流供应链顺畅运作，实现运输路径及车辆配载优化，降低运输成本。

（4）分销资源计划（Distribution Resource Planning，DRP）系统 DRP 系统以分销流程优化为基础，集采购、库存、销售、促销管理、财务及企业决策分析功能于一体。

（5）供应商关系管理（Supplier Relationship Management，SRM）系统 SRM 系统优化供应商选择，缩短采购周期，实现与供应商建立和维持长久、紧密伙伴关系的管理思想和软件技术。

（6）电子数据交换（Electronic Data Interchange，EDI）系统 EDI 系统通过计算机通信网络自动化传递信息，实现数据的交换与处理。

（7）自动识别技术和地理信息应用技术 自动识别技术和地理信息应用技术包括条码、RFID、北斗导航系统、GPS（Global Positioning System，全球定位系统）、GIS（Geographic Information System，地理信息系统）技术，以及自动化物流系统。

3. 特点

1）数据传输安全，保证随时掌握情况。SCM 系统将本企业管理与外围企业管理有机地结合在一起，解决了因供应商不集中、产品品种太多、订单过于频繁等情况而导致的品牌运营商与供应商之间存在的沟通问题、数据传输及时性问题、数据安全性问题、数据完整性问题等，整合品牌运营商与上游资源，实现效率的极大提升。

2）信息沟通及时，生产与发货完美整合。品牌运营商通过 SCM 系统发布需求信息，从而使供应商能及时组织生产、发货等工作，并能通过 SCM 系统知道货品从供应商到门店的整个物流过程。同时，供应商也能通过 SCM 系统了解自己所生产货品在门店的库存及销售情况。从而达到了供应商与运营商之间的互动。

3）缩短生产周期，降低企业运营成本。企业采用 SCM 系统可以缩短与供应商的业务洽谈时间、大幅度减少采购成本。供应商也能通过 SCM 系统了解自己产品的应用情况，更好地制订合理的补货策略。

4）促进愉快合作，建立良好的供应商关系。企业通过 SCM 系统可以改善与供应商相关的业务处理流程，与供应商进行协同办公，进行密切的信息交换，加强对非常规事件的管理能力和响应速度，与供应商建立稳固、长期的伙伴关系。

4. 主要功能

1）SCM 系统能帮助企业将整个供应链的各个环节连接整合起来，建立标准化的操作流程。

2）各个管理模块可供相关业务对象独立操作，同时还可通过第四方物流供应链平台进行进一步整合，连通各个管理模块和所有供应链环节。

3）缩短订单处理时间，提高订单处理效率和订单满足率，降低库存水平，提高库存周转率，减少资金积压。

4）实现协同化、一体化的供应链管理。

3.5 数字化监测诊断系统

3.5.1 数字化监测诊断系统概述

随着技术的进步，现代设备朝着大型化、自动化、高精度、高效率及机电液一体化等方向发展，其性能与复杂程度不断提高，因而在工作中经常会发生各种故障，企业面临设备突发故障率高、可靠性低、维修费用高、维修周期长、停机损失大甚至机毁人亡等一系列缺点或问题。目前，传统的现场定时巡检和事后维护等方式已经无法满足当下设备维护管理的需求，而设备状态监测和故障诊断技术能通过对设备各关键部件的温度、振动和噪声等各种参数的监测，分析设备运行状态的好坏，及早发现故障苗头，从而采取相应的预防措施，避免因突发性故障造成的经济损失，确保生产施工的顺利进行。

设备状态监测与故障诊断技术是一种了解和掌握设备在使用过程中的状态，判断其整体或局部是否正常，及早发现故障及其原因，并能预测故障发展趋势的技术。设备状态监测与故障诊断技术包括设备状态监测、故障诊断和预测发展趋势等几个方面。具体过程分为信号采集、信号处理、状态识别与诊断、决策支持等环节，设备状态监测与故障诊断流程如图 3-22 所示。

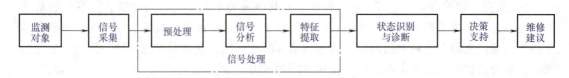

图 3-22 设备状态监测与故障诊断流程

设备维护是指为了维持设备的使用及操作状态，或者是为了消除故障和缺陷等目的而采取的措施和活动。远程维护技术通过整合设备的状态监测技术、故障诊断技术和计算机网络技术，用若干台中心计算机作为服务器，在重要关键设备上建立监测点，采集设备的状态数据，建立设备状态的网络分析中心，对地域分布广泛的大型设备进行远程的状态监测、状态征兆匹配及诊断，从而达到高效维护的目的。远程维护范围包括大型设备运行状态的远程综合评价和维护，设备故障的在线诊断、远程诊断和远程会诊，以及设备研发人员与维护人员的网络论坛等。

故障诊断是远程维护的关键部分，针对不同的对象和目的，其内容包括对设备的实时状态监测、故障智能诊断、运行寿命预测及远程维护等。

3.5.2　数字化监测诊断系统的功能需求

开发大型设备数字化监测诊断系统，首先应该明确系统的功能需求，根据监测设备对象的实际运行情况及企业的需求特点，进行系统功能的整理、归纳和总结。一般而言，数字化监测诊断系统一般具有如下基本功能需求。

1）存储设备长时间运行过程中关键部件的状态数据，为设备状态监测、故障诊断、寿命预测及远程维护等功能模块提供大量、可靠的历史数据。

2）对数据库进行备份，防止因为意外而丢失数据的情况发生。

3）满足设备操作、维修和管理人员在施工过程中查看设备状态的需求。

4）对设备异常运行状况具有实时报警、发出警告和留存记录功能，提醒相关人员注意设备状态。

5）对设备进行故障诊断，如发现设备异常或故障，能及时对故障进行分析处理。

6）对设备进行多方面、多角度的分析诊断，并能提供分析结果及维修建议与方案。

7）对不同传感器状态数据进行融合处理，为进一步的故障诊断及预测提供数据基础。

8）配置远程维护中心，能对设备进行远程状态监测、异常报警、故障诊断及预测分析，并能为现场维修人员提供专家级维修建议。

9）对不同需求的操作人员设定不同的权限，防止人员误操作，保证系统安全性。

10）系统具有完整性、可靠性和可扩展性等。

3.5.3　数字化监测诊断系统的组成

设备数字化监测诊断系统是保证设备正常运行、提高设备工作效率和延长设备使用寿命的重要手段之一，包含三个部分：第一部分是数据采集系统，通常称为下位机；第二部分是设备监测诊断系统，通常称为上位机；第三部分是通信网络，包括连接上位机与下位机的网络、上位机之间的网络和下位机之间的网络。这三个部分的功能作用各不相同，但是构成了一个完整的数字化监测诊断系统，完成对设备的监测、诊断与维护。下面对这三个组成部分进行简单介绍。

1. 下位机

下位机是现场直接控制设备获取设备状况的装置，一般来说是各种智能设备。下位机面向底层设备控制，接收上位机发出的命令，然后根据这些命令发出对应的信号直接控制相应的设备。下位机与实际工作现场的检测控制设备相结合，读取现场设备的各种状态数据、工艺参数，并把这些信息转换成数字信号反馈给上位机。从概念上理解，被控制者和被服务者为下位机，下位机负责完成现场设备的直接控制，同时还有数据采集的功能。常见的下位机有 PLC、单片机、RTU 和各种智能仪表等。

2. 上位机

上位机是指人可以直接发出指令完成操控的集中管理监控计算机，一般是 PC。上位机面向管理级用户，它通过网络与现场的下位机通信，获得现场设备的各种状态数据，以声音、图形和报表等方式显示各种信号的变化，数据经过计算机的处理，会向用户告知设备的当前状态是否正常。当现场设备出现问题，上位机就会发出警告，提醒用户现场设备已经发生异常，应该尽快维修处理，从而达到监控现场设备运行状态的目的。从下位机发送过来的各种数据可能会由上位机存储在数据库中，也可能通过各种网络传输到不同的监控平台上进行监测分析。

3. 通信网络

通信网络在数字化监测诊断系统中是一个必不可少的部分，实现系统中各部分之间数据信息的通信，包括下位机各设备之间的通信、上位机各设备之间的通信、上位机与下位机之间的通信。其中，上位机与下位机之间的通信一般取决于下位机。系统中的通信网络包括有线网络和无线网络。

3.5.4 数字化监测诊断系统的核心功能

根据数字化监测诊断系统的功能需求和监测诊断系统的组成，可以确定数字化监测诊断系统的核心功能为数据采集与传输、数据存储与分析、智能诊断与远程维护，下面对各功能进行简要介绍。

1. 数据采集与传输

数据采集是指从传感器和其他待测设备的模拟和数字被测单元中自动采集信息的过程，是设备监测诊断系统的核心，同时也是对设备进行状态监测、故障诊断与维护工作的基础。为了监控生产过程中的设备状态，需要采集被监测设备对象的大量状态参数，下位机一般不具有数据记录、存储功能，只有上位机才能记录和保存大量的数据，所以当下位数据采集装置完成设备参数的采集以后，需要把采集到的数据通过通信网络传输给上位机，并由上位机对这些数据进行后续的分析和处理。此外，确保上位机和下位机之间的数据通信畅通是数字化监测诊断系统顺利运行的重要保证和先决条件。上、下位机的数据通信形式非常多，从传输介质来分，可以分为有线通信和无线通信。

2. 数据存储与分析

为了记录设备运行过程中的状态数据，给设备监测诊断系统提供大量的历史数据，上位机收到下位机传输过来的数据以后，必须把这些数据准确无误地进行存储，为后续的数据分析奠定基础。数据库是按照数据结构组织和管理数据的仓库，在开发应用服务和系统时，常常把相关的数据以一定的格式存储在数据库中，并根据系统的需要对这些数据进行相应的处理。

当采集到的设备状态数据存入数据库以后，数字化监测诊断系统就要对数据进行分析。数据分析的目的是把隐藏在大量毫无规律的数据中的潜在信息集中、萃取和提炼出来，找出所研究设备对象的状态和内在规律，以便采取适当的措施。数据分析可分为两部分：传感器系统数据分析与设备运行状态特征信息分析。

3. 智能诊断与远程维护

由于大型设备往往是复杂的机电液一体化系统，因此传统的故障诊断技术很难满足数字化监测诊断系统的要求。基于检测数据的传统诊断方法，尽管可以通过处理检测信号实现设备工况监测与故障诊断，但是当诊断对象变得庞大而复杂时，为了能把故障比较细致地区分出来，一方面需要增加传感器的种类和数量，另一方面计算量会大幅提升，从而使得成本增加、诊断时间变长，不利于故障的及时诊断与排除。此外，由于设备庞大且复杂，其精确的数学模型难以获得，因此很难描述故障诊断的规则。

然而，基于知识的故障诊断方法不需要对象精确的数学模型，而且具有某些智能特性。智能故障诊断系统由人（尤其是领域专家）、模拟脑功能的硬件及其必要的外部设备、物理器件，以及支持这些硬件的软件组成，以对诊断对象进行状态识别与状态预测为目的。目前，基于知识处理的智能故障诊断技术大致可以分为三类，即基于专家系统（Expert System，ES）的诊断技术、基于人工神经网络（Artificial Neural Network，ANN）的诊断技术和基于模糊集理论（Fuzzy Set Theory，FST）的诊断技术。

3.5.5 数字化监测诊断系统在智能制造中的应用

本小节以盾构机为例，介绍数字化监测诊断系统在智能制造中的应用。

1. 盾构机概述

随着我国城市地铁建设事业的不断发展，盾构机作为软土地基隧道施工的专用设备，需求量越来越大。单圆柱形盾构是最为常见的一种盾构机类型，其构造简图如图 3-23 所示。土压平衡式盾构机是密闭式盾构机的一种，又称为削土密闭式或泥土加压式盾构机，是在局部气压盾构机和泥水加压盾构机的基础上发展起来的。此种盾构机的前端有一个全断面切削刀盘，在盾构机中心或下部有长筒形螺旋运输机的进土口，其出口在密封舱外。在其施工过程中，切削刀盘后面的密封腔内充满挖下来的土砂，并保持一定土压，以保持开

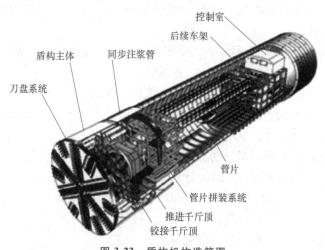

图 3-23 盾构机构造简图

挖面的稳定。此种盾构机几乎适用于所有的软土地层，并能有效地保持开挖面的稳定并减少地面的沉降，施工的安全性及可操作性高，已广泛应用于地铁隧道的建设工程中。

2. 监测对象选择与确定

综合考虑盾构机中各部件对盾构机施工影响的严重程度和维护成本等因素，确定将盾构机关键部件与易发生故障部位作为系统的主要监测研究对象。

1）刀盘系统：刀盘系统监测的关键部件包括主轴承、减速箱和主电动机。

2）液压系统：盾构机作为大型工程机械，它的刀盘系统、仿形刀系统和推进系统等都采用液压传动的形式，所以液压系统也要作为系统主要监测对象。

3）电控系统：高度自动化控制是盾构机的主要特点，为了精确控制盾构机在隧道中的顺利掘进，在盾构机上安装了众多的传感器，还有许多电力与控制线路的电缆线等，所以电控系统也是盾构机数字化监测诊断系统的主要监测对象。

3. 系统组成

整个数字化监测诊断系统由位于各台盾构机上的机载监控系统和位于企业内部的远程监控中心两部分组成。

（1）机载监控系统　机载监控系统由下至上分为7个层次：数据采集层、数据处理层、状态监测层、健康评估层、预测评估层、决策支持层和表示层，系统的每一层的功能描述如下。

1）数据采集层：负责与盾构机底层物理设备进行通信，采集盾构机各零部件的实时数据，为其他层提供现场的原始数据，然后将数据存入本地数据库。

2）数据处理层：获得数据采集层采集得到的原始数据，对原始数据信号进行一些预处理，如滤波降噪等，然后将数据存入本地数据库。

3）状态监测层：主要完成数据采集层、数据处理层输出数据与系统工作限定值比较的功能，实现对盾构机零部件工作状态的实时监测，在系统或零部件出现异常时发出警告，将警告记录存入本地数据库。

4）健康评估层：利用多种故障诊断方法对盾构机系统及零部件进行诊断，然后对盾构机的主要监测系统、子系统及组成部件的性能衰退进行评估，如果系统的性能处于衰退期，该层生成诊断记录，描述可能发生的故障迹象和故障，并将诊断和评估结果存入本地数据库。

5）预测评估层：主要根据以上各层提供的相关数据信息，按照一定的预测模型推断盾构机及其零部件的有效工作时间。

6）决策支持层：主要负责接收各部件健康信息，并参照数学模型和历史数据，对历史、当前及未来的盾构机工作状态进行综合考量，为维护人员提供合理、有针对性的盾构机维护计划。

7）表示层：作为与用户交互的接口，可以从其他层提取数据，主要用于系统的描述，包括警告信息的显示，以及故障诊断和评估结果、预测结果、建议维护计划等信息的显示。

机载监控系统依据如上所述层次功能，可以分为6个功能模块，即数据采集模块、数据处理模块、状态监测模块、健康评估模块、预测评估模块和建议生成模块，如图3-24所示。前两个模块运用特定的技术进行信号处理和数据分析，温度监测、轴承振动监测和电动机电流监测等

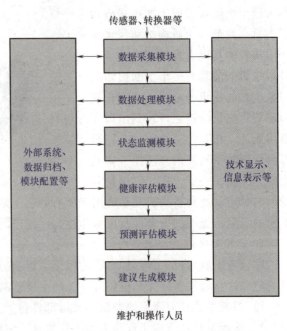

图3-24　机载监控系统功能模块与信息流图

常规技术也在系统中有所体现。

数据处理和分析的程序需要对获得的数据进行解释与分析。利用协同组合的技术能够了解发生故障的原因和严重性，同时以积极主动的方式提供操作建议和维护信息。为了成功地实现盾构机状态监测与故障诊断，绘制了数据处理和相应数据类型的信息流，如图 3-24 所示。数据流从顶端开始，指定不同传感器对设备进行监测，最后由维护和操作人员进行维护。从数据采集到产生建议，数据需要从上一级的处理模块转移到下一个处理模块，同时外围设备也会收到或发出额外信息。从数据采集到预测评估，最终由系统提供建议和推荐的操作，并通过显示器显示。

（2）远程监控中心　位于企业内部的远程监控中心的主要功能是监控、预警、故障诊断及远程维护等。远程监控中心通过互联网有选择地实时收集隧道内各台盾构机的状态数据，分析和确定各台设备的当前工作状况，如有问题则及时分析和诊断，给予预警或报警。监控中心的远程维护系统还提供完善的盾构机工作状况统计功能和详细的查询功能，并能根据收集到的数据，利用一定的预测分析方法预计指定盾构机中所检测关键部件的剩余使用寿命，在适当时间给出预警信息。根据盾构机的当前问题，给出远程维护的指导信息。远程监控中心布置如图 3-25 所示。

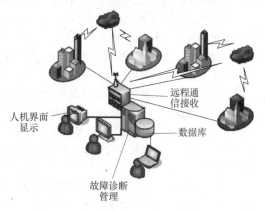

图 3-25　远程监控中心布置示意图

参 考 文 献

[1]　潘志强. 数字化设计在机械设计制造技术中的应用 [J]. 品牌与标准化，2022（1）：49-51.

[2]　葛英飞. 智能制造技术基础 [M]. 机械工业出版社，2019.

[3]　曾芬芳，景旭文. 智能制造概论 [M]. 清华大学出版社，2001.

[4]　郭继泉. 智能 CAD 技术在机械制造中的应用 [J]. 电子元器件与信息技术，2021，5（5）：95.

[5]　钱林权，张钦，林云峰，等. 基于智能 CAD 的机械结构模型和发展趋势分析 [J]. 装备制造技术，2013（6）：179-181.

[6]　刘立明. 基于规则和实例推理的智能化刀具 CAD 系统研究 [D]. 西安：西北工业大学，2007.

[7]　严波. 基于实例推理的车床主轴部件智能 CAD 系统研究 [D]. 沈阳：东北大学，2010.

[8]　SHAFTO M，CONROY M，DOYLE R，et al. Technology area 11：Modeling，simulation. information technology and processing roadmap [R]. NASA Office of Chief Technologist，2010.

[9]　PIASCIK R，VICKERS J，LoWRY D，et al. Technology area 12：Materials. Structures，mechanical systems and manufacturing road map [R]. NASA Office of Chief Technologist，2010.

[10]　GRIEVES M. Virtually perfect：driving innovative and lean products through product life_ cycle management [M]. Cocoa Beach：Space Coast Press，2011.

[11]　TAO F，QI Q. Make more digital twins [J]. Nature ，2019（573）：490-491.

[12]　TAO F，LIU W，ZHANG M，et al. Five-dimension digital twin model and its ten applications [J]. Computer Integrated Manufacturing Systems，2019. 25（1）：1-18.

［13］ 全国信息技术标准化技术委员会．物联网参考体系结构：GB/T 33474—2016［S］．北京：中国标准出版社，2017.

［14］ Information technology- Internet of Things Reference Architecture：ISO/IEC 30141：2018［S/OL］．［2024-08-02］．https：//www.iso.org/standard/65695.html.

［15］ Digital Twin manufacturing framework-Part 1：Overview and general principles：ISO/CD 23247-1［S/OL］．［2024-08-02］．https：//www.iso.org/standard/75066.html.

［16］ Digital Twin manufacturing framework-Part 2：Reference architecture：ISO/CD 23247-2［S/OL］．［2024-08-02］．https://www.iso.org/standard/78743.html.

［17］ 数字孪生体实验室，安世亚太．数字孪生体技术白皮书（2019）［R/OL］．（2019-12-27）［2024-08-02］．https：//download.csdn.net/download/BIT202/12233860.

［18］ ARMENDIA M，GHASSEMPOURI M，OZTURK E，et al. Twin-control：a digital twin approach to improve machine tools lifecycle［M/OL］．Cham Springer，2019［2020-04-13］．https：//doi.org/10.1007/978-3-030-02203-7.

［19］ 孙波，赵汝嘉．计算机辅助工艺设计技术及应用［M］．北京：化学工业出版社，2011.

［20］ 王芳，赵中宁．智能制造基础与应用［M］．北京：机械工业出版社，2018.

［21］ 王细洋．计算机辅助零件工艺过程设计原理［M］．北京：航空工业出版社，2004.

［22］ 吴嘉，王媛．CAPP 发展现状及展望综述［J］．机电产品开发与创新，2010，23（2）：82-83.

［23］ 许建新，孔宪光，张振明．CAPP 技术综述［J］．CAD/CAM 与制造业信息化，2002（7）：10-13.

［24］ 彭志，徐世新，郑联语．CAD/CAPP 集成系统中工序图的自动生成方法［J］．航空精密制造技术，2005（1）：42-45.

［25］ 刘宁，曹岩．计算机辅助工艺规划综述（一）［J］．一重技术，2005（3）：1-2；66.

［26］ 刘宁，曹岩．计算机辅助工艺规划综述（二）［J］．一重技术，2005（4）：41-45.

［27］ 郑称德，陈曦．企业资源计划（ERP）［M］．北京：清华大学出版社，2010.

［28］ 周玉清，刘伯莹，周强．ERP 原理与应用教程［M］．北京：清华大学出版社，2010.

［29］ 张雷，郭郁汀，吴艳芳．有色金属开采中机械设备故障诊断及维修［J］．有色金属工程，2022，12（5）：159-160.

［30］ 孟杰，赵初峰．矿山机电设备故障诊断分析与研究［J］．煤矿机械，2022，43（5）：159-161.

［31］ 郑起，庞子祺，刘小龙．振动监测技术在设备故障诊断中的应用［J］．设备管理与维修，2022（5）：150-152.

［32］ 李洋．井下掘进机机电设备故障诊断及维护［J］．能源与节能，2022（2）：136-137.

［33］ 王昆．煤矿机电设备故障诊断与维修技术［J］．能源与节能，2022（2）：132-133.

［34］ 黄诚壬．机电一体化设备故障诊断系统设计与应用研究［J］．中国设备工程，2021（24）：191-192.

［35］ 张冬冬．煤矿井下掘进机机电设备故障诊断及维护［J］．矿业装备，2021（6）：212-213.

［36］ 杨晋平．煤矿井下掘进机机电设备故障诊断及维护分析［J］．矿业装备，2021（6）：256-257.

［37］ 原小飞．煤矿机电设备故障诊断方法及维修技术浅探［J］．能源与节能，2021（10）：153-154.

［38］ 王哲．煤矿机电设备故障诊断及维修技术研究［J］．内蒙古煤炭经济，2021（16）：37-38.

［39］ 黄健，黄胜．机电设备故障诊断与维修［J］．设备管理与维修，2021（15）：57-58.

［40］ 谭建荣，刘振宇．智能制造关键技术与企业应用［M］．北京：机械工业出版社，2017.

［41］ 王雷．数字化在智能制造应用中的作用［J］．中国新通信，2022，24（3）：104-106.

习题与思考题

3-1 数字化设计技术具体包括那些形式？

3-2 什么是智能 CAD？智能 CAD 经历了哪些发展阶段？

3-3 常用的智能 CAD 系统的设计模型有哪些？

3-4 解释数字孪生。

3-5 什么是数字孪生五维模型？

3-6 解释 CAPP。

3-7 CAPP 由哪几部分组成？

3-8 CAPP 可以分为哪几类？

3-9 CAPP 的基础技术有哪些？

3-10 什么是 PLM？

3-11 什么是 MES？

3-12 智能制造系统需要管理的数据类型有哪些？

3-13 PLM 系统的功能有哪些？

3-14 ERP 系统的功能模块有哪些？

3-15 设备状态监测和故障诊断技术对于设备维护有什么意义？

3-16 设备监测诊断系统应具有哪些特性？

3-17 什么是 CBM？

3-18 假设你是一家汽车制造企业的工艺工程师，公司计划引入 CAPP 系统以提高生产效率和产品质量。背景信息：公司目前采用手工编制工艺规程，存在效率低、错误率高的问题；汽车零部件种类繁多，工艺复杂；公司有一定的信息化基础，但尚未实现工艺流程的自动化。请从以下几个方面分析，目标是利用 CAPP 系统解决公司当前面临的问题，并提升生产效率和产品质量。

（1）如何利用 CAPP 系统实现工艺规程的快速编制和优化？

（2）如何通过 CAPP 系统实现工艺数据的统一管理和共享？

（3）结合公司实际情况，阐述引入 CAPP 系统可能面临的挑战及可行的应对策略。

思政拓展：在数字化时代，我们被各种各样的数字信号和信息包围着。从简单的二进制代码到复杂的人工智能系统，数字技术的发展正在改变我们的世界。扫描下方二维码观看数字技术的世界，了解数字技术的前世今生。

数字技术的世界1

数字技术的世界2

数字技术的世界3

第4章

智能制造中的网络化

20 世纪末，互联网技术快速发展并得到广泛普及和应用，"互联网+"不断推进制造业和互联网融合发展，制造技术与数字技术、网络技术的密切结合重塑制造业的价值链，推动制造业从数字化制造（第一代智能制造）向数字化网络化制造（第二代智能制造）转变。智能制造生产过程产品的自动加工和装配、质量在线检测、机器设备的状态监测与运维处理、货品的自动出入库、企业各部门之间的纵向集成、产品价值链上企业之间的横向集成、企业信息化系统等都离不开网络通信，网络化技术是实现智能制造的基石。本章将从工业互联网、工业物联网、工业大数据、信息物理系统、云计算、智能制造信息系统六个方面介绍智能制造中的网络化技术。

4.1 工业互联网

在数字经济时代，新一轮科技革命和产业变革快速发展，互联网技术已经渗透到了人类生产生活的各个方面，互联网由消费领域向生产领域快速延伸，当互联网技术与工业交融，工业经济由数字化向网络化、智能化深度拓展，催生了工业互联网。本节将基于工业互联网产业联盟编写、发布的《工业互联网体系架构》，概述工业互联网的基本情况，并讲解工业互联网的功能架构、实施框架，以及工业互联网与智能制造的关系。

4.1.1 工业互联网概述

以互联网、大数据、人工智能为代表的新一代信息技术发展日新月异，并逐渐与制造技术深度融合，在工业数字化、网络化、智能化转型需求的带动下，以泛在互联、全面感知、智能优化、安全稳固为特征的工业互联网应运而生。工业互联网作为全新工业生态、关键基础设施和新型应用模式，通过人、机、物的全面互联，实现全要素、全产业链、全价值链的全面连接，正在全球范围内不断颠覆传统制造模式、生产组织方式和产业形态，推动传统产业加快转型升级、新兴产业加速发展壮大。

工业互联网是实现第四次工业革命的重要基石。工业互联网通过对各类数据进行采集、传输、分析并形成智能反馈，正在推动形成全新的生产制造和服务体系，优化资源要素配置效率，充分发挥制造装备、工艺和材料的潜能，提高企业生产效率，创造差异化的产品并提供增值服务，加速推进第四次工业革命。

工业互联网对我国经济发展有着重要意义。一是化解综合成本上升、产业向外转移风险。通过部署工业互联网，能够帮助企业减少用工量，促进制造资源配置和使用效率提升，降低企业生产运营成本，增强企业的竞争力。二是推动产业高端化发展。加快工业互联网应用推广，有助于推动工业生产制造服务体系的智能化升级、产业链延伸和价值链拓展，进而带动产业向高端迈进。三是推进创新创业。工业互联网的蓬勃发展，催生出网络化协同、规模化定制、服务化延伸等新模式新业态，推动先进制造业和现代服务业深度融合。

4.1.2 工业互联网的功能架构

工业互联网的核心功能原理是基于数据驱动的物理系统与数字空间全面互联与深度协同，以及在此过程中的智能分析与决策优化。通过网络、平台、安全三大功能体系构建，工业互联网全面打通设备资产、生产系统、管理系统和供应链条，基于数据整合与分析实现IT与OT的融合和三大体系的贯通。工业互联网以数据为核心，数据功能体系主要包含感知控制、数字模型、决策优化三个基本层次，以及一个由自下而上的信息流和自上而下的决策流构成的工业数字化应用优化闭环，如图4-1所示。

1. 网络功能体系

网络功能体系由网络互联、数据互通和标识解析三部分组成，如图4-2所示。网络互联实现要素之间的数据传输，数据互通实现要素之间传输信息的互相理解，标识解析实现要素的标记、管理和定位。

（1）网络互联 网络互联即通过有线、无线方式，将工业互联网体系相关的人、机、物料以及企业上下游、智能产品、用户等全要素连接起来，支撑业务发展的多要求数据转发，实现端到端数据传输。网络互联根据协议层次由底向上可以分为多方式接入、网络层转发和传输层传送。

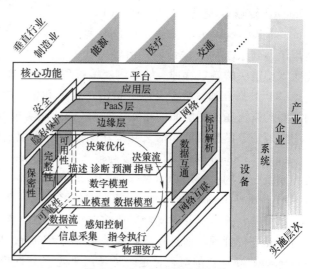

图 4-1 工业互联网功能架构

（来源：工业互联网产业联盟）

1）多方式接入包括有线接入和无线接入，包括现场总线、工业以太网、工业PON（Power Over Ethernet，无源光网络）、TSN（Time Sensitive Networking，时间敏感网络）等有线方式，以及5G、4G、Wi-Fi/Wi-Fi6、WIA-PA[⊖]、WirelessHART[⊖]、ISA100.11a[⊖]等无线方式。该层能够将工厂内的人员（生产人员、设计人员、外部人员）、机器装备、办公设备）、材料（原材料、在制品、制成品）、环境（仪表、监测设备）等各种要素接入工厂内网，将工厂外的用户、协作企业、智能产品、智能工厂，以及公共基础支撑的工业互联网平台、安全系统、标识系统等要素接入工厂外网。

2）网络层转发实现工业实时数据转发、工业非实时数据转发、网络控制、网络管理等

⊖ WIA-PA、Wireless HART、ISA100、11a分别是四种最常见的无线网络标准之一，另一种是Zigbee。

功能。工业实时数据转发功能主要传输生产控制过程中有实时性要求的控制信息和需要实时处理的采集信息。工业非实时数据转发功能主要完成具有无时延、同步传输要求的采集信息数据和管理数据的传输。网络控制功能主要包括路由表或流表生成、路径选择、路由协议互通、ACL（Access Control Lists，访问控制列表）配置、QoS[⊖]（Quality of Service，服务质量）配置等。网络管理功能包括层次化的 QoS、拓扑管理、接入管理、资源管理等。

图 4-2　工业互联网网络功能体系

3）传输层传送是指由端到端数据传输功能基于 TCP（Transmission Control Protocol，传输控制协议）、UDP（User Datagram Protocol，用户数据报协议）等实现设备到系统的数据传输，由管理功能实现传输层的端口管理、端到端连接管理、安全管理等。

（2）数据互通　数据互通是指实现数据和信息在各要素、各系统间的无缝传递，使不同的异构系统在数据层面能相互"理解"，从而实现数据互操作与信息集成。数据互通包括应用层通信、信息模型和语义互操作功能。应用层通信功能是通过 OPC UA［OLE（Object Linking and Embedding，对象连接与嵌入）for Process Control Unified Architecture，嵌入式过程控制统一架构］、MQTT（Message Queuing Telemetry Transport，消息队列遥测传输）、HTTP（Hypertext Transfer Protocol，超文本传输协议）等协议，实现数据信息传输安全通道的建立、维持、关闭，并对支持工业数据资源模型的装备、传感器、远程终端单元、服务器等设备节点进行管理。信息模型功能是通过 OPC UA、MTConnect[⊖]、YANG（Yet Another Next Generation，新一代的语言，是一种是用来建立数据模型的语言）等协议，提供完备、统一的数据对象表达、描述和操作模型。语义互操作功能是通过 OPC UA、PLCopen、AutoML 等协议，实现工业数据的发现、采集、查询、存储、交互等功能，以及对工业数据的请求、响应、发布、订阅等功能。

（3）标识解析　标识解析提供标识数据采集、标签管理、标识注册、标识信息解析、标识数据处理和标识数据建模功能。

1）标识数据采集功能主要用于定义标识数据的采集和处理手段，包括标识读写和数据传输两个功能，负责标识的识读和数据预处理。

2）标签管理功能主要用于定义标识的载体形式和编码形式，负责完成载体数据的存

⊖　QoS 指一个网络能够利用各种基础技术，为指定的网络通信提供更好的服务能力，是网络的一种安全机制，是用来解决网络延迟和阻塞等问题的一种技术。

⊖　MTConnect 是美国机械制造技术协会于 2006 年提出并主导的数控设备互联通信协议。源自德玛吉早年的一个机床联网项目，后来成为开源标准。因为强调安全性，定义为单向通信协议（只读）。

储、管理和控制，针对不同行业、企业需要，提供符合要求的标识载体形式和编码形式。

3）标识注册功能用于在信息系统中创建对象的标识注册数据，包括标识责任主体信息、解析服务寻址信息、对象应用数据信息等，并存储、管理、维护这些标识注册数据。

4）标识信息解析功能用于根据标识编码查询目标对象的网络位置或者相关信息的系统装置，对机器和物品进行定位和信息查询，是实现全球供应链与企业生产系统精准对接、产品全生命周期管理和企业智能化服务的前提和基础。

5）标识数据处理功能用于完成对采集后的数据的清洗、存储、检索、加工、变换和传输，根据不同业务场景，依托一定的数据模型来实现不同的数据处理过程。

6）标识数据建模功能用于构建特定领域的标识数据服务模型，建立标识应用数据字典、知识图谱等，基于统一标识在不同信息系统之间建立对象的关联关系，提供对象信息服务。

2. 平台功能体系

为实现数据优化闭环，驱动制造业智能化转型，工业互联网需要能够对海量工业数据与各类工业模型进行分析与管理，对各种工业应用进行敏捷开发与创新，对丰富的工业资源进行集聚与优化配置，这些传统工业数字化应用所无法提供的功能，正是工业互联网平台功能的核心。按照功能层级划分，工业互联网平台包括边缘层、PaaS 层和应用层三个关键功能组成部分，如图 4-3 所示。

（1）边缘层　边缘层功能包括工业数据接入、协议解析、数据预处理、边缘智能分析和边缘应用部署与管理等。工业数据接入功能主要用于实现机器人、机

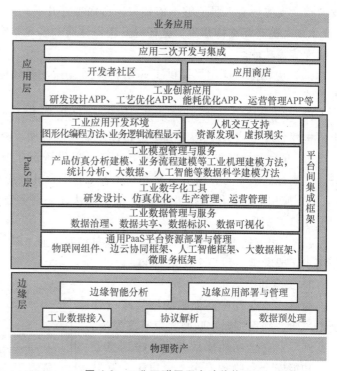

图4-3　工业互联网平台功能体系

床、高炉等工业设备的数据接入，以及 ERP、MES、WMS 等信息系统的数据接入，实现对各类工业数据的大范围、深层次采集和连接。协议解析与数据预处理功能主要用于实现各类多源异构数据的格式统一和语义解析，并进行数据剔除、压缩、缓存等操作，然后将其传输至云端。边缘智能分析和边缘应用部署与管理等功能都属于边缘分析功能，重点是面向高实时应用场景，在边缘侧进行实时分析与反馈控制，并提供边缘应用开发所需的资源调度、运行维护、开发调试等各类功能。

（2）PaaS（Platform as a Service，平台即服务）层　PaaS 层通过通用 Pass 平台资源部署与管理、工业数据管理与服务、工业数字化工具、工业模型管理与服务、工业应用开发环境和人机交互支持等功能来实现平台间集成。

1）Pass平台资源部署与管理功能是利用物联网组件以及边云协同、人工智能、大数据、微服务等框架，进行资源调度和运维管理，为上层业务功能的实现提供支撑。

2）工业数据管理与服务面向海量工业数据，提供数据治理、数据共享、数据标识、数据可视化等服务，同时进行工业数据的分类、标识、检索等集成管理，为上层建模分析提供高质量数据源。

3）工业数字化工具是面向工业生产中的研发设计、仿真优化、生产管理、运营管理等环节，提供相应的CAD、CAE、ERP、MES等数字化工具。

4）工业模型管理与服务融合应用产品仿真分析建模、业务流程建模等工业机理建模方法，以及统计分析、大数据、人工智能等数据科学建模方法，实现工业数据价值的深度挖掘与分析。

5）工业应用开发环境提供图形化编程方法和业务逻辑流程显示等功能支持，来降低开发门槛，支撑业务人员能够不依赖程序员而独立开展高效灵活的工业应用创新。

6）人机交互支持是为了更好提升用户体验和实现平台间的互联互通，提供资源发现和虚拟现实等功能。

（3）应用层 应用层提供工业创新应用、开发者社区、应用商店、应用二次开发集成等功能。

1）工业创新应用针对研发设计、工艺优化、能耗优化、运营管理等方面的智能化需求，构建各类工业APP解决方案，帮助企业实现提质、降本、增效的发展目标。

2）开发者社区打造开放的线上社区，提供资源工具、技术文档、学习交流等各类服务，提高社区吸引力，吸引第三方开发者入驻平台开展应用创新。

3）应用商店提供成熟工业APP的上架认证、展示分发、交易计费等服务，支撑实现工业应用价值变现。

4）应用二次开发集成功能用于完成对已有工业APP的定制化改造，以适配特定工业应用场景，或者满足用户个性化需求。

3. 安全功能体系

为解决工业互联网面临的网络攻击等新型风险，确保工业互联网健康有序发展，工业互联网安全功能体系充分考虑信息安全、功能安全和物理安全，聚焦工业互联网安全主要特征，包括可靠性、保密性、完整性、可用性、隐私和数据保护，如图4-4所示。

（1）可靠性 可靠性指工业互联网业务在一定时间内、一定条件下无故障地执行指定功能的能力或可能性。

1）设备硬件可靠性是指工业互联网业务中的工业现场设备、智能设备、智能装备、PC、服务器等在给定的操作环境与条件下，其硬件部分在一段规定的时间内正

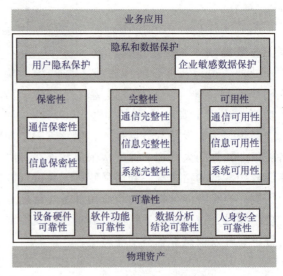

图4-4 工业互联网安全功能体系
（来源：工业互联网产业联盟）

116

确执行要求功能的能力。

2）软件功能可靠性是指工业互联网业务中的各类软件产品在规定的条件下和规定的时间内完成规定功能的能力。

3）数据分析结论可靠性是指工业互联网数据分析服务在特定的业务场景下和一定的时间内能够得出正确的分析结论的能力。在数据分析过程中，若出现数据缺失、输入错误、度量标准错误、编码不一致、上传不及时等情况，数据分析结论可靠性就可能受到影响。

4）人身安全可靠性是指工业互联网系统对工业互联网业务运行过程中的相关参与者的人身安全进行保护的能力。

（2）保密性　保密性指工业互联网业务中的信息按给定要求不泄漏给未经授权的个人或企业加以利用的特性，即杜绝有用数据或信息泄漏给未经授权的个人或实体。

1）通信保密性是指对传送信息的方式采取特殊措施，使所要传送的信息只能被授权用户接收并识别，使工业互联网业务中的信息不被泄漏给未经授权的个人或实体。

2）信息保密性是指对要传送的信息内容采取特殊措施，从而隐蔽信息的真实内容，使工业互联网业务中的信息不被泄漏给未经授权的个人或实体，而只能以允许的方式供授权用户使用的特性。

（3）完整性　完整性指工业互联网用户、进程或硬件组件具有能验证所发送的信息的准确性，并且进程或硬件组件不会被以任何方式改变的特性。

1）通信完整性是指对传送信息的方式采取特殊措施，使得信息接收者能够以正确的方式接收信息，并对发送方所发送信息的准确性进行验证的特性。

2）信息完整性是指对工业互联网业务中的信息采取特殊措施，使得信息接收者能够对工业互联网业务中的信息的准确性进行验证的特性。

3）系统完整性是指对工业互联网平台、控制系统、业务系统（如 ERP、MES）等加以防护，使得系统不被以任何方式篡改，即保持准确的特性。

（4）可用性　可用性指在某个考察时间内，工业互联网业务能够正常运行的概率或时间占有率期望值，可用性用于衡量工业互联网业务在投入使用后的实际使用效能。

1）通信可用性是指在某个考察时间内，工业互联网业务中的通信双方能够正常地与对方建立信道的概率或时间占有率期望值。

2）信息可用性是指在某个考察时间内，工业互联网业务使用者能够正常地对业务中的信息进行读取、编辑等操作的概率或时间占有率期望值。

3）系统可用性是指在某个考察时间内，工业互联网平台、控制系统、业务系统（如ERP、MES）等正常运行的概率或时间占有率期望值。

（5）隐私和数据保护　隐私和数据保护指对于工业互联网用户个人隐私数据或企业拥有的敏感数据等提供保护的能力。

1）用户隐私保护是指对与工业互联网业务用户，保护其个人相关隐私信息的能力。

2）企业敏感数据保护是指对参与工业互联网业务运营的企业，保护其敏感数据的能力。

4.1.3　工业互联网的实施框架

工业互联网实施框架是用于指导企业整体部署的一套操作方案。当前阶段工业互联网的实施以传统制造体系的层级划分为基础，适度考虑未来基于产业的协同组织，按"设备、边缘、企业、产业"四个层级开展系统建设，如图 4-5 所示。设备层对应工业设备、产品的运行和维护功能，关注设备底层的监控优化、故障诊断等应用；边缘层对应车间或产线的运行维护功能，关注工艺配置、物料调度、能效管理、质量管控等应用；企业层对应企业平台、网络等关键能力，关注订单计划、绩效优化等应用；产业层对应跨企业平台、网络和安全系统，关注供应链协同、资源配置等应用。

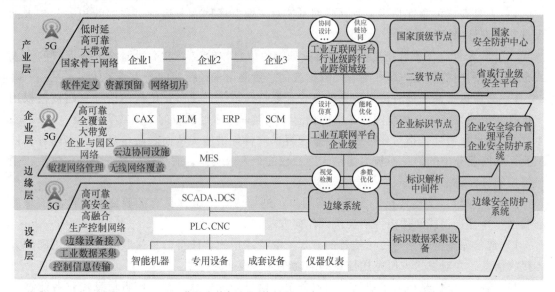

图 4-5　工业互联网实施框架总体视图（来源：工业互联网产业联盟）

工业互联网通过"网络、标识、平台、安全"四大实施系统进而建设。

1）工业互联网网络建设目标是构建全要素、全系统、全产业链互联互通的新型基础设施。从实施架构来看，在设备层和边缘层建设生产控制网络，在企业层建设企业与园区网络，在产业层国家骨干网络，全网构建信息互操作体系。

2）工业互联网标识实施贯穿设备、边缘、企业和产业四个层面，形成了以设备层和边缘层为基础，以企业层和产业层节点建设为核心的部署架构。由下至上部署标识数据采集设备、标识解析中间件、企业标识节点、二级节点和国家顶级节点。

3）工业互联网平台部署实施总体目标是打造制造业数字化、网络化、智能化发展的载体和中枢。其实施架构贯穿设备、边缘、企业和产业四个层级，通过实现工业数据采集、开展边缘智能分析、构建企业平台和打造产业平台，形成交互协同的多层次、体系化建设方案。

4）安全实施框架体现了工业互联网安全功能在设备、边缘、企业和产业四个层次的层层递进，包括边缘安全防护系统、企业安全防护系统和企业安全综合管理平台，以及省或行业级安全平台和国家安全防护中心。

工业互联网实施不是孤立的行为，需要四大系统互相打通、深度集成，在不同层级形成兼具差异性、关联性的部署方式，通过要素联动优化实现全局部署和纵横联动。另外需要注意的是，工业互联网的实施离不开智能装备、工业软件等基础产业支撑，新一代信息技术的发展与传统制造产业的融合将为工业互联网实施提供核心供给能力。

4.1.4 工业互联网与智能制造

作为当前产业变革的核心驱动和战略焦点,智能制造与工业互联网有着紧密的联系。工业互联网侧重于工业服务,智能制造侧重于工业制造。

1. 制造技术是工业互联网技术体系的重要组成部分

工业互联网的核心是通过更大范围、更深层次的连接实现对工业系统的全面感知,并通过对获取的海量工业数据进行建模和分析,形成智能化决策,其技术体系由制造技术、信息技术以及两大技术交织形成的融合性技术组成,如图4-6所示。制造技术和信息技术的突破是工业互联网发展的基础,例如,增材制造、现代金属、复合材料等新材料和加工技术不断拓展制造能力边界,云计算、大数据、物联网、人工智能等信息技术快速提升人类获取、处理、分析数据的能力。制造技术和信息技术的融合强化了工业互联网的赋能作用,催生工业软件、工业大数据、工业人工智能等融合性技术,使机器、工艺和系统的实时建模和仿真,以及产品和工艺技术隐性知识的挖掘和提炼等创新应用成为可能。

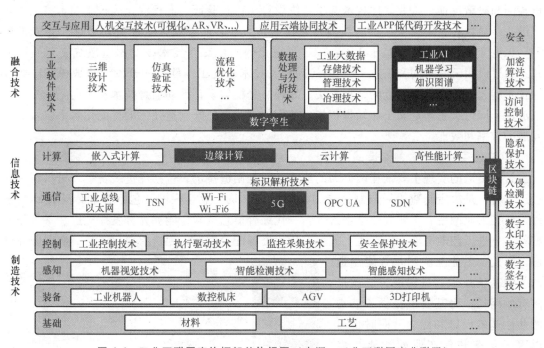

图4-6 工业互联网实施框架总体视图(来源:工业互联网产业联盟)

制造技术支撑构建了工业互联网的物理系统,其基于机械、电气、化工等工程学中提炼出的材料、工艺等基础技术,叠加机器视觉、智能检测、智能感知等感知技术,以及工业控制、执行驱动、监控采集、安全保护等控制技术,面向运输、加工、检测、装配、物流等需求,构成了工业机器人、数控机床、3D打印机、AGV等装备技术,进而组成产线、车间、工厂等制造系统。制造技术领域的专业领域技术和知识基础指明了数据分析和知识积累的方向,成为设计网络、平台、安全等工业互联网功能的出发点,此外,制造技术构建了工业数字化应用优化闭环的起点和终点,工业数据大都来源于制造物理系统,数据分析结果的最终结果也会作用于制造物理系统,使其贯穿设备、边缘、企业、产业等各层工业互联网系统,促使制造系统升级为智能制造系统。

　　信息技术勾勒了工业互联网的数字空间，新一代信息通信技术一部分直接作用于工业领域，构成了工业互联网的通信、计算、安全基础设施，另一部分基于工业需求进行二次开发，成为融合性技术发展的基石。通信技术中，以5G、Wi-Fi为代表的网络通信技术提供更可靠、快捷、灵活的数据传输能力，标识解析技术为对应工业设备或算法工艺提供标识地址，保障工业数据的互联互通和精准可靠。嵌入式计算、边缘计算、云计算、高性能计算等计算技术为不同工业场景提供分布式、低成本数据计算能力。数据安全和权限管理等安全技术保障数据的安全、可靠、可信。信息技术打通了互联网领域与制造领域技术创新的边界，统一的技术基础使互联网中的通用技术创新可以快速渗透到工业互联网中。

　　融合性技术驱动工业互联网物理系统与数字空间全面互联与深度协同。制造技术和信息技术都需要根据工业互联网中的新场景、新需求进行不同程度的调整，才能构建出完整可用的技术体系。数据处理与分析技术在满足工业大数据存储、管理、治理等需求的同时，基于工业人工智能技术形成更深度的数据洞察，与工业知识整合共同构建数字孪生体系，支持分析预测和决策反馈。工业软件技术基于三维设计、仿真验证、流程优化等核心技术将工业知识进一步显性化，支撑工厂、产线虚拟建模与仿真、多品种变批量任务动态排产等先进应用。工业交互与应用技术基于VR、AR、可视化等人机交互技术改变制造系统交互使用方式，通过应用云端协同和工业APP低代码开发技术改变工业软件的开发和集成模式。融合性技术构建出符合工业特点的数据采集、处理、分析体系，推动信息技术不断向工业核心环节渗透，同时，重新定义工业知识积累、使用的方式，提升制造技术的智能化水平以及优化发展的效率和效能。

2. 工业互联网是智能制造的基础

　　智能制造的实现主要依托两方面的能力，一是制造技术，包括先进装备、先进材料和先进工艺等，是决定制造边界与制造能力的根本；二是工业互联网，包括智能传感控制软硬件、新型工业网络、工业大数据平台等新一代综合信息技术，能够充分发挥先进装备、先进材料、先进工艺的潜能，提高生产效率，优化资源配置效率，创造差异化产品，实现服务增值。因此，工业互联网是智能制造的关键基础技术，是实现智能制造的有效路径，为其变革提供了必需的共性基础设施和能力，同时也可以用于支撑其他产业的智能化发展。即工业互联网助力智能制造，智能制造倒逼工业互联网革新。工业互联网对智能制造的支撑作用如图4-7所示。

　　智能制造的基础是生产和产品数据的采集、传输、处理、分析及应用，上述数据操作需要一个端到

图 4-7　工业互联网对智能制造的支撑作用

端的网络平台作为载体，这个网络平台就是工业互联网，在结构上位于产线级和车间级之间。

3. 智能制造与工业互联网相辅相成，相互促进

智能制造与工业互联网都属于先进工业范畴的理念，既互有联系，也各不相同。智能制造源于人工智能的研究，是人工智能与制造技术的融合，是制造技术发展，特别是制造信息技术发展的必经阶段，也是自动化和集成技术纵深发展的结果。工业互联网是工业与互联网结合的产物，整合了工业革命和网络技术变革的优势。

（1）工业互联网助力智能制造　从能力供给角度讲，工业互联网主要通过五大技术来支持实现智能制造，包括工业软件技术、工业网络技术、工业平台技术、工业安全技术和工业智能技术。

工业软件：实现云化和 APP 化部署，消除信息孤岛，实现制造数据的自由流通。

工业网络：连接人、机、物、法、环、料等生产要素，实现制造企业全生产链、全价值链的互联互通。

工业平台：实现智能制造端到端的数据采集、处理和分析，在形态上包括边缘平台、云平台等。

工业安全：设备、网络、平台、数据等的安全保障，为智能制造提供安全防护系统。

工业智能：实现智能制造体系全生产链、全价值链的数据深度应用，优化生产流程，完善服务体系。

网络、数据、安全是工业互联网的重要内容，网络支撑工业系统互联和工业数据交换，数据驱动工业智能化，安全保障网络与数据在工业中的应用，同时，工业互联网反馈的应用效果能够优化智能制造的设计，进而促进制造企业通过智能制造实现业务目标。

（2）智能制造推动工业互联网升级　智能制造中的工业互联网强调构建从设备端到边缘端，再到云端的全栈式的平台和网络的能力，工业互联网与人工智能的融合发展，更加提高工业互联网对智能制造的信息集成和赋能作用，如图 4-8 所示。智能制造的数字化、网络化、智能化程度取决于云的数据维度和数量、质量，同时影响工业互联网服务的产业宽度和深度。

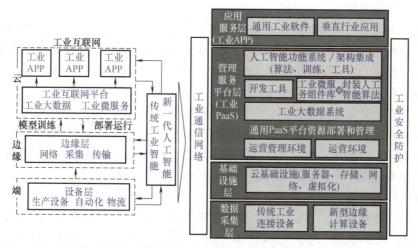

图 4-8　工业互联网与人工智能的融合（来源：《工业互联网发展态势与展望》，余晓晖）

与传统互联网相比，工业互联网致力于通过生产要素的互联互通实现对智能制造的全面的数据驱动，在这个过程中，工业互联网自身也演进并构建出面向智能制造的三大优化闭环。其一，设备运行优化的闭环，基于对设备数据、生产数据的实时感知和边缘计算，实现设备的动态优化调整，构建智能机器和柔性产线；其二，生产运营优化的闭环，基于信息系统数据、制造执行系统数据、控制系统数据等的集成处理和大数据建模分析，实现生产运营管理的动态优化调整，形成各种场景下的智能生产模式；其三，面向企业协同、用户交互和产品服务优化的闭环，基于供应链数据、用户需求数据、产品服务数据等的综合集成和分析，实现企业资源组织和商业活动的创新，形成网络化协同、个性化定制、服务化延伸等新模式。

4.2　工业物联网

物联网（IoT）是麻省理工学院 Ashton 教授在 1999 年最先提出来的；2005 年，国际电信联盟（International Telecommunication Union，ITU）发表了物联网白皮书，首次在世界范围内提出了物联网的概念；2009 年，美国将物联网作为振兴经济发展的两大重点之一，为此，物联网正式成为了继互联网后的下一个新型的产业革命。工业物联网强调的是物联网在工业领域的应用，我国作为一个工业大国，发展工业物联网对于我国打造制造强国、推动经济高质量发展，都具有十分重要的意义。

4.2.1　工业物联网概述

1. 工业物联网的概念

早期的物联网是指依托 RFID 技术和设备，按约定的通信协议与互联网相结合，使物品信息实现智能化识别和管理，实现物品信息互联而形成的网络。随着技术和应用的发展，物联网内涵不断扩展。《物联网白皮书（2011 年）》认为：物联网是通信网和互联网的拓展应用和网络延伸，它利用感知技术与智能装备对物理世界进行感知识别，通过网络传输互联，进行计算、处理和知识挖掘，实现人与物、物与物信息交互和无缝链接，达到对物理世界实时控制、精确管理和科学决策目的。

工业物联网是物联网面向工业领域的应用，但又不简单等同于"工业+物联网"，而是具有更为丰富的内涵：工业物联网以工业控制系统为基础，通过工业资源的网络互联、数据互通和系统互操作，实现制造资源的灵活配置、制造过程的按需执行、制造工艺的合理优化和制造环境的快速适应，达到资源高效利用的目的，从而构建服务驱动型的新工业生态体系。因此，工业物联网是支撑智能制造的一套使能技术体系。

工业物联网将具有感知、监控能力的各类采集、控制传感器或控制器，以及移动通信、智能分析等技术不断融入工业生产过程各个环节，从而大幅提高制造效率，改善产品质量，降低产品成本和资源消耗，最终将传统工业提升到智能化的新阶段。

工业物联网包括工厂内部网络和工厂外部网络"两大网络"：工厂内部网络用于连接在制品、传感器、智能机器、工业控制系统、人等主体，包括工厂 IT 网络和工厂 OT（Operation Technology 控制技术）网络；工厂外网络用于连接企业上下游、企业与智能产品、企业与用户等主体。随着智能制造的发展，工厂内部系统数字化、网络化、智能化趋势越发明显，与外部数据交换需求逐渐增加，工厂内部网络呈现扁平化、互联网协议化、无线化及灵活组网的发展趋势，而工厂外部网络需要满足高速率、高质量、低时延、安全可靠、灵活组网等要求，以推动个性化定制、远程监控、智能产品服务等全新的制造和服务模式。

2. 工业物联网的特征

近年来，工业物联网从一个全新的概念逐渐落地到企业，已突破了局域网的限制，把生产、管理和营销结合在一起，充分发挥设备价值，提高生产效率，挖掘企业发展中的潜能。工业物联网的四大特征如下。

（1）全面感知　工业物联网能够利用 RFID、传感器、二维码等技术随时获取产品从生产到销售，直到终端用户使用的各个阶段的信息数据。传统工业自动化系统的信息采集只存在于生产质检阶段，企业信息化系统不会重点关注具体生产过程。

（2）互联传输　工业物联网是使用专用网络与互联网相连的方式，实时将设备信息准确无误地传递出去。它对网络有极强的依赖性，且要比传统工业自动化信息系统更注重数据交互。

（3）智能处理　工业物联网是利用云计算、云存储、模糊识别及神经网络等智能技术，对数据和信息进行分析和处理，结合大数据技术深挖数据价值。

（4）自组织与自维护　一个功能完善的工业物联网系统应具有自组织与自维护的功能。其每个节点都要为整个系统提供信息加工结果及决策数据，一旦某个节点失效或数据发生异常或变化，那么整个系统将会自动根据逻辑关系做出相应的调整，因此要求系统全方位互相连通。

4.2.2 工业物联网的系统架构

物联网网络架构由感知层、网络层和应用层组成，如图4-9所示。感知层实现对物理世界的智能感知识别、信息采集处理和自动控制，并通过通信模块将物理实体连接到网络层和应用层。网络层主要实现信息的传递、路由和控制，包括延伸网、接入网和核心网，网络层可依托公众电信网和互联网，也可以依托行业专用通信网络。应用层包括应用基础设施、中间件和各种物联网应用。应用基础设施、中间件为物联网应用提供信息处理、应用集成、云计算等通用基础服务、设施、能力及资源调用接口，以此为基础实现物联网在众多工业领域的各种应用。

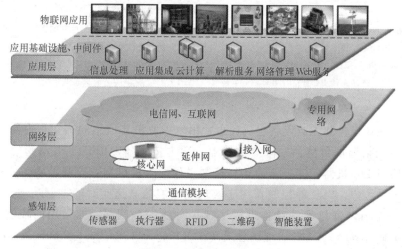

图 4-9　物联网网络架构

在工业环境的应用中，工业物联网与传统的物联网存在以下两个主要的不同点。

1）在感知层中，大多数工业控制指令的下发及传感器数据的上传有实时性的要求。在传统的物联网架构中，数据需要经由网络层传送至应用层，由应用层经过处理后再进行决策，而决策后下发的控制指令需要再次经过网络层，然后到达感知层控制执行过程的进行。由于网络层通常采用的是电信网或互联网，这些网络缺乏实时传输保障，因此在高速率数据采集或者进行实时控制的工业应用场合下，传统的物联网架构并不适用。

2）在现有的工业系统中，不同的企业都有属于自己的一套 SCADA 系统，在工厂范围内实施数据的采集与监视控制，SCADA 系统在某些功能上会与物联网的应用层产生重叠，企业需要如何把现有的 SCADA 系统与物联网技术融合的问题。例如，企业需要确定哪些数据需要通过网络层传送至应用层进行数据分析、哪些数据需要保存在 SCADA 的本地数据库中、哪些数据不应该送达应用层，这些问题往往会涉及部分传感器的关键数据或系统的关键信息，只能由工厂内部处理。

工业物联网的典型系统架构如图 4-10 所示，与传统的物联网架构相比，该架构中增加了现场管理层。现场管理层的作用类似于一个应用子层，可以在较低层次进行数据的预处理，是实现工业应用中的实时控制、实时报警及数据实时记录等功能所不可或缺的层次。

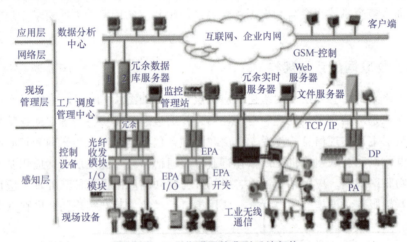

图 4-10 工业物联网的典型系统架构

GSM—Global System for Mobile communication，全球移动通信系统　EPA—在"863"计划的支持下，由浙江大学、清华大学、浙江中控技术公司、大连理工大学、中科院自动化所等单位联合制定，是用于工业测量和控制系统的实时以太网标准　DP—现场总线 DP 是符合 IEC 61784-1：2002 Ed1 CP3/1 标准的开放式总线系统，主要连接智能设备　PA—现场总线 PA 是符合 IEC 61784-1：2002 Ed1 CP3/2 标准的开放式总线系统，主要连接智能仪表

1. 感知层

感知层由现场设备和控制设备组成，主要用于工业机器信息的感知和控制指令的下发。现场设备主要包括温度传感器、湿度传感器、压力传感器、RFID、电动阀门、变送器等，这些设备直接与工业机器相连，作为感知控制过程的末梢机构。控制设备主要指 PLC 等控制器，在工业系统中，PLC 等控制器用于实现较底层的高速实时的控制功能，对于工业控制尤为重要。控制设备与现场设备组成了现场总线控制网络，如常用的控制器局域网络（Controller Area Network，CAN）、现场总线网络（Process Field Bus，Profibus）等。值得一提的是，工业无线传感器网络（Wireless Industry Sensor Network，WISN）作为物联网技术的重要

组成部分，可通过网关与现有的现场总线网络并存。WISN 以其高可靠、低成本、易扩展等优势被广泛应用于感知层的实现中，在环境数据感知、工业过程控制等领域发挥着巨大作用。

2. 现场管理层

现场管理层主要指工厂的本地调度管理中心，如 SCADA 系统。工厂调度管理中心用于进行工业系统的本地管理并提供工业数据的对外接口，一般包括工业数据库服务器、监控服务站、文件服务器及 Web 服务器等设备。现场管理层作为传统物联网系统架构不具备的层次，在工业物联网系统中起着重要作用。现场管理层融合了现有的工业监控系统，它的存在使得来自感知层的部分关键工业数据能得到及时的记录与处理，对于一些对实时性有要求的较底层的过程控制指令，它能快速响应，及时做出控制决策。另一方面，现场管理层发挥对外提供数据接口的作用，通过数据库服务器及 Web 服务器，调度管理中心可以把来自工厂内部的数据通过网络层发布到应用层，应用层可以直接访问不同工业机器上的感知信息，便于进行进一步的数据分析工作。

3. 网络层

网络层利用电信网或以太网，为工厂的本地数据库与远端数据分析中心搭建起传输通道，使得数据可以随时随地进行传输。

4. 应用层

应用层是工业物联网的最终价值体现者。应用层针对工业应用的需求，与行业专业技术深度融合，利用大数据技术对来自于感知层的数据进行分析，主要包括对生产流程的监控、对工业机器运行状况的跟踪、记录等，最终产生对企业、行业发展有指导意义的结果，如优化生产流程、指导生产管理、提高经营效率、预测行业发展等，实现广泛的智能化。不同的企业之间能互相共享大数据的分析处理结果，因而有益于促进企业间协同生产、优化社会产业结构、提高社会整体生产力。

在各个层次之间，数据信息可以双向交互传递。例如，应用层对生产流程进行优化后，可以产生相应的控制指令，并反向作用于感知层的传感器和控制器，使相关工业机器能按照优化后的作业流程开展生产过程，实现智能化生产。

4.2.3　工业物联网的关键技术

工业物联网技术的研究是一个跨学科的工程，工业物联网的广泛应用需要解决众多关键技术问题，主要涵盖传感器技术、设备兼容技术、网络技术、信息处理技术、安全技术、边缘和云计算等多个方向。

（1）传感器技术　价格低廉、性能良好的传感器是工业物联网应用的基石，工业物联网的发展常要更准确、更智能、更高效及兼容性更强的传感器技术作为支撑。智能数据采集技术是传感器技术发展的一个重要方向。

信息的泛在化对工业传感器和传感装置提出了更高的要求，例如，要求元器件小型化、微型化，实现资源与能源的节约；设备应更加智能化，具备自校准、自诊断、自学习、自决策、自适应和自组织等智能化特性；采用低功耗与能量获取技术，供电方式朝靠电池、阳光、风、温度、振动供电等多种方式发展。

（2）设备兼容技术　大部分情况下，企业会基于现有的工业系统建造工业物联网，如何实现工业物联网中所用的传感器与已应用在原有设备中的传感器相兼容是工业物联网推广所面临的问题之一。

　　传感器兼容需要满足数据格式的兼容与通信协议的兼容，兼容关键是标准的统一。目前，工业现场网络中普遍采用的 Profibus、Modbus（Modicon bus，Modicon 公司发明的一种串行通信协议）等协议，已经较好地解决了兼容性问题，大多数工业设备生产厂商基于这些协议开发了各类传感器、控制器等。近年来，随着工业无线传感器网络应用日渐普遍，当前工业无线传感器网络的 WirelessHART、ISA100.11a 及 WIA-PA 三大标准均兼容了 IEEE802.15.4 无线网络协议，并提供了隧道传输机制兼容现有的通信协议，丰富了工业物联网系统的组成与功能。

　　（3）网络技术　　网络是构成工业物联网的核心之一，数据在系统不同层次之间通过网络进行传输。网络分为有线网络与无线网络，有线网络一般应用于数据处理中心的集群服务器、工厂内部的局域网及部分现场总线控制网络中，能提供高速率、高带宽的数据传输通道。工业无线传感器网络是一种利用无线技术进行传感器组网和数据传输的新兴技术，无线网络技术的应用使工业传感器的布线成本大大降低，有利于传感器进行功能扩展，因此吸引了国内外众多企业和科研机构的关注。

　　传统的有线网络技术较为成熟，在众多工业场合已得到了应用验证。而无线网络技术应用于工业环境中时，会面临工业现场电磁干扰强、开放的无线环境使工业机器更易受攻击和部分控制数据需要实时传输等问题。相对于有线网络，工业无线传感器网络技术正处在发展阶段，主要技术包括自适应跳频、确实性通信资源调度、无线路由、低开销高精度时间同步、网络分层数据加密、网络异常监视与报警以及设备入网鉴权等。

　　（4）信息处理技术　　工业信息数据量呈现爆炸式增长态势，工业生产过程中产生的大量数据对于工业物联网来说是一个挑战，如何有效记录、处理、分析这些数据，提炼出对工业生产有指导性建议的结果，是工业物联网研究的重点和难点。当前业界大数据处理技术有很多，例如，思爱普（SAP）公司的商务信息仓库系统在一定程度上解决了大数据给企业生产运营带来的问题。数据融合和数据挖掘技术的发展也使海量信息处理变得更为智能、高效。

　　工业物联网泛在感知的特点使得人也成为了被感知的对象，通过对环境数据的分析及用户行为的建模，可以实现对设计、制造、管理过程中人-人、人-机和机-机之间的行为、环境和状态感知，分析和建模结果更加真实地反映工业生产过程中的细节变化，以便做出更准确的决策。万物互联意味着海量数据需要实时分析和处理，匹配这种需求，边缘计算结合人工智能技术是一个重要的发展趋势。

　　（5）安全技术　　工业物联网安全主要涉及数据采集安全和网络传输安全，信息安全对企业运营起到关键作用，例如，在煤炭、冶金、石油等行业，数据采集工作需要长时间连续进行，如何在数据采集及传输过程中保证信息的准确性是工业物联网应用于实际生产的需要解决的问题。

　　2010 年爆发的震网（Stuxnet）病毒一度对全球工业界产生了巨大的负面影响，工业物联网的"物-物"相联性在一定程度上会加快病毒的传播，使得在单一节点上受到的威胁迅速扩散到网络中的其他节点上。因此，工业物联网必须采取有效的安全手段提高全网的安全性能，具体包括采取分层的工业数据加密和保护措施，阻止非授权实体识别、跟踪和访问，建立非集中式的认证和信任模型，在异构设备间实现隐私保护，构造适当的物理防火墙等。

4.2.4　工业物联网在智能制造中的应用

　　工业物联网将物联网技术应用于工业领域，实现了物质、能源和信息的有机结合，可以帮助企业实现数字化转型、提高生产效率、降低成本、提高产品质量等。以下是一些工业物联网的应用领域。

（1）制造业供应链管理　企业利用物联网技术，能及时掌握原材料采购、库存、销售等信息，通过大数据分析还能预测原材料的价格变化趋势、供求关系等，有助于完善和优化供应链管理体系，提高供应链效率，降低成本。空中客车公司通过在供应链体系中应用传感网络技术，构建了全球制造业中规模最大、效率最高的供应链体系。

（2）生产过程工艺优化　工业物联网的泛在感知特性提高了生产线过程检测、实时参数采集、材料消耗监测的能力和水平，通过对数据的分析处理可以实现智能监控、智能控制、智能诊断、智能决策、智能维护，提高生产力，降低能源消耗。钢铁企业应用各种传感器和通信网络，在生产过程中实现了对加工产品宽度、厚度、温度的实时监控，提高了产品质量，优化了生产流程。

（3）生产设备监控管理　利用传感技术对生产设备进行健康监控，可以及时跟踪生产过程中各机器设备的使用情况，通过网络把数据汇聚到设备生产商的数据分析中心进行处理，能有效地进行机器故障诊断、预测，快速、精确地定位故障原因，提高维护效率，降低维护成本。GEOil&Gas集团在全球建立了13个面向不同产品的i-Center（综合服务中心），通过传感器和网络对设备进行了在线监测和实时监控，并提供了设备维护和故障诊断的解决方案。

（4）环保监测及能源管理　工业物联网与环保设备的融合可以实现对工业生产过程中产生的各种污染的实时监控，以及对污染治理环节关键指标的实时监控。在化工、轻工、火电厂等企业部署传感器网络，不仅可以实时监测企业排污数据，而且可以通过智能化的数据报警系统及时发现排污异常并停止相应的生产过程，防止突发性环境污染事故发生。电信运营商已开始推广基于物联网的污染治理实时监测解决方案。

（5）工业安全生产管理　安全生产是现代化工业中的重中之重。工业物联网技术通过把传感器安装到矿山设备、油气管道、矿工设备等危险作业环境中，可以实时监测作业人员、设备机器及周边环境等方面的安全状态信息，全方位获取生产环境中的安全要素，将现有的网络监管平台提升为系统、开放、多元的综合网络监管平台，有效保障工业生产安全。

总之，工业物联网的应用领域非常广泛，其核心是通过物联网技术实现信息化、智能化的生产管理，提高企业效率和盈利能力。

4.3　工业大数据

近年来，随着互联网、物联网、云计算等信息技术与通信技术的迅猛发展，数据量的暴涨成为许多行业共同面对的严峻挑战和宝贵机遇。随着制造技术的进步和现代化管理理念的普及，制造企业的运营越来越依赖信息技术。如今，制造业的整个价值链、制造业产品的整个生命周期，都涉及诸多数据。本节将介绍工业大数据的概念特征、工业大数据的来源及种类、工业大数据与智能制造的关系、工业大数据技术、工业大数据在智能制造中的应用。

4.3.1　工业大数据概述

1. 工业大数据的概念

工业大数据是指在工业领域中，围绕典型智能制造模式，从客户需求到销售、订单、计划、研发、设计、工艺、制造、采购、供应、库存、发货和交付、售后服务、运维、报废或回收、再制造等产品全生命周期各个环节所产生的各类数据及相关技术和应用的总称。它以产品数据为核心，极大拓展了传统工业数据范围，同时还包括工业大数据相关技术和应用。

2. 工业大数据的特征

工业大数据具有一般大数据的特征（容量大、种类多、速度快和价值密度低外），还具有高准确性、闭环性等特征。

1）容量：数据容量的大小决定所考虑的数据的价值和潜在的信息。工业数据体量比较大，大量机器设备的高频数据和互联网数据持续涌入，大型工业企业的数据集将达到 PB 级$^{\ominus}$，甚至 EB 级$^{\ominus}$。

2）种类：种类指数据类型的多样性和多来源性。工业数据广泛分布于机器设备、工业产品、管理系统、互联网等各个环节。工业数据结构复杂，既有结构化和半结构化的传感数据，也有非结构化数据。

3）速度：速度是指获得和处理数据的速度。工业数据处理速度需求多样，生产现场级要求时间响应达到毫秒级，管理与决策应用需要支持交互式或批量数据分析。

4）价值性：工业大数据更加强调用户价值驱动和数据本身的可用性，包括提升创新能力和生产经营效率，以及促进个性化定制、服务化转型等智能制造新模式变革。

5）准确性：主要指数据的真实性、完整性和可靠性，更加关注数据质量，以及处理、分析技术和方法的可靠性。工业大数据对数据分析的置信度要求较高，仅依靠统计相关性分析不足以支撑故障诊断、预测预警等工业应用，需要将物理模型与数据模型结合，挖掘因果关系。

6）闭环性：在产品全生命周期横向过程中，需要保证数据链条的封闭和关联；在智能制造纵向数据采集和处理过程中，需要支撑状态感知、分析、反馈、控制等闭环场景下的动态持续调整和优化。

3. 工业大数据与传统数据的区别与联系

表 4-1 列出了工业大数据与传统数据的区别与联系。

表 4-1 工业大数据与传统数据的区别与联系

项目	工业大数据	传统数据
数据量	TB 级或 PB 级以上	GB 级或 TB 级
数据增速	持续实时产生数据,年增长量在 60% 以上	数据量稳定,增长不快
多样化	结构化数据、半结构化数据、非结构化数据	结构化数据
使用场景	数据挖掘、预测性分析等	统计和报表
分析工具	Python、R 语言、Spark 等	Excel 等

4.3.2 工业大数据的种类

1. 按照数据来源分类

工业大数据按照数据来源不同，可分为以下三类。

$\ominus$ PB、EB 均为数据存储容量的单位，1PB ＝ 1024TB，1EB ＝ 1024PB。

1）生产经营相关业务数据：主要来自传统企业信息化范围，被收集并存储在企业信息系统内部，包括传统工业设计和制造类软件、ERP、PLM、SCM、CRM 和环境管理系统（EMS）等企业信息系统中累积的大量的产品研发数据、生产型数据、经营性数据、客户信息数据、物流供应数据及环境数据。此类数据是工业领域传统的数据资产，在移动互联网等新技术应用环境下正在逐步扩大范围。

2）设备物联数据：主要指工业生产设备和目标产品在物联网运行模式下，实时产生并被收集到的涵盖操作和运行情况、工况状态、环境参数等体现设备和产品运行状态的数据。此类数据是工业大数据新的、增长最快的数据来源。狭义的工业大数据是指该类数据，即工业设备和产品快速产生的存在时间序列差异的大量数据。

3）外部数据：指与工业企业生产活动和产品相关的企业外部的来源于互联网的数据，如评价企业环境绩效的环境法规、预测产品市场的宏观社会经济数据等。

2. 按照产生数据的主体对象分类

工业大数据按照产生数据的主体对象不同，可分为以下四类。

1）产品数据：包括设计、建模、工艺、加工、测试、维护等，以及产品结构、零部件配置关系、变更记录等与产品相关的数据。

2）运营数据：包括组织结构、业务管理、生产设备、市场营销、质量控制、库存管理、目标计划、电子商务等运营过程中产生的数据。

3）价值链数据：包括客户、供应商、合作伙伴等价值链要素相关的数据。

4）外部数据：包括经济运行数据、行业数据、市场数据、竞争对手数据等。

此外，还有个性化定制数据，工业大数据系统还需通过网络协同，配置各方资源、组织生产并管理更多各类有关数据。

4.3.3　工业大数据与智能制造

工业大数据能够让制造流程更加完善，日常管理更加全面，制造企业也能够通过工业大数据创新产品、优化运营与服务，进一步推动我国工业完成现代化改革。大数据并不是目的，而是看待问题的途径和解决问题的手段，通过大数据分析，完成预测需求、预测制造、解决和避免不可见问题的风险，同时，利用大数据整合产业链和价值链。

工业大数据与智能制造之间的关系如图 4-11 所示，包括问题、数据、知识模型三个重要元素。

图 4-11　工业大数据与智能制造的关系

1）问题：制造系统中存在各种显性或隐性的问题，如质量缺陷、精度缺失、设备故障、加工失效、性能下降、成本高、效率低等。

2）数据：在获取数据时以问题为导向，以解决和避免问题为目的，从制造系统的人员、机器、物料、方法、测量要素中获得的数据。

3）知识模型：知识是制造系统的核心，是大数据分析师迅速获取和积累知识的手段。

因此，工业大数据和智能制造之间的关系为：制造系统中问题的产生、发现和解决的过程中会产生大量的数据，通过对大数据的分析和挖掘得到相关的信息，可以了解问题产生的原因、造成的影响和解决的方式；当这些信息被抽象化建模后转化成知识，再利用知识去认识、解决和避免问题。当这个过程能自发、自动地进行时，即实现了智能制造。从此关系中可以看出，解决问题和获取知识是目的，而处理数据则是一种手段。在制造系统和商业环境变得日益复杂的今天，需要利用大数据去推动智能制造，以加速问题解决和知识积累是更加高效和便捷的方式。

4.3.4 工业大数据的关键技术

工业大数据技术是指工业大数据中所蕴含的价值得以挖掘和展现的一系列技术与方法，包括数据规划、采集、预处理、存储、分析、挖掘、可视化和智能控制等。工业大数据技术的研究与突破，其本质目标就是从复杂的数据集中发现新的模式与知识，挖掘得到有价值的新信息，从而促进制造企业进行产品创新，提升经营水平和生产运作效率，以及拓展新型商业模式。

1. 工业大数据技术架构

围绕工业大数据的全生命周期，《工业大数据白皮书（2019 版）》提出了工业大数据技术参考架构，如图 4-12 所示。

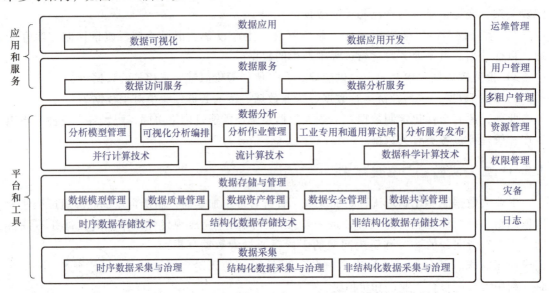

图 4-12 工业大数据技术参考架构（来源：中国电子技术标准化研究院）

工业大数据技术参考架构以工业大数据的全生命周期为主线，从纵向维度分为平台和工具域和应用和服务域。平台和工具域主要面向工业大数据采集、存储与管理、分析等关键技术，提供多源、异构、高通量、强机理的工业大数据核心技术支撑；应用和服务域则基于平台和工具域提供的技术支撑，面向智能化设计、网络化协同、智能化生产、智能化服务、个性化定制等多场景，通过可视化、应用开发等方式，满足用户应用和服务需求，实现价值变现。

工业大数据技术参考架构从技术层级上具体划分为数据采集层、数据存储与管理层、数据分析层、数据服务层和数据应用层，此外，运维管理层也是工业大数据技术参考架构的重要组成，贯穿从数据采集到最终服务、应用的全环节，为整个体系提供管理支撑和安全保障。

1）数据采集层：包括时序数据采集与治理、结构化数据采集与治理和非结构化数据采集与治理功能。海量工业时序数据具有7×24小时持续发送、存在峰值和滞后等波动、质量问题突出等特点，需要构建前置性数据治理组件与高性能时序数据采集系统。针对结构化与非结构化数据，需要构建同时兼顾可扩展性和处理性能的数据采集系统。数据采集层的数据源主要包括企业生产经营相关的业务数据、实时或批量采集的设备物联数据和从外部获取的第三方数据。

2）数据存储与管理层：包括大数据存储技术和管理功能。利用大数据分布式存储技术，完成在性能和容量上都能线性扩展的时序数据存储、结构化数据存储和非结构化数据存储等。基于以上存储技术并结合工业大数据在数据建模、资产沉淀、开放共享等方面的特殊需求，构建数据模型管理、数据质量管理、数据资产管理、数据安全管理和数据共享管理技术体系。

3）数据分析层：包括基础大数据计算技术和大数据分析服务功能。其中，基础大数据计算技术包括并行计算技术、流计算技术和数据科学计算技术。在此之上，构建完善的大数据分析服务功能来管理和调度工业大数据，通过数据建模、计算、分析形成知识积累，以实现工业大数据面向生产过程、产品、新业态新模式、管理及服务等智能化领域的数据分析。大数据分析服务功能包括分析模型管理、可视化分析编排、分析作业管理、工业专用和通用算法库和分析服务发布。

4）数据服务层：是利用工业大数据技术对外提供服务的功能层，提供平台各类数据源与外界系统和应用程序的访问共享接口，目标是实现工业大数据平台的各类数据与数据应用和外部系统的对接集成，包括数据访问服务和数据分析服务。其中，数据访问服务对外提供大数据平台内所有原始数据、加工数据和分析结果数据的服务化访问接口和功能；数据分析服务对外提供大数据平台上积累的实时流处理模型、机理模型、统计模型和机器学习模型的服务化接口。

5）数据应用层：主要面向工业大数据的应用技术，包括数据可视化技术和数据应用开发技术。综合原始数据、加工数据和分析结果数据，利用可视化技术，将多来源、多层次、多维度数据以更为直观简洁的方式展示出来，易于用户理解分析，提高决策效率。综合利用微服务开发框架和移动应用开发工具等，基于工业大数据管理、分析技术快速实现工业大数据应用的开发与迭代，构建面向实际业务需求的、数据驱动的工业大数据应用，实现提质、降本、增效。数据应用层通过生成可视化、告警、预测决策、控制等不同的应用，从而实现智能化设计、智能化生产、网络化协同制造、智能化服务和个性化定制等典型的智能制造模式，并将结果以规范化数据形式存储下来，最终构成从生产物联设备层级到控制系统层级、车间生产管理层级、企业经营层级、产业链的企业协同运营管理的持续优化闭环。

2. 工业大数据技术

（1）工业大数据采集技术　工业大数据采集以传感器为主要采集工具，结合RFID、条码扫描器、生产和监测设备、工业PDA（Personal Digital Assistant，个人数字助理）、人机交互、智能终端等手段采集制造领域多源、异构数据信息，并通过互联网或现场总线等技术实现原始数据的实时准确传输。工业大数据分析往往需要更精细化的数据，因此对数据采集能力有着较高的要求。例如，高速旋转设备的故障诊断需要分析高达每秒千次采样的数据，要求无损全时采集数据。通过故障容错和高可用架构，即使在部分网络、机器故障的情况下，仍保证数据的完整性，杜绝数据丢失。同时还需要在数据采集过程中自动进行校验数据类型和格式、异常数据分类隔离、提取和报警等实时处理。

在数据传输方面，工业大数据的采集主要是通过 PLC、SCADA、DCS 等系统从机器设备实时采集数据，也可以通过数据交换接口从实时数据库等系统以透明传输或批量同步的方式获取物联网数据。同时还需要从业务系统的关系型数据库、文件系统中采集所需的结构化与非结构化业务数据。针对海量工业设备产生的时序数据，如设备传感器指标数据、自动化控制数据，需要面向高吞吐、7×24 小时持续发送且可容忍峰值和滞后等波动的高性能时序数据采集系统。针对结构化与非结构化数据，需要同时兼顾可扩展性和处理性能的实时数据同步接口与传输引擎。针对仿真过程数据等非结构化数据具有的文件结构不固定、文件数量巨大等特点，需要元数据自动提取与局部性优化存储策略，面向读、写性能优化的非结构化数据采集系统。

（2）工业大数据存储与管理技术　工业大数据存储与管理技术是针对工业大数据具有多样性、多模态、高通量和强关联等特性，研发的面向高吞吐量存储、数据压缩、数据索引、查询优化和数据缓存等能力的关键技术，主要包括对多源异构数据和多模态数据存储与管理。

1）多源异构数据：多源异构数据是指数据源不同、数据结构或类型不同的数据集合。多源异构数据管理需要从系统角度，针对工业领域涉及的数据在不同阶段、不同流程呈现多种模态（关系、图、键值、时序、非结构化）的特点，研制不同的数据管理引擎（数据库），以实现对多源异构数据的高效采集、存储和管理。

2）多模态数据：针对工业领域在研发、制造和服务各个周期产生的多模态数据，如核心工艺参数、检测数据、设备监测数据等，及其存储分散、关系复杂的现状，需要实现统一数据建模，定义数字与物理对象模型，完成底层数据模型到对象模型映射。在多模态数据集成模型的基础上，根据物料、设备及其关联关系，按照分析、管理的业务语义，实现多模态数据的一体化查询、多维分析，构建虚实映射的全生命周期数据融合模型。在多模态数据集成模型基础上，针对多模态数据在语义与数据类型上的复杂性，实现语义模糊匹配技术的异构数据一体化查询。

（3）工业大数据分析技术　工业大数据具有实时性高、数据量大、密度低、数据源异构性强等特点，而且工业过程要求工业分析模型的精度高、可靠性高、因果关系强，这导致工业大数据的分析不同于其他领域的大数据分析，通用的数据分析技术往往不能解决特定工业场景的业务问题。工业数据的分析需要融合工业机理模型，以"数据驱动+机理驱动"的双驱动模式来进行工业大数据的分析，主要包括时序模式分析技术、工业知识图谱技术、多源数据融合分析技术。

1）时序模式分析技术：传感器数据的很多重要信息是隐藏在时序模式结构中，只有分析出其结构模式，才能构建一个效果稳定的数据模型。针对时序模式数据的时间序列类算法主要分六个方面：①时间序列的预测算法，如 ARIMA、GARCH 等；②时间序列的异常变动模式检测算法，包含基于统计的方法、基于滑动窗口的方法等；③时间序列的分类算法，包括 SAX 算法、基于相似度的方法等；④时间序列的分解算法，包括时间序列的趋势特征分解、季节特征分解、周期性分解等；⑤时间序列的频繁模式挖掘、典型时序模式智能匹配算法（精准匹配、形状匹配、仿射匹配等），包括 MEON 算法、基于 motif 的挖掘方法等；

⑥时间序列的切片算法，包括 AutoPlait 算法、HOD-1D 算法等。

2）工业知识图谱技术：针对维修工单、工艺流程文件、故障记录等文本类非结构化数据，数据分析领域已经形成了成熟的通用文本挖掘类算法，包括分词算法（POS tagging、实体识别）、关键词提取算法（TD-IDF）、词向量转换算法、词性标注算法（CLAWS、VOLSUN-GA）、主题模型算法（如 LDA）等。但在工业场景中，这些通用的文本分析算法，由于缺乏行业专有名词（专业术语、厂商、产品型号、量纲等）、语境上下文（包括典型工况描述、故障现象等），分析效果欠佳。这就需要构建特定领域的行业知识图谱（即工业知识图谱），并将工业知识图谱与结构化数据图语义模型融合，实现更加灵活的查询和一定程度上的推理。

3）多源数据融合分析技术：多源数据融合分析技术主要包括统计分析算法、深度学习算法、回归算法、分类算法、聚类算法、关联规则等。可以通过不同的算法对不同的数据源进行独立的分析，并通过对多个分析结果的统计决策或人工辅助决策，实现多源融合分析。也可以从分析方法上实现融合，例如，通过非结构化文本数据语义融合构建具有制造语义的知识图谱，完成其他类型数据的实体和语义标注，通过图模型从语义标注中找出跨领域本体间的关联性，可以用于识别和发现工业时序数据中时间序列片段对应的文本数据（维修报告）上的故障信息，实现对时间序列的分类决策。

3. 大数据分析工具

常用的大数据分析工具见表 4-2。

表 4-2 常用的大数据分析工具

类型	工具	特点
数据可视化	Tableau	可创建各种地图、图表等可视化元素
数据处理	IBMWatson Analytics	结合机器学习提供科学帮助
	Hadoop	对大量数据进行分布式处理的软件框架
数据清洗	Storm	一个分布式的实时计算系统
	OpenRefine	一款用于清理凌乱数据的开源工具
	DataCleaner	可将半结构化数据集转换成数据可视化工具可用的数据集
数据挖掘	RapidMiner	提供数据挖掘技术和库，可视化界面友好
	IB MS PSSModeler	包括 5 个数据挖掘产品的套件，面向企业级高级分析
数据存储和管理	MangoDB	适用于管理非结构化数据

制造业应结合实际生产需求，构建工业大数据平台。首先，要建立完善的全量系统数据平台，对数据实施采集、分类、格式化等操作，分析数据的来源，并对各项工具、方法、设备、协议等进行解析。其次，要构建数据管控体系，以元数据管理为核心内容，强化对数据的治理工作。最后，要构建混合架构、分级存储的数据仓库，融合批处理引擎、流式处理引擎、大规模并行处理引擎等，进而形成有效的数据资产。

4.3.5 工业大数据在智能制造中的应用

1. 高级计划与排程

高级计划与排程（Advanced Planning and Scheduling, APS）是一种包含了大量数学模型、智能优化和模拟仿真技术的先进计划与排程工具。迄今为止，国际上对它还没有一种明确的定义，美国运营管理协会将其定义为：任何能够利用高级算法来实现有限能力调度、资源计划、预测和需求管理的优化仿真程序，该程序能实现在满足生产工艺和资源约束的前提下，提供实时计划与调度、决策支持、可承诺交货量和可承诺交货等功能。

APS 的主要特点包括以下几点：

1）考虑多种约束。基于规则，将各种影响生产的条件考虑在内，制订合理的生产计划，确保参数的同步性、计划的有效性。

2）可有效控制库存。库存是制造业生产管理的重要因素，降低库存就可以降低成本。

3）人机结合。APS 是帮助人进行决策，按照人给出的条件和要求得出合理排程。

在企业信息管理中，ERP 系统主要支持财务、采购和销售管理，MES 则主要负责作业、质量和库存管理等，APS 系统根据 ERP 系统的长期计划和完整数据制订每日详细生产计划，根据 MES 采集的数据信息，制订最新排程计划，因此，APS 系统能弥补 ERP 系统和 MES 功能上的不足。

APS 为企业带来的优势表现在以下方面。

1）协同模式的生产计划制订可以大幅减少所要花费的时间，提高企业对新订单的快速反应能力。

2）算法的精确性保证了生产计划的准确性，能够降低企业因制订生产计划出现错误而不得不遭受的损失。

3）由于 APS 系统能够精确制订相应的生产计划，物料信息是精确的，制订计划的完成时间是根据产品的交付日期而定的，生产的产品一般可以直接交货而不需要入库存储，所以可以大幅降低原材料和制成品的库存压力。

4）可以优化企业对生产资料的利用率，基本消除停工期，将延期交货的可能性降到最低；

5）管理人员只需要按一定的格式输入加工信息和生产资料信息，就可以迅速制订生产计划，大幅降低企业制订生产计划的难度和工作量，降低企业的人力资源成本。

6）全面提升企业的管理水平、生产效率和客户对企业的满意程度。

7）使得企业能够对整个供应链进行有效掌控，为企业扩大生产规模提供了可能。

2. 产品生命周期管控

当前众多企业通过两化融合在产品生命周期管控方面进行积极探索，在产品需求识别、产品设计、工艺设计、生产制造、售后服务、回收处理等业务环节引入并应用数字化工具，对产品有关数据进行全生命周期的管理与维护。产品生命周期管控需要产品设计、工艺设计、生产制造、售后服务等环节之间的产品数据关联、传递和共享，实现设计 BOM、工艺 BOM、制造 BOM 的数据一致性和协同维护。并在此基础上开展各环节业务集成，开展从产品设计、工艺设计、生产制造到售后服务等过程的同步管理，建立全过程并行的研发制造模式，强化各环节的产品状态信息跟踪和反馈，基于对产品全生命周期的信息利用优化产品设计，提升产品全生命周期的一体化管控能力，开展交互式协同研发，丰富面向用户的增值服务等。

1）工艺设计与售后服务数字化。作为连接产品设计与生产制造之间的桥梁，工艺设计存在加工方式纷繁复杂、个性化程度高，工序设计和工艺规程设计等标准化程度低、复杂度高等问题，此外，售后服务管理不够全面，在一定程度上制约了产品创新及服务优化。企业管理信息化升级能够为产品工艺设计与售后服务带来产品模块化设计、预装配模型建立、产品性能数字化验证和仿真分析、工艺过程动态仿真与优化，以及加工、装配、在制品物流等全过程信息跟踪与管控等，构建以用户为中心的平台化、网络化、智能化备件体系和用户服务体系。

2）缩短创新周期，提高创新能力。产品研发创新能力是企业可持续发展的核心原动力，信息通信技术在产品全生命周期各环节的应用不断深入与延展，能够帮助企业实现产品全生命周期一体化管控，打通产品全生命周期各环节间产品数据互联的通道，实现产品全生命周期业务集成，有助于变革研发组织模式，优化新产品研发设计流程，简化产品设计验证过程。基于工艺和制造环节的数据反馈可以动态优化产品设计，降低新产品研发设计的错误率，缩短产品设计变更周期，使得新产品研发时间更加可控。与仅在产品更换季开展数字化工具深度应用的企业相比，那些实现产品全生命周期各环节间业务集成的企业的新产品研发周期进一步缩短，持续提高产品创新能力，促进产品升级换代，扩大新产品供给，快速满足市场的多样性需求。

3. 供应链集成

基于信息化开展供应链管理，整合优化供应链上下游的物流、信息流及资金流，提高供应链协同运作水平，是企业获取竞争优势的重要途径。现阶段，大多数企业致力于通过信息技术的应用对供应链的物料采购、原材料库存管理、生产管理、产品库存管理、产品销售、产品配送六个主要环节进行精细管理及模式创新，推动供应链集成管控及协同运作，实现精准采购、定制生产及精准配送，不断提升敏捷精准供应能力和供需匹配水平。

1）实现精准采购、定制生产与精准配送。供应链采购、生产、库存、销售及配送等关键环节的有效集成，可以推动企业实现信息流、物流、资金流的统一管理，实现企业内部产、供、销集成运作。在此基础上，供应链、配套厂商、客户等上下游各主体之间的无缝对接、资源共享和业务协同，可有效实现精准采购、定制生产及精准配送，显著提高供应能力。通过生产计划、物料需求计划、采购计划、原材料库存管理、生产管理、产品库存管理、销售管理的有效集成，可根据客户需求的变化及时做出调整，实现生产与物流的合理调度和安排，按时按需进行精准配送。

2）提高按时交货率和库存资金周转率。供应链集成运作水平的提升，有助于实现企业内部供应链集成和跨企业间产业链协同，有助于企业建立精准采购、定制生产、精准配送等生产模式，增强企业按照客户订单进行精细化、柔性化生产组织的能力，显著提高企业按期交货率、库存资金周转率，且随着供应链运营能力的提高，按期交货率、库存资金周转率会持续提升。

总之，随着信息技术与工业企业的融合，工业大数据在制造企业中的应用范围更广，在智能制造领域中，工业大数据的价值更高。对工业大数据进行分析能够为企业提供各方面的数据支持，包括用户需求、产品创新及生产过程控制。工业大数据的应用是智能制造企业发展的大方向，企业必须予以高度重视，完善挖掘与采集设备，完善数据分析处理技术，利用大数据分析推动制造企业稳定发展。

4.4 信息物理系统

4.4.1 信息物理系统概述

信息物理系统（CPS）是控制系统、嵌入式系统的扩展与延伸，相关底层理论技术源于对嵌入式技术的应用与提升。然而，随着信息化和工业化的深度融合发展，传统嵌入式系统中解决物理系统相关问题所采用的单点解决方案已不能满足新一代生产装备信息化和网络化的需求，急需对计算、感知、通信、控制等技术进行更为深度的融合。因此，在云计算、新型传感、通信、智能控制等新一代信息技术的迅速发展与推动下，CPS顺势出现。

1. 信息物理系统的产生

信息物理系统（Cyber-Physical Systems，CPS）这一术语，最早由美国国家航空航天局（NASA）于1992年提出。2006年，美国国家科学基金会（NSF）组织召开了国际上第一个关于CPS的研讨会，并对CPS这一概念进行了详细描述。此后美国政府、学术界和产业界高度重视CPS的研究和应用推广，并将CPS作为美国抢占全球新一轮产业竞争制高点的优先议题。

2013年，德国《工业4.0实施建议》将CPS作为工业4.0的核心技术，并在标准制定、技术研发、验证测试平台建设等方面做出了一系列战略部署。CPS因控制技术而起、信息技术而兴，随着制造业与互联网融合迅速发展壮大，正成为支撑和引领全球新一轮产业变革的核心技术体系。

《中国制造2025》提出，"基于信息物理系统的智能装备、智能工厂等智能制造正在引领制造方式变革"，要围绕控制系统、工业软件、工业网络、工业云服务和工业大数据平台等，加强信息物理系统的研发与应用。当前，《中国制造2025》正处于全面部署、加快实施、深入推进的新阶段，面对信息化和工业化深度融合进程中不断涌现的新技术、新理念、新模式，迫切需要研究信息物理系统的背景起源、概念内涵、技术要素、应用场景等。

2. 信息物理系统的概念

通过对现有各国科研机构及学者的观点进行系统全面研究，中国信息物理系统发展论坛编写并发布的《信息物理系统白皮书（2017）》给出了对CPS的定义，"信息物理系统通过集成先进的感知、计算、通信、控制等信息技术和自动控制技术，构建了物理空间与信息空间中人、机、物、环境、信息等要素相互映射、适时交互、高效协同的复杂系统，实现系统内资源配置和运行的按需响应、快速迭代、动态优化"。

白皮书中，把CPS定位为支撑信息化和工业化两化深度融合的一套综合技术体系，这套综合技术体系包含硬件、软件、网络、工业云等一系列信息通信和自动控制技术，这些技术的有机组合与应用，构建起一个能够将物理实体和环境精准映射到信息空间并进行实时反馈的智能系统，作用于生产制造全过程、全产业链、产品全生命周期，重构制造业范式。

CPS是一个综合计算、网络和物理环境的多维复杂系统，它通过3C（Computer、Communication、Control，即计算机、通信、控制）技术的有机融合与深度协作，实现对大型工程系统的实时感知、动态控制和信息服务。通过人机交互接口实现计算进程与物理进程的交互，利用网络化空间以远程、可靠、实时、安全、协作的方式操控一个物理实体。从本质上说，CPS是一个具有控制属性的网络。CPS是物联网的升级和发展，其中所有网络节点、计算、通信模块和人都是系统中的一部分，如图4-13所示。

通过CPS可以实现如下突破。

1）消除物理世界和虚拟世界的差异，使被原子形态捆绑的物理世界的潜能得以释放，可以像基于比特的虚拟世界一样无拘无束，具有更高的自由度。业务可以广泛协同，数据可以随需传递，资源可以整合共享。

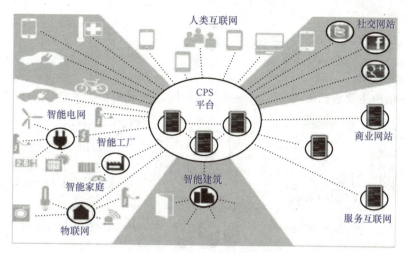

图 4-13　信息物理系统平台

2）打破企业内、企业间和全产业链的连接壁垒，打破人、机器、物料、产品之间的连接壁垒，充分释放整个工业体系潜能。

3）进一步打破工业与商业之间的壁垒，实现向以客户为中心（客厂模式）、个性化量产及工业服务化等模式转型。

用一句话来概括，CPS 就是把物理设备接入互联网，让物理设备具有计算、通信、精确控制、远程协调和自我管理的功能，实现虚拟网络世界和现实物理世界的融合。

CPS 是以人、机、物的融合为目标的计算技术系统，可以实现人的控制在时间、空间等方面的延伸，因此，人们又将 CPS 称为"人-机-物"融合系统。

CPS 的本质就是构建一套信息空间与物理空间之间基于数据自动流动的状态感知、实时分析、科学决策、精准执行的闭环赋能体系，更好地应对生产制造、应用服务过程中的复杂性和不确定性，提高资源配置效率，实现资源优化。

在微观上，CPS 通过在物理系统中嵌入计算与通信内核，实现计算进程与物理进程的一体化。计算进程与物理进程通过反馈循环方式相互影响，嵌入式计算机与网络对物理进程可靠、实时和高效地监测、协调与控制。

在宏观上，CPS 是由运行在不同时间和空间范围的、分布式的、异构的系统组成的动态混合系统，包括感知、决策和控制等各种不同类型的资源和可编程组件。各个子系统之间通过有线或无线通信技术，依托网络基础设施相互协调工作，实现对物理工程系统的实时感知、远程协调、精确与动态控制和信息服务。

CPS 发展的聚焦点在于研发将感知、计算、通信和控制能力深度融合的网络化物理设备系统。从产业角度看，CPS 的涵盖范围小到智能家庭网络、大到工业控制系统乃至智能交通系统等国家级甚至世界级的应用。更为重要的是，这种涵盖并不仅是将现有的设备简单地连在一起，还会催生出众多具有计算、通信、控制、协同和自治性能的设备，下一代工业将建立在信息物理系统之上。

随着 CPS 技术的发展和普及，使用计算机和网络实现功能扩展的物理设备将无处不在，并推动工业产品和技术的升级换代，极大地提高汽车、航空航天、国防、工业自动化、健康医疗设备、重大基础设施等主要工业领域的竞争力。CPS 不仅会催生出新的工业，甚至会重塑现有产业布局。

4.4.2 信息物理系统的体系结构和特征

1. CPS 体系结构

CPS 体系结构主要包括决策层、网络层和物理层，如图 4-14 所示。

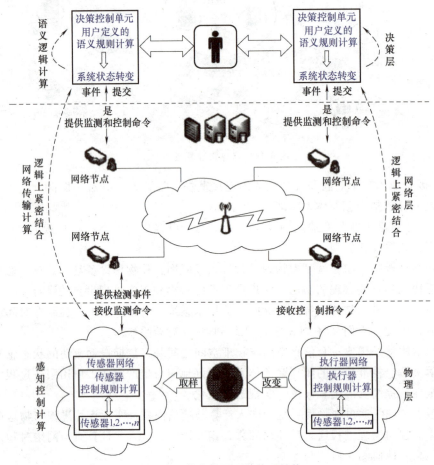

图 4-14 信息物理系统体系结构

决策层通过语义逻辑计算，实现用户、感知和控制系统之间的逻辑耦合；网络层通过网络传输计算，连接 CPS 在不同空间与时间的子系统；物理层主要是由传感器、控制器和采集器等设备组成，它体现的是感知与控制计算，是 CPS 与物理世界的接口。

CPS 的基本组件包括传感器、执行器和决策控制单元。其中，传感器和执行器都是嵌入式设备，传感器能够监测、感知外界的信号、物理条件（如光、热）或化学组成（如烟雾）；执行器能够接收控制指令，并对受控对象施加控制作用；决策控制单元是一种逻辑控制设备，能够根据用户定义的语义规则生成控制逻辑。

传感器作为 CPS 中的末端设备，可视为 CPS 中的重要组成部分之一。在现实环境中，大量的传感器以无线通信方式自组织形成网络，协同完成对物理环境或物理对象的监测感知，在传感器网络对感知数据完成数据融合处理后，将得到的信息通过网络基础设施传递给决策控制单元，决策控制单元与执行器通过网络分别实现协同决策与协同控制。

CPS是运行在不同时间和空间范围的闭环（多闭环）系统，且感知、分析、决策和执行子系统大多不在同一位置。逻辑上紧密耦合的基本功能单元共同依存拥有强大计算资源和数据库的网络基础设施，因此才能够实现本地或远程监测，并影响物理环境。

2. CPS特征

CPS具有与传统的实时嵌入式系统以及监控与数据采集系统不同的特殊性质。

（1）全局虚拟性、局部物理性　局部物理世界发生的感知和操纵动作，可以跨越整个虚拟网络，并被安全、可靠、实时地观察和控制。

（2）深度嵌入性　嵌入式传感器与执行器使计算深深嵌入到每一个物理组件甚至物质中，使物理设备具备计算、通信、精确控制、远程协调和自治等功能，更使计算成为物理世界的一部分。

（3）事件驱动性　物理环境和对象状态的变化构成"CPS事件"，通过"触发事件→感知→决策→控制→事件"的闭环过程，最终改变物理对象状态。

（4）以数据为中心　CPS各个层级的组件与子系统都围绕数据融合向上层提供服务，数据从物理世界接口到用户不断提升抽象级，最终将全面、精确的事件信息反馈给用户。

（5）时间关键性　物理世界的时间是不可逆转的，因而CPS的应用对时间性有着严格的要求，信息获取和提交的实时性会影响用户的判断与决策，尤其是在重要基础设施领域。

（6）安全关键性　CPS的系统规模与复杂性对信息系统安全提出了更高的要求，尤其是需要理解与防范恶意攻击带来的严重威胁，同时需要注意CPS用户的被动隐私暴露等问题。

（7）异构性　CPS包含了许多功能与结构各异的子系统，各个子系统之间需要通过有线或无线的通信方式相互协调工作，因此，CPS也被称为混合系统或系统的系统。

（8）高可信赖性　物理世界不是完全可预测和可控的，对于意想不到的情况，必须保证CPS的鲁棒性（即健壮和强壮性），同时还须保证其可靠性、高效性、可扩展性和适应性。

（9）高度自主性　组件与子系统都应具备自组织、自配置、自维护、自优化和自保护能力，可以支持CPS完成自感知、自决策和自控制。

（10）领域相关性　在诸如汽车、石油化工、航空航天、装备制造业、民用基础设施等工程应用领域，CPS的研究不仅着眼于其自身，也着眼于这些系统的容错、安全、集中控制等方面，以及社会对它们的设计产生的影响。

4.4.3　信息物理系统的功能架构

CPS的实现方式是多种多样的，本小节仅给出CPS建设的通用功能架构。CPS应围绕感知、分析、决策与执行闭环，面向企业设备运维与健康管理、生产过程控制与优化、基于产品或生产过程的服务化延伸需求建设，并基于企业自身的投入选择数据采集与处理、工业网络互连、软硬件集成等技术方案。

总的来说，功能架构由业务域、融合域、支撑域和安全域构成，业务域是CPS建设的出发点，融合域是解决物理空间和信息空间交互的核心，支撑域提供技术方案，安全域为建设CPS的保障，如图4-15所示。

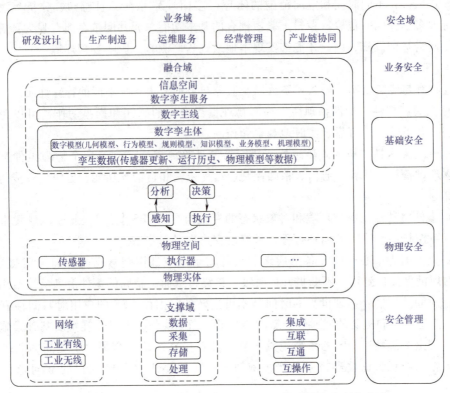

图 4-15 CPS 功能架构（来源：中国电子技术标准化研究院）

1. 业务域

业务域是驱动企业建设 CPS 的关键所在。业务域覆盖企业研发设计、生产制造、运维服务、经营管理、产业链协同等全过程，企业可根据面临的挑战，按业务或按场景梳理分析创值点。

2. 融合域

融合域是企业建设 CPS 的核心，由物理空间、信息空间和两个空间之间的交互对接构成。

物理空间应包括传感器、执行器，以及制造全流程中人、设备、物料、工艺过程和方法、环境等物理实体，是完成制造任务的关键组成要素。

信息空间负责将物理实体的几何、行为、规则、知识、业务、机理等信息进行数字化描述与建模，形成数字孪生体，基于数字主线对物理实体提供映射、监测、诊断、预测、仿真、优化等功能服务。

两个空间之间的交互对接是由感知、分析、决策、执行闭环构成。感知应实现对外界状态数据的获取，将蕴含在物理空间的隐性数据转化为显性数据。分析应对显性数据进行进一步处理，将采集到的数据转化为信息。决策应对信息进行综合处理，是在一定条件下，为达成最终目标做出最优决策。执行是对决策的精准实现，是将决策指令转换成可执行命令的过程，一般由控制系统承载。

3. 支撑域

支撑域由网络、数据和集成三个功能模块构成。

网络为数据在 CPS 中的传输提供通信基础设施，企业应基于需求，选择主流的现场总线、工业无线等协议。

数据包括数据的采集、存储和处理，企业在建设前应面向价值需求，规划采集数据的范围、类型、格式、频率、采集方式等，避免不同解决方案供应商的"模板式"业务系统采集无用数据而导致的存储资源浪费、同一数据多次采集等弊端。

企业 CPS 的建设离不开硬件与硬件、硬件与软件、软件与软件之间的集成，集成方式并无优劣之别，企业可根据规模、复杂度、业务实时性需求等方面选择适宜的集成技术。

4. 安全域

企业建设 CPS 时应考虑数据的保密与安全，可从业务安全、基础安全、物理安全和安全管理等方面出发，分析面临的威胁和挑战，实施安全措施。

4.4.4 信息物理系统的关键技术

1. 感知和自动控制

CPS 在感知和自动控制方面主要使用智能感知技术和虚实融合控制技术。

（1）智能感知技术　传感器技术是智能感知技术的核心，传感器能够探测、感知外界的信号、物理条件或化学组成，并将探知的信息传递给其他装置。

（2）虚实融合控制技术　CPS 虚实融合控制是多层次的"感知-分析-决策-执行"循环，这种循环建立在状态感知的基础上，感知往往是实时进行的，向更高层次同步或即时反馈。虚实融合控制的层次包括嵌入控制、虚体控制、集控控制和目标控制四个层次。

1）嵌入控制：嵌入控制主要针对物理实体进行控制。通过嵌入式软件，从传感器、仪器、仪表或在线测量设备采集被控对象和环境的参数信息而实现"感知"，通过数据处理而"分析"被控对象和环境的状况，通过控制目标、控制规则或模型计算而进行"决策"，向执行器发出控制指令而完成"执行"。不停地进行"感知-分析-决策-执行"的循环，直至达成控制目标。

2）虚体控制：虚体控制是指在信息空间进行的控制计算，主要针对信息虚体进行控制。

3）集控控制：在物理空间，一个生产系统往往由多个物理实体构成，并通过物流或能流连接在一起。在信息空间内，主要通过 CPS 总线进行信息虚体的集成和控制。

4）目标控制：对于生产而言，产品数字孪生的工程数据提供实体的控制参数、控制文件或控制指示，是"目标"级的控制。通过实际生产过程中的结果测量或信息追溯收集到产品数据，进而可以即时比对判断生产是否达成目标。

2. 工业软件

工业软件是指专用于工业领域，为提高工业企业研发、制造、生产、服务与管理水平，以及工业产品使用价值的软件。工业软件通过应用集成能够使生产系统具备数字化、网络化、智能化特征，从而为工业领域提供一个面向产品全生命周期的网络化、协同化、开放式的产品设计、制造和服务环境。

CPS 应用的工业软件技术主要包括嵌入式软件技术和基于模型的定义（MBD）技术等。

（1）嵌入式软件技术　嵌入式软件技术主要通过把软件嵌入到工业装备或工业产品之中，实现采集、控制、通信、显示等功能，达到自动化、智能化控制、监测、管理各种设备和系统运行的目的。嵌入式软件技术是实现 CPS 功能的载体，其紧密结合在 CPS 的控制、通信、计算、感知等各个环节之中。

（2）MBD 技术　MBD 技术采用集成的全三维数字化产品描述方法来完整地表达产品的结构、几何形状、三维尺寸标注和制造工艺等信息，将三维实体模型作为生产制造过程中的唯一依据。MBD 技术保证了 CPS 系统中的产品数据在制造各环节之间的流动。

（3）CAX、MES、ERP 软件技术

1）CAX 软件：CAX 是 CAD、CAM、CAE、CAPP、CAT 等各项技术的总称，CAX 软件是 CPS 信息虚体的载体。通过 CAX 软件，CPS 的信息虚体分布到制造流程之中，从供应链管理、产品设计、生产管理、企业管理等多个维度，提升物理世界中的工厂、车间的生产效率，优化生产工程。

2）MES：MES 是满足大规模定制的需求、实现柔性排程和调度的关键，其主要操作对象是 CPS 信息虚体。信息虚体的相关数据通过 MES 进行收集整合，形成工厂的业务数据，利用工业大数据技术进行分析整合，实现全产业链的数据、流程、信息可视化，达到企业生产最优化、流程最简化、效率最大化、成本最低化和质量最优化的目的。

3）ERP：ERP 系统能够促进所有业务职能之间的信息流动，并管理与外界利益相关者的联系。

3. 工业网络

CPS 中的工业网络技术可以实现信息在现场设备层和企业层之间的顺畅流动。CPS 网络的实现方式，从接入技术来分，主要包括有线网络（如现场总线技术和工业以太网技术）、无线网络以及基于有线和无线网络形成的柔性灵活的工厂网络；从网络类型来分，既有各种智能设备组成的专用协议局域网，也有基于通用 TCP/IP 协议的公共互联网。

4. 工业云和智能服务平台

工业云和智能服务平台利用边缘计算技术、雾计算技术、大数据分析技术等技术进行数据的加工处理，形成对外提供数据服务的能力，并在数据服务基础上提供个性化和专业化智能服务。

4.4.5　信息物理系统在智能制造中的应用

目前，CPS 在工业领域受到广泛关注，本小节选取智能制造领域产品全生命周期过程介绍 CPS 的应用，并介绍 CPS 在制造企业中的两个应用实例。

1. CPS 在产品全生命周期中的应用

（1）研发与设计　随着 CPS 不断发展，企业在产品及工艺设计、生产线或工厂设计等方面的流程正在发生深刻变化，研发设计过程中的试验、制造、装配都可以在虚拟空间中仿真进行，并可实现迭代、优化和改进。通过基于仿真模型的"预演"，可以及早发现设计中的问题，减少实际生产、建造过程中设计方案的更改，从而缩短产品从设计到生产的转化时间，并提高产品的可靠性与成功率。

1）产品及工艺设计。为了更好地满足设计目标，通常需要基于产品应用环境进行对产品使用性能的仿真，如机械结构强度仿真、机械动力学仿真、热力学仿真等。传统的仿真系统各自独立，在仿真过程中不能完整描述产品的综合应用环境，而 CPS 能够很好地解决这个问题。在产品研发设计过程中，将已有的设计数据或试验数据等进行采集和整合，建立由结构、动力、热力等异构仿真系统组成的集成综合仿真平台，并将数据及仿真模型以软件的形式进行集成，从而实现更全面、更真实的产品使用工况仿真。同时，结合产品设计规范、设计知识库等，形成针对某一目标的优化设计算法，通过数据驱动形成产品优化设计方案，实现产品设计与产品使用的高度协同。

在产品的工艺设计方面，为了使产品的制造工艺设计更加精准、高效，需要对实际制造工艺的具体参数进行采集，如机械加工中刀具的切削参数、电动机功率参数等。在软件系统或平台中将工艺参数、工艺设计方案、工艺模型进行信息的组织和融合，考虑不同工艺参数对产品制造质量、设备可承受力等方面的影响，建立关联性模型。依据工艺设计目标和制造现场实际条件，利用实时采集的工艺数据进行仿真，并以已有的工艺方案、工艺规范作为支撑，形成制造工艺优化方案。

2）生产线、工厂设计。在生产线、工厂设计方面，首先建立产品生产线、工厂的初步方案，初步形成产品的制造工艺路线，通过采集试验中的和实际的工时数据、物流运输数据、工装和工具配送数据等，在软件系统中基于工艺路线建立生产线、工厂中的人、机械、物料等生产要素与生产线产能之间的信息模型。在此过程中，综合考虑生产线、工厂中不同设备、不同软件系统、不同网络通信协议之间的集成。根据生产线、工厂建设环境、能源等现有条件，结合系统采集的工时、运输等数据来分析计算出合理的设备布局、人员布局、物料布局、车间运输布局，建立生产线、工厂生产模型，进行生产线、工厂生产仿真，依据仿真结果优化生产线、工厂的设计方案。同时，生产线、工厂的管理系统设计要通过数据传递接口与企业管理系统、行业云平台及服务平台进行集成，从而实现生产线、工厂设计与企业、行业的协同。

（2）生产与供应链管理　生产制造是制造企业运营过程中非常重要的活动，CPS将针对生产制造环节的应用需求对生产制造环节进行优化，以实现资源优化配置的目标。CPS通过软硬件配合，可以完成物理实体（包括设备、人等）与环境、物理实体之间的感知、分析、决策和执行。设备将在统一的接口协议或接口转化标准下连接，形成具有通信、精确控制、远程协调能力的网络。通过实时感知和数据分析，并将分析结果固化为知识、规则保存到知识库、规则库中，一方面，企业可以根据知识库和规则库中的内容建立精准、全面的生产图景，并根据所呈现的信息在最短时间内掌握生产现场的变化情况，从而做到准确判断和快速应对，在出现问题时快速、合理解决问题；另一方面，在一定的规则约束下，知识库和规则库中的内容经过分析可以转化为信息，通过设备网络进行自主控制，实现资源的合理优化配置，进而实现协同制造。

1）设备管理。CPS将无处不在的传感器、智能硬件、控制系统、计算设施、信息终端、生产装置通过不同的设备接入方式（如串口通信、以太网通信、总线模式等）连接成一个智能网络，构建形成设备网络平台或云平台。在不同的布局和组织方式下，企业、人、设备、服务之间能够互联互通，具备广泛的自组织能力、状态采集和感知能力，数据和信息能够通畅流转；同时具备对设备实时监控和模拟仿真能力，通过数据的集成、共享和协同，实现对工序设备的实时优化控制和配置，使各种组成单元能够根据工作任务需要而自行集结成一种超柔性组织结构，并以最优化的形式最大限度地开发、整合与利用各类信息资源。

2）生产管理。CPS是实现制造企业中物理空间与信息空间联通的重要手段和有效途径。在生产管理过程中，通过集成工业软件、构建工业云平台对生产过程的数据进行管理，实现生产管理人员、设备之间的无缝通信，将车间人员、设备等运行移动、现场管理等行为转换为实时数据信息，对这些信息进行实时分析处理，形成对生产制造环节的智能决策，并根据决策信息和管理者意志及时调整制造过程，进一步打通从上游到下游的整个供应链，从资源管理、生产计划与调度来对整个生产制造过程进行管理、控制及科学决策，使整个生产环节的资源处于有序可控的状态。

3）柔性制造。CPS 的数据驱动和异构集成特点为应对现场的快速变化提供了可能，而柔性制造的要求就是能够根据快速变化的需求变更生产，因此，CPS 契合了柔性制造的要求，为企业柔性制造提供了良好的实施方案。CPS 对整个制造过程进行数据采集与存储，对各种加工程序和参数配置进行监控，为相关的生产人员和管理人员提供可视化的管理指导，便于设备、人员的快速调整，提高整个制造过程的柔性。同时，CPS 结合 CAX、MES、自动控制、云计算、数控机床、工业机器人、RFID 等先进技术或设备，实现整个智能工厂信息的整合和业务协同，为企业的柔性制造提供技术支撑。

（3）运维与服务　通过在自身或相关要素搭载具有感知、分析、控制能力的智能系统，采用恰当的频率对人员、机器、材料、方法、环境相关数据进行感知、分析和控制，运用工业大数据、机器学习、人工智能等技术手段，帮助企业解决装备健康记录、预防维护等问题，实现"隐形数据-显性数据-信息-知识"的循环优化。同时通过将不同的"小"智能系统按需求进行集成，构建一个面向群体装备或分散系统（Systems of Systems，SoS）装备的工业数据分析与信息服务平台，对群体装备间的相关多源信息进行大数据分析、挖掘，实现载体、SoS 之间数据和知识的共享优化，解决远程诊断、协同优化、共享服务等问题，同时通过云端的知识挖掘、积累、组织和应用，构建具有自成长能力的信息空间，实现"数据-知识-应用-数据"的良性循环。

通过 CPS，可以按照需求形成本地与远程云服务相互协作，个体与群体、群体与系统相互协同的一体化工业云服务体系，能够更好地服务生产，实现智能装备的协同优化，支持企业用户经济性、安全性和高效性经营目标落实。

1）健康管理。将 CPS 与装备管理相结合，通过应用建模、仿真测试、验证等技术建立装备健康评估模型，在数据融合的基础上搭建具备感知网络的智能应用平台，实现装备虚拟健康管理。通过智能分析平台对装备运行状态进行实时的感知与监测，并实时应用健康评估模型进行分析预演及评估，将运行决策和维护建议反馈给控制系统，为装备最优使用和及时维护提供自主认知、学习、记忆、重构的能力。

2）智能维护。应用建模、仿真测试及验证等技术，基于装备虚拟健康管理和预测性智能维护模型，构建装备智能维护 CPS 系统。通过采集装备的实时运行数据，将相关的多源信息融合，进行装备性能、安全、状态等特性分析，预测装备可能出现的异常状态，并提前对异常状态采取恰当的预测性维护措施。装备智能维护 CPS 系统突破传统的阈值报警和穷举式专家知识库模式，依据各装备实际活动产生的数据进行独立化的数据分析与利用，提前发现问题并进行处理，延长资产的正常运行时间。

3）远程征兆性诊断。传统的装备售后服务模式下，装备发生故障时需要等待服务人员到现场进行维修，这极大地影响生产进度，特别是大型复杂制造系统的组件装备发生故障时，维修周期更长，维修成本的增加更为显著。在 CPS 应用场景下，当装备发生故障时，远程专家可以调取装备的报警信息、日志文件等数据，在虚拟的设备健康诊断模型中进行预演推测，实现远程故障诊断，并及时、快速地解决故障，从而减少停机时间并降低维修成本。

4）协同优化。CPS通过搭建感知网络和智能云分析平台，构建装备的全生命周期核心信息模型，并按照能效、安全、效率、健康度等目标，对核心部件和过程特征等在虚拟空间进行预测推演，结合不同策略下的预期标尺线，从而筛选出最佳决策建议，为装备使用提供辅助决策，从而实现装备的最佳应用状态。以飞机运营为例，运营中利用CPS对乘客人数、飞行时间、飞行过程环境数据、降落数据、机场数据等数据进行采集，并同步共享给相关方；飞机设计与制造部门利用飞机虚拟模型推演出最优方案，进行指导飞机操作人员、航空运营商提供最优路线方案，再发送给地勤运营等。

5）共享服务。通过在云端构建一个面向群体装备的工业数据分析与信息服务平台，将单一智能装备的信息与知识进行共享，正在运行的智能装备可以利用自身的感知和运算能力帮助其他智能装备进行分析运算，智能装备可依据云端群体知识进行活动优化。以船舶为例，将要开始某个具体航线活动的船舶可以向该区域内的船舶提出信息请求，正在进行该活动的船舶可以利用自身的感知与运算能力帮助前者进行分析运算并告知结果，这样，前者可以依据这个结果选择航线、设定航速、躲避气象灾害。

2. CPS在制造企业的应用实例

（1）CPS系统助力海尔模具实现少人化智能工厂　青岛海尔模具是中国最大的模具及检具制造商，专业提供汽车类、家用电器、电子类、精密类产品模具，拥有世界先进的产品和模具设计、分析、加工软件，以及各类高速加工中心、火花机、线切割机等专业设备。

2013年上半年，针对模具制造行业特点，海尔模具与北京兰光创新科技有限公司共同为海尔模具量身打造出了国内领先的兰光CPS管理系统。该系统以生产设备为中心，以生产协同管理为主线，实现了信息与物理系统的深度融合，达成企业生产数字化、智能化、少人化、高效化的目标。

在CPS的帮助下，海尔模具在信息化建设方面取得了长足的进步，建成了国内领先的智能工厂，并取得了以下的显著实施效果。

1）实现信息软件与生产设备的深度融合。通过CPS系统，海尔模具将所有的数控设备联入了动态网络配置（Dynamic Network Configuration，DNC）的网络，设备由以前的信息孤岛变为了信息节点，所有加工程序实现了安全的集中管理、严格的流程审批、高效的自动传输、可靠的加工仿真，实现了对设备24小时全天候的状态监控，可在第一时间及时获知设备开关机、故障信息、生产件数、机床进给率等信息，有效地减少了信息不透明导致的沟通成本，最大程度实现了对生产过程信息的共享，生产过程中的生产准备情况、程序信息、机床状态、异常情况、生产进度等各类信息均实现了实时化、透明化、精益化的管理。

2）以设备为中心，以生产为主线，实现多部门的协作管理。将传统模具加工的串行作业模式优化为并行作业模式，如图4-16所示。生产管理、CAD、CAM、工艺、计划、质量检测、设备管理等各部门紧紧围绕模具制造这一核心目标，全面实现了数字化的并行管理，最大程度地减少了时间浪费，生产效率明显提升。例如，系统支持发送手机短信、邮件自动发送、客户端登录提示等功能，使班组长、操作工、设备维修组、电极准备室、刀具室的响应速度提高30%以上。

3）实现基于大数据分析的决策方式。系统实施后，企业管理者可在办公室实时、直观地查看模具加工的准备情况、工序状态、在制品信息、任务生产进度、生产过程中设备的详细运行参数等信息，并通过系统的大数据分析功能，将海量数据转化为各种图形与报表，设备的各种数据、运行趋势、异常情况等一目了然，如图4-17所示。管理者的决策建立在真实、量化、透明、智能的分析基础上，从而可以很好地实现生产过程的科学管理。

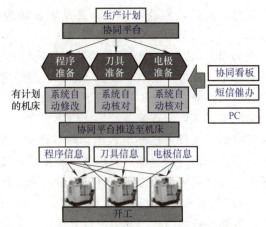

图 4-16　CPS 协同管理并行作业模式

4）经济效益明显。

① 模具加工准备过程的平均用时从1小时缩短到0.5小时，生产准备时间缩短了50%。

② 编程部、计划科、各生产线实现了90%以上的信息共享，沟通时间缩短了50%。

③ 实施系统后，1名操作工可以同时操作5台设备，用工数量减少25%以上。

④ 实现了100%的程序自动传输，程序调用错误率控制在万分之一以下，设备平均有效利用率达到75%以上。已经远超国内企业40%的平均水平，也高于欧美发达国家70%的标准，逼近日本企业80%的最高水准。

⑤ 取得了良好的社会效益。CPS不仅帮助海尔模具建成国内领先的智能工厂，如图4-18所示。企业还实现了高效、少人化的管理模式，取得了很好的经济效益，现在，海尔模具已经成为了海尔集团信息化建设的一面旗帜。

a) 缩略图：实时宏观显示机台停、开机状态

b) 仪表盘：显示设备最低最高运行效率

c) 单机台信息：显示设备精确运转起始时间

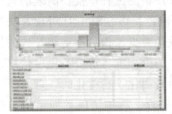

d) 报警记录：实时显示记录机台报警状态

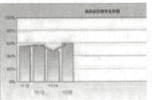

e) 显示方式：柱状图、趋势图、仪表盘图等

图 4-17　CPS 决策支持图表

（2）CPS 在浙江万向汽车零部件大规模生产中的应用　汽车及其零部件制造作为国家支柱性产业，属于典型的离散型加工装配制造业，根据汽车制造企业混合式生产计划组织的特点，汽车零部件行业生产和管理也必须能够满足大规模混合式生产的需求，其主要特点

图 4-18 少人化的智能工厂

为：一是按订单生产为主，生产计划制订与任务管理复杂；二是产品型号多样化，产品的设计迭代频繁；三是生产设备及模具等设施的运行及管理要求高；四是产品质量要求高，产品追溯系统复杂。

万向集团作为国内汽车零部件代表性企业，对深化制造业与信息技术融合发展有积极的内在需求和动力。针对以上行业特点及企业需求，万向集团以汽车轮毂轴承单元智能制造工厂为载体，实施了一套汽车零部件行业系统级 CPS 应用体系。

1）以数据为驱动，对大规模混合式生产下的产品质量进行稳定控制与追溯。通过建设数字化工厂并整合行业生产系统的大数据及优化方法，建立一套系统级 CPS 应用体系，其具体内容为：①搭建全自动轮毂轴承单元数字化生产线和车间物联网系统，实现车间生产设备的互联互通，并实时感知生产过程状态，构建数字化透明工厂；②建设大规模混合式生产计划调度系统，结合生产过程中各种生产资料的库存情况，在不同的生产瓶颈阶段给出最优的生产排程计划，实现快速排程并对需求变化做出快速反应；③建设智能设备管理和优化系统，对车间设备的运行状态进行实时监控与管理，把设备状态与生产情况有效地结合起来；④建设质量控制和管理优化系统，通过对生产过程的实时检测、跟踪和控制，实现生产工艺、设备、人员、时间的全过程可追溯。

2）建设数字化生产系统，引领未来生产模式。基于数据自动流动的状态感知、实时分析、科学决策、精准执行等特性，在数字化空间与生产系统实体之间构建了一套闭环系统，运用数控系统自动控制和传感器自动感知、工业以太网、制造执行软件、工厂分析优化平台等核心技术，满足汽车零部件产品大规模混合式生产下的质量稳定性与可追溯性要求，实现生产全过程优化和智能决策，同时提高车间设备、能源的配置效率，保证车间资源的最大化利用。

3）推广行业新业态。万向汽车轮毂轴承单元智能制造工厂的系统级 CPS 通过生产线数据自动感知、管理系统实时分析、优化平台科学决策、生产系统精准执行等手段，实现制造过程数字化、智能化。产品制造精度、环境适应性、可靠性等指标均达到国内领先、国际先进水平。新模式实施的同时还可对伺服电动机及驱动器、数字化控制系统、高精度检验设备、精密传感器、自动化装备等行业发展产生巨大的带动作用，进一步促进国家产业结构的调整和经济发展。

（3）基于 CPS 理念的航空航天企业智能制造新模式　由于产品复杂，研制过程需要反复仿真验证，航空航天企业非常适合打造以 CPS 为理念的智能化研制与生产管控系统。以产品研发与生产为目标对象，通过管理、业务和技术的融合和创新，在信息空间打通产品设计、产品制造、试验验证各阶段的研制过程，可大幅度缩短产品研制周期、降低研制成本和提高产品质量，为产品的顺利研制与高效生产提供有力保障。

1）以一条数字主线贯穿产品全生命周期。数字主线是指利用先进建模和仿真工具，实现从产品研发、工艺规划、生产制造、运营管理直至报废（退役）等各环节的集成，并驱动以统一模型为核心的数据流。由于航空航天产品复杂、涉及人员多，利用数字主线可有效地消除与产品相关的信息孤岛，将正确的信息在正确的时间，以正确的方式传递给正确的人，避免信息丢失、失真、不正确、不及时等情况发生，从而有效提高协作效率、降低管理成本，并对产品质量提高、研发周期缩短都具有明显的促进作用。

2）利用数字孪生技术实现虚实两体深度融合。航空航天企业具有产品复杂，研发生产过程复杂、周期长、成本高等特点，一旦出现设计或生产问题，经济损失大，因此航空航天产品研发与生产过程特别适合采用数字孪生技术，在研发设计、生产制造、产品服务等方面，在信息空间中实现对物理实体的映射、仿真与优化，减少物理世界的生产与调试等环节，促进产品研发效率、质量的提升。

在生产环节，航空航天企业采用了较多的数字化设备，如数控机床、机器人、热处理设备、立体仓库、测量测试设备、数字化仪器仪表等，由于控制系统、设备厂家不同，系统版本、接口形式、通信协议千差万别，这些设备基本都处于孤立的单机生产模式，不能发挥其最大价值，并造成了上游的 ERP、MES 等系统与生产设备脱节，设备运行状态与生产进度都不能及时向上反馈，不能有效地对生产进度进行科学计划与精细管理。企业首先利用企业网络实现底层生产设备、生产线等与上端管理系统的互联互通，然后在信息化数字世界建立物理世界中各要素的数字孪生体，打造具有 CPS 典型特征、虚实一体的智能化生产管控模式，提升生产效率与产品质量，如图 4-19 所示。

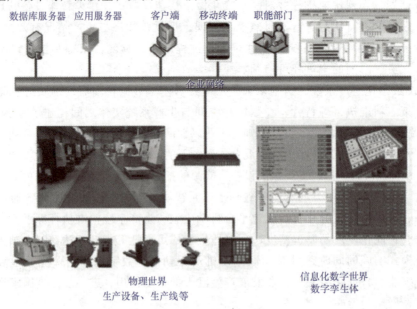

图 4-19　车间级 CPS

3）借力人工智能实现智能制造新模式。在利用数字主线高效管理、基于 CPS 虚实深度融合的基础上，增加机器认知、主动学习、产生知识等人工智能能力，构建能够动态感知、实时分析、科学决策、精准执行的智能化生产模式，实现智能制造新模式。

4.5　云计算

云计算的概念最早由谷歌提出，主要指通过网络按需提供可动态伸缩的廉价计算服务。各大互联网服务商、IT 厂商都纷纷提出自己的云计算战略，各电信运营商也对云计算投入极大的关注。

4.5.1　云计算的概念

云计算是一种通过网络将可伸缩、弹性的共享物理和虚拟资源池以按需自服务的方式供应和管理的模式。资源池包括服务器、操作系统、网络、软件、应用和存储设备等。它采用按资源使用量进行付费的模式，来提供可用、便捷的网络访问服务，用户进入可配置的、共享资源池后，只要投入很少的管理工作或与服务供应商进行很少的交互，即可快速获得所需资源。

云计算是分布式计算、网格计算、并行计算、效用计算、网络存储技术、虚拟化技术、负载均衡技术等传统计算机技术和网络技术融合的产物。它通过网络把多个成本较低的计算实体整合成一个具有强大计算能力的系统。

提供资源的网络被称为"云"。云计算的核心思想是通过不断提高"云"的处理能力来减少用户终端的处理负担，最终使用户终端简化成一个单纯的 I/O 设备，并能按需享受"云"的强大处理能力。

4.5.2　云计算的特点

1）超大规模。"云"具有相当大的规模。谷歌（Google）云计算已经拥有上百万台服务器。亚马逊（Amazon）、IBM、微软（Microsoft）、雅虎（Yahoo）等公司的"云"均拥有几十万台服务器。一般企业私有云一般拥有成百上千台服务器。"云"能赋予用户前所未有的计算能力。

2）按需自助服务。云服务客户能根据需要自动配置计算能力，或者与云服务提供商进行很少的交互便可完成配置。云计算为用户降低了时间成本和操作成本，赋予了用户无须借助额外的人工交互就能够在适当的时间做完成指定任务要做的事情的能力。

3）资源池化。云计算的计算资源都是池化的资源，池化就是在物理资源的基础上，通过软件平台，封装成虚拟的计算资源。这些资源的供应商以共享资源池多租户的模式来提供服务。资源池化将原本属于客户的部分工作移交给提供商。

4）可靠性高。云计算服务采用分布式架构，采用数据多副本容错、计算节点同构可互换等措施来保障服务的高可靠性，提高系统的安全性和容错能力。

5）服务可计量。云系统通过计量的方法，对服务类型进行自动控制，对资源进行优化使用。服务使用情况可监测、可控制、可汇报、可计费，客户只需对使用的资源付费。

6）快速性和弹性。云计算提供一种能快速、弹性提供资源和释放资源的能力。对用户而言，这种能力是无限的，并且可以在任何时间、以任何量化方式进行购买。

4.5.3 云计算的分类

按照部署方式，云计算可以分为公有云、私有云、社区云、混合云四类。

1. 公有云

公有云（Public Cloud）又称为公共云，即传统主流意义上所描述的云计算服务。目前，大多数云计算企业主打的云计算服务就是公有云服务，一般可以通过互联网接入使用。此类云一般面向一般大众、行业组织、学术机构、政府机构等，由第三方机构负责资源调配。例如，Google APP Engine 和 IBM Develop Cloud，以及 2013 年正式落地中国的微软的 Windows Azure 都属于公有云服务范畴。公有云的核心属性是共享资源服务。

（1）公有云的优势

1）灵活性。在公有云模式下，用户几乎可即时部署新的计算资源，进而将精力和注意力集中于更值得关注的方面，提高整体商业价值。且在计算运行过程中，用户可以快捷方便地根据需求变化更改计算资源组合。

2）可扩展性。当应用程序的使用量或数据量增长时，用户可以轻松地根据需求增加计算资源。同时，很多公有云服务商提供自动扩展功能，能够帮助用户自动增添计算实例或存储。

3）高性能。当企业中部分工作任务需要借助高性能计算时，企业如果选择在自己的数据中心安装高性能计算系统，那将会是十分昂贵的。而公有云服务可以轻松部署，且在其数据中心安装最新的应用程序，为企业提供按需支付使用费用的服务。

4）低成本。由于规模原因，公有云数据中心可以取得大部分企业难以企及的经济效益，基于公有云服务的产品定价通常也处于一个相当低的水平。除了购买成本，通过公有云，用户也可以节省员工成本、硬件成本等。

（2）公有云的劣势

1）安全问题。当企业放弃他们的基础设备并将数据和信息存储于云端时，很难保证这些数据和信息得到足够的保护。同时，公有云庞大的规模和用户多样性也让其成为黑客们喜欢攻击的目标。

2）不可预测成本。按使用付费的模式其实是把双刃剑，一方面它确实降低了公有云的使用成本，但另一方面它也会带来一些难以预料的花费。例如，在使用某些特定应用程序时，企业会发现支出相当惊人。

2. 私有云

私有云（Private Cloud）是指仅在一个企业或组织内部所使用的"云"。私有云安全性和服务质量的可控性较好。此类云一般由该企业或第三方机构运营与管理，也可由双方共同运营与管理。例如，支持 SAP（Systems，Applications and Products in data processing，数据处理中的系统、应用和产品）服务的中化云计算和快播私有云就是国内典型的私有云服务。私有云的核心属性是专有资源。

（1）私有云的优势

1）安全性。企业可以通过私有云控制企业内的任何设备，从而部署任何自己觉得合适的安全措施。

2）法规遵从。在私有云模式下，企业可以确保其数据存储满足相关法律法规，可布置完善的安全措施，必要的话，还可以从地理位置上限制数据的存储过程。

3）定制化。私有云还可以让企业精确选择进行自身程序应用和数据存储的硬件，不过实际上往往由服务商来提供这些服务。

（2）私有云的劣势

1）总体成本高。由于企业需要购买和管理自己的设备，因此私有云不会像公有云那样节约成本。且在私有云部署时，员工成本和资本费用会很高。

2）管理复杂性。企业建立私有云时，需要自己完成私有云的配置、部署、监控和设备保护等一系列工作。此外，企业还需要购买和运行用来管理、监控和保护云环境的软件。而在公有云中，这些事务均由服务商来承担。

3）有限灵活性、可扩展性和实用性。私有云的灵活性不高，如果某个项目所需的资源尚不属于现有私有云，那么获取这些资源并将其增添到云中的工作可能会花费几周甚至几个月的时间。私有云的可扩展性较差，当需要满足更多的需求时，扩展私有云的功能通常存在较多困难。私有云的实用性受其他因素制约，实用性高低往往取决于基础设施管理、连续性计划和灾难恢复计划等的工作成果。

3. 混合云

混合云（Hybrid Cloud）就是将单个或多个私有云和单个或多个公有云结合为一体的云环境。它既拥有公有云的功能，又可以满足客户基于安全和控制原因，对私有云的需求。混合云内部的各种云之间是保持相互独立的，但也可以实现各个云之间的数据交换和应用交互。此类云一般由多个内外部的云服务提供商负责管理与运营。混合云的示例包括运行在荷兰的主机托管服务公司 iTricity 的云计算中心。

混合云的独特之处在于混合云集成了公有云强大的计算能力和私有云的安全性等优势，让云平台中的服务通过整合变为更具备灵活性的解决方案。混合云可以同时弥补公有云在安全性和可控制性，以及私有云在性价比和可扩展性上的不足。当企业认为公有云不能满足自身需求时，可以在公有云环境中构建私有云来实现混合云。

4. 社区云

社区云（Community Cloud）是面向于具有共同需求（如隐私、安全和政策等）的两个或多个组织内部的"云"，隶属于公有云概念范畴。此类云一般由参与组织或第三方组织负责运营与管理。"深圳大学城云计算公共服务平台"就是典型的社区云，是国内首家社区云计算服务平台，主要服务于深圳大学城园区内的各高校、研究单位及教师职工等。社区云具有的特点包括区域型和行业性、有限的特色应用、资源的高效共享、社区内成员的高度参与性。

4.5.4　云计算的体系架构

云计算系统运用许多技术而实现资源的按需弹性提供，并表现为一系列服务的集合。云计算的体系架构可分为核心服务、服务管理、用户访问接口三层，如图 4-20 所示。

1. 核心服务层

核心服务层将硬件基础设施、软件运行环境、应用程序抽象成服务。这些服务具有可靠性高、可用性好、规模可伸缩等特点，满足多样化的应用需求。从用户的角度出发，云计算主要分为三种服务模式，分别是 IaaS、PaaS、SaaS。

（1）IaaS（Infrastructure as a Service，基础设施即服务） IaaS 主要包括计算设备、存储设备、网络设备等，能够按需向用户提供计算能力、存储能力或网络能力等 IT 基础设施类服务，也就是能在基础设施层面提供服务。IaaS 能够被成熟应用的核心在于虚拟化技术，通过虚拟化技术，可以分别将各种各样的计算、存储和网络设备统一虚拟化为虚拟资源池中的计算、存储和网络资源。当用户订购这些资源时，数据中心管理者直接将订购的资源打包提供给用户，从而实现 IaaS。IaaS 的用户主要是系统管理员。

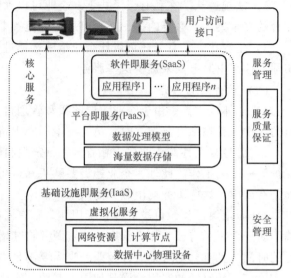

图 4-20　云计算体系架构

属于 IaaS 模式的产品有 Amazon EC2、Linode、Joyent、Rackspace、IBM Blue Cloud 和 Cisco UCS 等。IaaS 供应商对基础设施进行管理，给用户提供以下七个基本功能。

1）资源抽象：使用资源抽象的方法（如资源池）能更好地调度和管理物理资源。

2）资源监控：通过对资源的监控，能够保证基础设施高效率地运行。

3）负载管理：通过负载管理，不仅能使部署在基础设施上的应用更好地应对突发情况，而且能使用户更好地利用系统资源。

4）数据管理：对云计算而言，保证数据的完整性、可靠性和可管理性是 IaaS 的基本功能。

5）资源部署：能够实现整个资源从创建到使用的流程自动化。

6）安全管理：IaaS 的安全管理功能主要是保证基础设施和其提供的资源能被合法地访问和使用。

7）计费管理：通过细致的计费管理，使用户能更灵活地使用资源。

（2）PaaS（Platform as a Service，平台即服务） PaaS 的定位是通过互联网为用户提供一整套开发、运行和运营应用软件的支撑平台。用户可以在已经集成了软件开发工具包（Software Development Kit，SDK）、文档和测试环境等功能的开发平台上编写应用程序，而且不论是在部署应用程序时，还是在应用程序运行时，用户都无须为服务器、操作系统、网络和存储等资源的管理担忧，这些工作都由 PaaS 供应商负责处理，而且 PaaS 在整合率方面非常惊人，例如，一台运行 Google APP Engine 的服务器能够支撑成千上万的应用，因此 PaaS 是非常经济的。PaaS 的用户主要是开发人员。

属于 PaaS 模式的产品有 Google APP Engine、force.com、heroku 和 Windows Azure Platform 等。为了支撑整个 PaaS 平台的运行，供应商主要提供以下四大功能。

1）友好的开发环境：通过提供 SDK 和集成开发环境（Integrated Development Environment，IDE）等工具，让用户能在本地方便地进行应用的开发和测试。

2）丰富的服务：PaaS 平台会以应用程序编程接口（API）的形式将各种各样的服务提供给上层的应用。

3）自动的资源调度：自动的资源调度能力也就是可伸缩特性，PaaS平台不仅能优化系统资源，而且能自动调整资源来帮助运行于其上的应用更好地应对突发流量。

4）精细的管理和监控：PaaS平台能够提供应用层的管理和监控功能，可以观察应用的运行情况和具体数值（吞吐量和反应时间）来更好地判断应用的运行状态，还可以通过精确计量应用使用过程中的资源消耗量来更好地计费。

（3）SaaS（Software as a Service，软件即服务）　SaaS是一种通过互联网提供软件的模式，用户不需要花费大量财力和人力来进行硬件、软件开发和开发团队建设，而只需要支付一定的租赁费用，就可以通过互联网享受相应的服务，而且整个系统的维护也由厂商负责。SaaS主要面对的是普通用户。

属于SaaS模式的产品有Salesforce Sales Cloud、Google APPs、Zimbra、Zoho和IBM Lotus Live等。要实现SaaS服务，供应商需要提供以下四大功能。

1）随时随地访问：在任何时间、任何地点，只要接上网络，用户就能访问SaaS产品。

2）支持公开协议：支持HTML5等，公开协议，能够方便用户使用。

3）安全保障：SaaS供应商需要提供一定的安全机制，不仅要使存储在云端的用户数据处于绝对安全的境地，而且也要在客户端实施一定的安全机制（如HTTPS）来保护用户。

4）多住户（Multi-Tenant）机制：采取多住户机制，SaaS产品不仅能更经济地支撑庞大的用户规模，而且能提供一定的可定制性以满足用户的特殊需求。

2. 服务管理层

服务管理层主要任务是支持核心服务，进一步确保核心服务的可靠性、可用性与安全性。服务管理包括服务质量（Quality of Service，QoS）保证和安全管理等。

云计算需要提供高可靠、高可用、低成本的个性化服务，然而云计算平台规模庞大且结构复杂，很难完全满足用户的QoS需求。为此，云计算服务供应商需要与用户进行协商，并制订服务水平协议（Service Level Agreement，SLA），使双方对QoS需求的认知达成一致。当服务供应商提供的服务未能达到SLA的要求时，用户将得到补偿。

此外，数据安全性一直是用户较为关心的问题。云计算数据中心采用的资源集中式管理方式使得云计算平台存在单点失效隐患。保存在数据中心的关键数据会因为突发事件（如地震、断电、病毒入侵、黑客攻击）而丢失或泄漏。根据云计算服务特点，云计算环境下的安全与隐私保护技术（如数据隔离、隐私保护、访问控制等）是保证云计算得以广泛应用的关键。

除了QoS保证、安全管理外，服务管理层还包括计费管理、资源监控等管理内容，这些管理措施对云计算的稳定运行同样起到重要作用。

3. 用户访问接口层

通过用户访问接口层，能够实现端到云的访问。通常包括命令行、Web服务、Web门户等形式。命令行和Web服务的访问模式既可为终端设备提供应用程序开发接口，又便于进行多种服务的组合。Web门户是访问接口的另一种模式，通过Web门户，云计算将用户的桌面应用迁移到互联网上，从而使用户通过浏览器就可以随时随地访问数据和程序，提高工作效率。然而由于不同云计算服务供应商提供的接口标准不同，因而用户数据无法在不同服务商之间迁移。为此，在Intel、Sim和Cisco等公司的倡导下，云计算互操作论坛（Cloud Computing Interoperability Forum，CCIF）宣告成立，并致力于开发统一的云计算接口（Unified Cloud Interface，UCI），以实现"全球环境下，不同企业之间可利用云计算服务无缝协同工作"的目标。

4.5.5 云计算的关键技术

1. 虚拟化技术

在云计算概念提出以后，虚拟化技术可以用来对数据中心的各种资源进行虚拟化和管理，可以实现服务器虚拟化、存储虚拟化、网络虚拟化和桌面虚拟化。虚拟化技术已经成为构建云计算环境的一项关键技术。

虚拟化是指通过虚拟化技术将一台计算机虚拟化为多台逻辑计算机，也就是在一台计算机上实现多台逻辑计算机的同时运行，且每台逻辑计算机可运行不同的操作系统，同时，应用程序都可以在相互独立的内存空间内运行而互不影响，从而显著提高计算机的工作效率。

2. 云存储技术

到目前为止，云存储其实并没有行业权威定义，但是业界对云存储初步达成了一个基本共识：云存储不是单纯的存储技术或设备，更是一种服务创新形式。云存储的定义应该由以下两部分构成。

1）在面向用户的服务形态方面，它是提供按需服务的应用模式，用户可通过网络连接云端存储资源池，实现用户数据在云端随时随地的存储。

2）在云存储服务构建方面，它是通过分布式、虚拟化、智能配置等技术，实现海量、弹性、低成本、低能耗的存储资源共享。

云存储属于云计算的底层支撑技术，它通过多种存储技术的融合，将大量普通 PC 服务器构成的存储集群虚拟化为易扩展、弹性、透明的存储资源池，并将存储资源池按需分配给授权用户，授权用户即可以通过网络对存储资源池进行任意的访问和管理，并按使用量付费。云存储将存储资源集中起来，并通过专门软件进行自动管理，无须人为参与。用户可以动态使用存储资源，无须考虑数据分布、扩展性、自动容错等大规模复杂存储系统的技术细节，从而可以更加专注于自己的业务，因此云存储技术有利于提高效率、降低成本、创新技术。

3. 云数据管理技术

随着云计算、互联网等技术的发展，大数据广泛存在，同时也出现了许多云环境下的新型应用，如社交网络、移动服务、协作编辑等。这些新型应用对云数据管理技术提出了新的需求，如事务的支持、系统的弹性等，因此，非关系型数据库凭借其高伸缩性、高可用性、支持海量数据等特点，被广泛地应用于云计算环境中，解决大数据应用难题。

4. 云计算的自动化与编排技术

在云计算领域中，自动化与编排是两个重要的概念。它们为云计算环境中的各种任务和资源的管理提供了更高效、灵活的方式。

（1）自动化　在云计算环境中，自动化是指通过计算机程序和脚本来自动执行各种任务和操作的过程。它可以简化繁琐的手动工作，提高工作效率，并减少人工错误。自动化在云计算中有广泛的应用，包括虚拟机的创建和销毁，以及资源的弹性调整、备份和恢复等。

自动化可以通过编写脚本与 API 实现。例如，使用脚本语言（如 Python）编写一个自动化脚本，可以通过调用云服务提供商的 API，实现对虚拟机的自动创建和配置。这样可以将虚拟机的部署时间大大缩短，并确保配置的准确性。

（2）编排　编排是指将多个任务按照一定的顺序和依赖关系组织起来，并通过自动化的方式进行管理和执行的过程。在云计算中，编排可以用于实现复杂的应用部署、升级和扩展等操作。利用编排工具，可以定义应用的拓扑结构、服务之间的依赖关系，并自动化地执行部署和管理的操作。

编排工具通常提供图形化界面，使用户可以直观地定义和管理应用的拓扑结构。用户可以通过拖拽和连接组件的方式，构建复杂的应用拓扑。编排工具还可以根据用户定义的规则和策略，自动地进行自愈和扩展等操作，保障应用的高可用性和可伸缩性。

自动化和编排在云计算中具有许多优势，有助于提高管理效率和灵活性，具体表现为以下几个方面。

1）自动化和编排可以大大减少人工管理的工作量和错误。通过自动化的方式，可以将繁琐的重复任务交给计算机来完成，减少人工操作的时间和精力消耗。同时，人为错误的减少可以提高系统的可靠性和稳定性。

2）自动化和编排可以快速响应业务需求的变化。在云计算环境中，资源的需求和工作负载都是时刻变化的。通过自动化和编排，可以实现资源的弹性调整和自动伸缩，以满足不同时间段的变化的需求。这可以极大提高资源利用率和业务的灵活性。

3）自动化和编排可以提供更高的安全性和可靠性。通过自动化的方式，可以批量地应用安全策略和修补程序，提高系统的安全性和稳定性。编排工具还可以自动生成文档和报告，提供全面的可视化和监控能力，便于管理员对系统状态和性能进行实时监控和管理。

5. 云计算的安全技术

《2021 云安全报告》数据显示，66%的云用户需要通过 3~6 个管理平台进行安全运维，超过 11%的云用户使用 9 个以上管理平台，安全团队需要频繁切换操作界面，安全事件处置效率低，平均响应时间为 6 天，严重超出安全事件 72 小时的黄金窗口时间。此外，不同安全域与不同类型的安全组件通常独立部署，安全数据仅着眼于局部，缺乏互通，导致安全运营难以从全局着手，难以对越加复杂的高级攻击手段进行全面的攻击链分析。

为应对这一局面，应统一安全运营体系，打破兼容性壁垒，全面提升安全运营效率。统一安全运营强调安全数据和安全组件的整合协同，实现资源的物尽其用。一是汇总多源安全数据，使安全分析全局化，统一安全运营体系可以将来自不同安全组件、不同安全域的安全数据进行汇总，提升对孤岛数据的破冰能力，使安全分析从宏观视角出发，有效提高报警的准确性与高级攻击链的溯源能力。二是提高安全组件联动能力，使安全响应迅速精准，利用自动化与编排技术将安全组件相连接，使安全运营在一定程度上实现自动化响应，在实现秒级响应的同时，排除人为干扰因素，保证安全运营质量。

目前实现统一安全运营主要通过两种方式，分别是安全运营中心（Security Operation Center，SOC）和扩展的检测与响应（Extended Detection and Response，XDR），两者目标相同但技术实现存在差异，各有优劣。

1）SOC 建立面向各安全组件的开放统一架构，在数据汇总与分析方面，通过端口接收多供应商的各类安全组件数据，对原始数据进行归一化处理和安全分析，探寻多源安全数据的内在联系。在集中运维方面，SOC 提供统一的任务下发、策略配置与拓扑结构编排功能，使安全人员无需切换至相应工具界面便可实现运维操作。

2）XDR 聚焦单供应商的安全组件整合，是以 SaaS 为主的可演进式集成工具，在数据汇总与分析方面，聚焦单供应商使安全团队无需手动设置归一化策略便可以得到规范化数据，大数据分析模型也可更充分地理解安全数据产生的底层逻辑，深度挖掘数据价值，提升安全分析的准确性。在集中运维方面，聚焦单供应商可增强组件间的协同联动能力，在提供统一的安全管控界面的同时，极大简化了拓扑结构编排的操作难度，降低了自动化响应的编排技术门槛。

SOC 与 XDR 优势对比见表 4-3。

表 4-3　SOC 与 XDR 优势对比

要素特性		SOC	XDR
建设模式	部署模式	私有化为主,可 SaaS 服务	SaaS 为主,可私有化部署
	端口自由度	高	低
	组件可择性	高	较低
开放性		高	较低
供应商依赖		低	高
建设成本		较高,多供应商兼容工作多	较低
维护成本		较高	较低
适配场景		已有一定安全建设与安全团队基础	尚未建立完善安全架构体系或希望精简供应商

（来源：中国信息通信研究院）

4.5.6　云计算在智能制造中的应用

云计算给工业与信息业带来了新一轮创新和前所未有的发展机遇，在智能制造领域，云计算有广泛的应用场景。

1）在智能研发领域，可以构建仿真云平台，支持高性能计算，实现计算资源的高效、可伸缩利用，还可以利用 SaaS 的三维零件库，提高产品研发效率。

2）在智能营销方面，可以构建基于云的客户关系管理应用服务，对营销业务和营销人员进行有效管理，实现移动应用。

3）在智能物流和供应链方面，可以构建运输云，实现制造企业、第三方物流企业和客户三方的信息共享，提高运输车辆往返的载货率，实现对冷链物流的全程监控。此外，还可以构建供应链协同平台，使主机厂和供应商、经销商通过电子数据互换，实现供应链协同。

4）在智能服务方面，企业可以利用物联网云平台，通过对设备的准确定位来开展服务，例如，湖南星邦重工有限公司就利用树根互联的根云平台，实现了高空作业车的在线租赁服务。

4.6　智能制造信息系统

4.6.1　智能制造信息系统概述

信息化时代背景下，智能制造的发展速度不断加快，在这一过程中信息所发挥的作用越来越突出，强化智能制造信息系统设计能力成为工作重点。为此，技术人员需要基于大数据设计智能制造信息系统，并结合制造业的实际生产管理需求，推动设备运行参数及生产线运行状态等信息有效融合、科学应用。

智能制造信息系统（Smart Manufacturing Information System，SMIS）是由人、计算机和其他外围设备等组成的对制造信息进行收集、传递、分析、存储、加工、维护和使用的管理系统。SMIS，可以实现用户、制造企业与制造过程的信息交互，使制造企业在计划、开发、设计、生产、物流直至经营管理的全过程中，做到各种生产装备和生产线生产作业的协调和集成，进而提高生产效率，减少资源浪费。

从功能的角度来看，SMIS 可视为若干不同功能的子系统相融合形成的一个复杂系统，包括 ERP 系统、MES、MRP 系统、MRP II 系统、DRP（Distribution Requirement Planning，分销需求计划）系统、SCM 系统，以及与辅助设计系统交换数据的接口。常用的计算机辅助设计系统包括 CAD、CAM、CAPP、PDM 等系统。

伴随着信息科技的不断发展，SMIS 的发展经历了从诞生、发展到逐步成熟的过程。SMIS 的发展历程如图 4-19 所示。

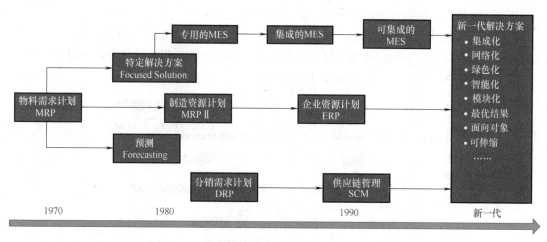

图 4-21　SMIS 的发展历程

经历了上述几个发展阶段，随着处理器芯片的微型化及电子信息技术的发展，SMIS 逐渐向集成化、网络化、绿色化、智能化等趋势发展。

4.6.2　智能制造信息系统的组成和架构

SMIS 最基本的功能之一就是收集制造活动中各种有用的数据，并利用起支撑作用的软硬件对数据进行传输、分析、存储和管理，从而实现资源利用最大化。

1. SMIS 的组成

（1）制造数据　在 SMIS 中，支撑制造活动的各种指令、数据、图形、文件等被称为制造数据，它们以二进制数据的形式在 SMIS 的网络中进行传递，是 SMIS 运行的重要驱动源，也是连接 SMIS 中各子系统的纽带。

从宏观上看，制造信息数据主要包括以下几类。

1）市场客户信息：如市场需求信息、市场供应信息、客户信息等。

2）产品数据：如产品图纸、物料清单数据、零件几何特征编码等。

3）生产控制数据：如生产计划、调度命令、控制指令等。

4）质量信息：如质量检验报告、质量统计数据等。

5）工艺信息：如工艺文件、数控程序、加工过程状态等。

6）生产状况数据：如设备数据、物料数据、人员信息数据等。

7）经营管理信息数据：如预测信息数据。

此外，制造信息数据还包括决策信息数据、财务信息数据和企业状况信息数据等。

制造过程的实质可看作是对制造过程中各种信息数据资源进行采集、传输和加工的过程，最终形成的产品是信息数据的物质表现，即信息数据的物化。SMIS 研究和开发的重点之一是如何提高系统的数据处理能力。因此，必须为 SMIS 的运行提供良好的信息环境，以保证完成制造任务所需的信息数据获取、处理、存储、传递等过程能够高效完成。

（2）硬件环境　硬件环境是构建 SMIS 的基础，为 SMIS 的运行提供必要的支持。SMIS 的硬件环境包含服务器、控制系统、生产现场设备及工业网络设备等硬件。

1）服务器：运行 SMIS 软件的载体。

2）控制系统：包括可编程控制器、集散控制系统等。

3）生产现场设备：包括传感器、RFID 设备、工业机器人、数控机床等。

4）工业网络设备：包括现场总线、工业以太网和工业无线等各方式的通信设备。

各硬件在 SMIS 中发挥的作用如图 4-22 所示。

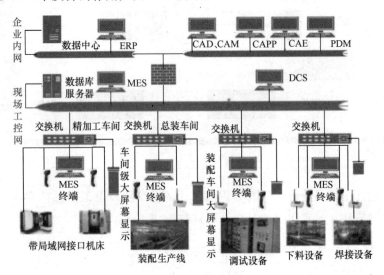

图 4-22　SMIS 的组成

（3）软件基础　除了必要的硬件支持，SMIS 的正常运行还需要完善的计算机网络和稳定可靠的数据库软件。

1）计算机网络。计算机网络是指将地理位置不同且具有独立功能的多台计算机及其外部设备通过通信线路连接起来，在网络操作系统、网络管理软件及网络通信协议的管理和协调下实现资源共享和信息传递。

计算机网络最重要的三个功能是数据通信、资源共享和分布处理。在 SMIS 中，计算机网络主要用作系统网络、生产网络和现场工业网络。

系统网络：用来执行企业的计划、组织、人员管理、指导与领导等工作，实现企业管理信息化，提高工作效率。在企业运营方面，系统网络可以在市场分析、经营决策、产品开发、科技创新、生产销售、售后服务及售后反馈等方面实现网络管理。

生产网络：用来执行制订生产计划、管理生产资源、调控生产过程、设计工艺工程、保证生产质量等工厂级任务。

现场工业网络：用来执行监控车间生产、控制设备、管理车间信息等任务。

2）数据库。数据库（Data Base，DB）是指长期存储在计算机内、有组织、可共享的大量数据的集合。数据库按照一定的模型对数据进行组织、描述和存储，具有较小的冗余度、较高的数据独立性和易扩展性，并支持用户共享。

在数据库中，数据存储的主要载体是表，也可以是相关数据组，有一对一、一对多、多对多三种表关系。数据库按照数据存储的逻辑结构可以分为如下四种。

① 层次数据库：层次数据库将数据通过一对多或父结点对子结点的方式组织起来。层次数据库中，根表或父表位于类似于树形结构的最上方，它的子表中包含相关数据。层次数据库模型的结构就像是一棵倒转的树。其优点是便于进行快速数据查询和数据管理，缺点是用户必须十分熟悉数据库结构、数据存储存在冗余情况。

② 网状数据库：网状数据库使用连接指令或指针来组织数据。数据间为多对多的关系。矢量数据描述时多用这种数据结构。其优点是可以快速访问数据、可以从任何表开始访问其他表数据、便于开发更复杂的查询方式来检索数据，缺点是不便于用户修改数据库结构，对数据库结构的修改将直接影响访问数据库的应用程序，此外，用户必须掌握数据库结构。

③ 关系数据库：关系数据库中表的关联是通过引用完整性来定义的，主要通过主码和外码（主键或外键）约束条件来实现。其优点是可以以非常快的速度访问数据、便于修改数据库结构、可以以一定的逻辑表示数据，因此用户不需要知道数据是如何存储的，易于设计复杂的数据查询方式来检索数据，也易于保证数据完整性，数据通常具有更高的准确性，支持标准结构化查询语言（Structured Query Language，SQL）。其缺点是在很多情况下，用户必须将多个表关联起来后再实现数据查询，必须熟悉表之间的关联关系并掌握 SQL。

④ 面向对象数据库：它允许用对象的概念来定义与关系数据库的交互。面向对象数据库中有两个基本的结构，即对象和字面量。对象是一种具有标识的数据结构，可以通过标识明确对象之间的相互关系。字面量是对象的值，它没有标识符。这种数据库的优点是程序员只需要掌握面向对象的概念；对象具有继承性，可以从其他对象继承属性集；大量应用软件的处理工作可以自动完成。其缺点是不支持传统的编程方法，用户必须理解面向对象这一概念，目前面向对象数据库模型还没有统一的标准；由于面向对象数据库出现的时间还不长，稳定性无法确定。

SMIS 一般使用关系数据库来组织、描述和存储数据，这样的数据也称为 SQL 数据，这部分数据的价值密度很高。

2. SMIS 的功能架构

SMIS 按功能结构可分五层，如图 4-23 所示。

1）企业计算与数据中心层：该层包括网络、数据中心设备、数据存储和管理系统、应用软件等，可提供企业需要的计算资源、数据服务及应用，并具备可视化的应用界面。企业为识别用户需求而建设的各类平台，包括面向用户的电子商务平台、产品研发设计平台、制造运行平台、服务平台等都需要以该层为基础，方能完成各类应用软件的交互工作，从而实现全体子系统的信息共享。

2）生产设计单元系统层：该层有许多子系统软件，包括用于完成产品设计的 CAD 软件、制订机械加工工艺过程的 CAPP 软件、对生产过程进行控制的 CAM 软件及对数据进行管理的 PDM 软件等。

图 4-23　SMIS 功能架构

3）企业资源计划系统层：该层包含战略管理、投资管理、财务管理、人力资源管理、资产管理、库存管理、销售管理等系统功能。该层位于 SMIS 功能架构的中间位置，具有承上启下的作用。

4）制造执行系统层：该层的基本功能有资源分配及状态管理、工序详细调度管理、生产单元分配管理、过程管理、人力资源管理、维修管理、计划管理、文档控制、生产跟踪、历史状态记录与查询、执行分析、数据采集等。

5）生产控制单元系统层：该层主要包括生产现场设备及其控制系统。其中，生产现场设备主要包括传感器、智能仪表、PLC、机器人、机床、检测设备、物流设备等，控制系统主要包括适用于流程制造的过程控制系统、适用于离散制造的单元控制系统和适用于运动控制的数据采集与监控系统。

4.6.3　智能制造信息系统设计

1. 功能分析

（1）数据管理功能　为保证智能制造有效性，生产基地内的所有生产车间都应该被互联网覆盖，这样系统可直接捕捉所有生产线运行过程中的信息，无论是设备参数、运行状态，还是管理信息，都会被及时采集。在使用中，系统应能够根据捕捉的设备动作和采集的数据，实现数据建模处理与图像捕捉，从而展现生产情况。同时，系统应能够基于分布式技术架构实现数据储存、追溯管理。在数据分析环节，应充分展现大数据分析和挖掘功能，确保海量信息处理的有效性。

（2）资源管理功能　资源管理包括人力资源管理、财务管理等，需要发挥系统的过程性、全面性控制功能，做好多元业务信息的采集与处理。

（3）数据可视化功能　合理规划数据可视化功能，在使用中，系统应能够基于可视化图表直观展现数据，推动抽象数据与可视化图表之间的有机转换。而且，基于这一功能，系统还应能够完成数据的初步分类和整合。

（4）控制预警功能　为保证系统运行稳定，系统须具有智能控制与预警功能。系统的信息采集与处理功能应覆盖所有生产线，监控所有生产设备状态，并且，系统应能够对异常信息快速做出适当反应。

2. 分层设计

SMIS 一般应采用分层体系，可采用的五层体系设计思路如下

1）基础设施层：该层作为制造企业建设智能化信息系统的基础，应包括企业的硬件环境与软件环境。硬件环境包括工作站、服务器、传感器、机房等，软件环境则主要由信息处理的各种软件构成。

2）数据支撑层：该层能够为制造企业提供生产信息方面的数据服务，能够采用合理的数据架构将制造业生产系统中出现的各项数据及时存储，并保障完整性，当企业的生产业务改变时，该层能够及时变更数据。

3）技术支撑层：该层的主要作用是提供技术支持，帮助信息系统中的软硬件稳定、正常地运行，应包括数据库、数据操作系统与各项设备正常运行的环境。

4）业务应用层：该层能够为制造企业准确地提供业务、系统、标识及决策等核心业务方面的管理规划。

5）用户层：该层中的用户不仅包括核心用户及管理用户，还包括普通用户及访问用户，不同层级的用户在系统中所拥有的使用权限存在差别，通过设置访问权限落实系统中的信息安全保护工作。

4.6.4 智能制造信息系统应用实例分析

本实例为智能制造车间实训系统，该系统等比例真实呈现车间工业现场环境，实现柔性化智能管理。整个系统通过信息化集成，完成车间现场产品的智能物流和自动装配、自动加工、智能仓储。

1. 智能制造车间实训系统总体设计

智能车间是一个庞大的生产系统，包含诸多先进技术，如通信技术、大数据技术、虚拟仿真技术、网络技术、人工智能等。传感器、机床、机器人等智能设备的发展是智能车间数据采集和加工制造单元智能化的关键。本例介绍的智能制造车间实训制造系统框架如图 4-24 所示，其通过现场总线网络及 MES 实现机器人、数控机床、AGV、物流传输线系统、RFID 设备、仓储管理等系统的互联互通，实现客户需求、生产状况、原材料、人员、设备、生产工艺、环境安全等信息的全面感知，实现实训过程中柔性排产、精确执行。系统主要涵盖了企业管理、制造加工、物流仓储等功能，是当代智能化工厂的缩影。

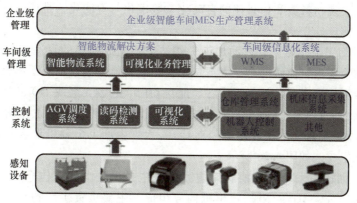

图 4-24　智能制造车间实训制造系统框架

在 MES 的控制下，通过自动化立体仓库、堆垛机完成生产物料的智能仓储和上下料，通过 AGV、传输带等完成物料的自动配送；通过机器人、数控机床完成物料的自动装配、自动加工，实现车间的无人化管理和生产，降低人力成本和人为误差。MES 位于上层的计划管理系统与底层的工业控制之间，是面向车间层的管理信息系统。MES 能通过数据的交互，从生产工单下达、生产准备、生产执行、生产监控，进度管理、生产完工、成品入库对整个产品的生产过程进行信息化管理，结合生产过程中的设备数据，及时反馈生产过程中发生的异常情况，并对数据进行处理、分析，形成相应的异常处理意见。MES 弥补了管理层与控制层之间的断层，既能实时监控车间的生产加工状况，又能将车间的生产信息及时反馈给管理层，并且将多套系统集于一体，从而做到了数据统一和数据共享。智能制造车间实训系统现场布局如图 4-25 所示。

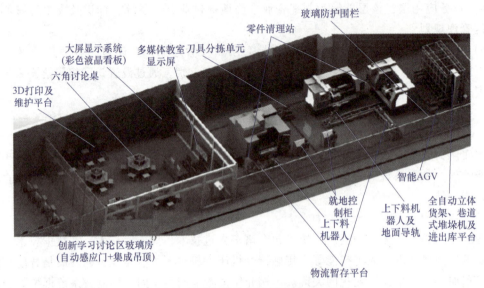

图 4-25 智能制造车间实训系统现场布局

2. 智能制造车间实训系统模块

智能制造车间实训系统主要由全自动加工工作站、智能仓储物流系统、总控可视化系统、电气系统组成。系统将加工制造、物料流、信息流三部分深度融合与高度集成，在加工自动化的基础上实现物料流和信息流的自动化、数字化与智能化，是信息技术与制造技术深度融合的典型实例。

（1）全自动加工工作站　全自动加工工作站主要完成物料的自动加工和零部件的自动装配。该工作站主要由智能铣削自动上下料工作站和智能车削自动上下料工作站组成。智能铣削自动上下料工作站主要包括加工中心（配自动门、自动工装夹具）、六自由度上下料机器人、物料存储上下料平台、吹气单元组成，智能车削自动上下料工作站主要由数控车床（包含斜车和卧车，配自动门、自动工装夹具）、六自由度上下料机器人、物料存储上下料平台、吹气单元组成，如图 4-26 所示。

（2）智能仓储物流系统　智能仓储物流系统主要由自动化立体仓库、仓储管理软件、出库平台、入库平台、AGV、阻挡定位机构等组成，主要负责生产物料的输送、定位、分拣、出入库等工作。该系统由 PLC 自动控制，各传输段的起停、顶升等动作完全由后台系统自动控制，交流电动机、变频器的各种运行数据、报警信息均可以传给系统，各种操作指令也可以通过系统操作界面下达，如图 4-27 所示。

自动化立体仓库是现代物流系统中迅速发展的重要组成部分，主要由高层立体货架、巷道堆垛机、堆垛机控制器、一体式触摸终端系统组成，出入库辅助设备及巷道堆垛机能够在系统监管下，完成物料的自动出库和入库，并实现在库物料的自动化管理。

图4-26 全自动加工工作站现场

图4-27 智能仓储物流系统实景

（3）总控可视化系统 总控可视化系统主要由总控台、大屏显示系统、监控计算机、摄像头、网络交换机、RFID系统及MES软件组成，具体功能如下。

1）总控台为铁板表面喷塑处理的定制台，台面上摆放监控计算机，下方柜体用于摆放计算机主机、网络交换机、通信线缆等。

2）监控计算机安装MES软件，可监视工厂的实时动态。

3）摄像头用于监视三台机床的工作状态及整条生产线的运行状态，实现整条生产线的状态可视化。

4）RFID系统由标准卡、读写器、电子标签等组成，车间每个工位上均设有RFID系统，能实时采集、记录工位及工序的重要信息及完成情况，并主动推送给MES，实现与生产线MES的信息交换。

5）网络交换机用于保证生产线系统的数据互联和传输，并实施进行监控和处理。

6）MES包含系统设置、仓储管理、系统监控、联机管理四大模块，如图4-28所示。

MES中，仓储管理模块主要实现物料的基础信息管理（如物料编码、物料名称、物资类型等信息）、托盘管理、库位管理、入库管理、出库管理和出入库流水账的记录。系统监控模块主要用于展示智能车间监控画面。联机管理模块主要包含产线管理、设备模式管理、设备状态管理、工作模式管理、订单管理、联机订单看板、本地订单看板、异常信息管理及PLC读写异常管理功能，如图4-29所示。

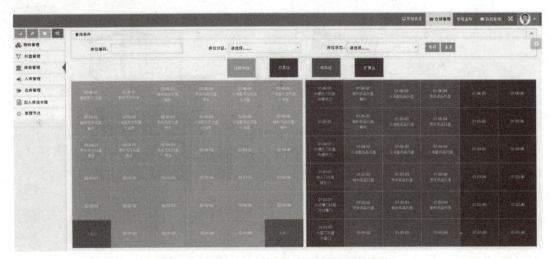

图 4-28 MES 仓储管理模块功能展示

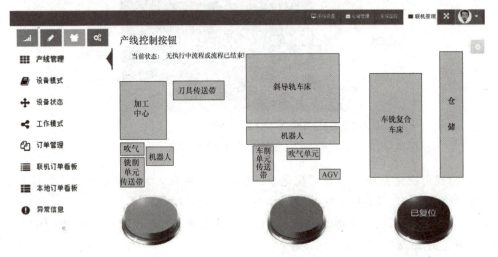

图 4-29 MES 联机管理模块功能展示

（4）电气系统 电气系统设有 3 台就地控制柜，分别是放置于总控台区域的总控电气柜和放置于铣削、车削区域的分系统电气控制柜，它们主要负责数控加工设备、仓储系统、AGV 及机器人的 I/O 通信控制，通过触摸屏可以直接控制整个车间设备的运转。电气控制柜均配有专用的 PLC 及触摸屏，既能够实现铣削、车削、仓储分拣等单个单元的工作，又可实现整条生产线的联动。铣削区电气控制柜实时监测并记录铣削区加工中心、六自由度上下料机器人、物料存储上下料平台、吹气单元、物料传送带等部分的状态，再将其反馈给总控单元（总控电气柜）；车削区电气控制柜实时监测并记录车削区数控车床（包含斜车和卧车）、六自由度上下料机器人、物料存储上下料平台、吹气单元、物料传送带等部分的状态，再将其反馈给总控单元。放置于总控台区域的总控电气柜作为总控单元，实时监测、记录分系统（铣削、车削区域电气控制柜）的当前状态，再将状态提供给 MES。在需要联动执行时，MES 获取当前分系统状态后，下达控制指令给分系统，并实时接受分系统的信息反馈。

铣削、车削区域电气控制柜作为分系统控制单元，实时发送当前分系统的状态信息，在获得 MES 的指令后，执行相应控制程序，并将执行过程中的分系统状态和执行后的结果实时上报给总控单元。

参 考 文 献

[1] 臧冀原，王柏村，孟柳，等. 智能制造的三个基本范式：从数字化制造、"互联网+"制造到新一代智能制造 [J]. 中国工程科学，2018，20（4）：13-18.

[2] 中国信息通信研究院. 中国 5G+工业互联网发展报告（2021 版）[R]. 2021.

[3] 王智民. 工业互联网安全 [M]. 北京：清华大学出版社，2020.

[4] 王建伟. 工业赋能-深度剖析工业互联网时代的机遇和挑战 [M]. 北京：人民邮电出版社，2018.

[5] 马楠，黄育侦，秦晓琦. 信息通信技术（ICT）与智能制造 [M]. 北京：化学工业出版社，2019.

[6] 眭碧霞，周海飞，胡春芬. 工业互联网导论 [M]. 北京：高等教育出版社，2021.

[7] 工业互联网产业联盟. 工业互联网体系架构（版本 2.0）[Z]. 2020.

[8] 李士宁，罗国佳. 工业物联网技术及应用概述 [J]. 电信网技术，2014，03（3）：26-31.

[9] 工业和信息化部电信研究院. 物联网白皮书（2011 版）[R]. 2011.

[10] 巍葆春. 物联网技术及其应用分析与研究 [J]. 物联网技术，2011，1（9）：75-78.

[11] 王志良. 物联网工程概论 [M]. 北京：机械工业出版社，2012.

[12] 中国电子技术标准化研究院. 工业物联网白皮书（2017 版）[R]. 2017.

[13] 张晶，徐鼎，刘旭，等. 物联网与智能制造 [M]. 北京：化学工业出版社，2019.

[14] 刘强，柴天佑，秦泗钊，等. 基于数据和知识的工业过程监视及故障诊断综述 [J]. 控制与决策，2010，25（6）：801-807.

[15] 郑树泉，宗宇伟，董文生，等. 工业大数据：架构与应用 [M]. 上海：上海科学技术出版社，2017.

[16] 王路，周轩，林希佳，等. 智能制造背景下大数据分析技术及趋势研究 [J]. 科学技术创新，2021，35：171-175.

[17] 赵文博. 工业大数据在智能制造中的应用价值 [J]. 工艺与技术，2021，1：122-124.

[18] 卓相磊. 工业大数据在智能制造中的应用价值 [J]. 科技风，2021，6：85-86.

[19] 王红星. 基于智能制造的工业大数据技术分析 [J]. 中国科技信息，2022，8：134-135.

[20] 刘怀兰，惠恩明. 工业大数据导论 [M]. 北京：机械工业出版社，2019.

[21] 中国电子技术标准化研究院. 工业大数据白皮书（2019 版）[R]. 2019.

[22] 工业互联网产业联盟，大数据系统软件国家工程实验室. 工业大数据分析指南 [M]. 北京：电子工业出版社，2019.

[23] 中国信息通信研究院. 区块链白皮书（2021 年）[R]. 2021.

[24] 曾凌静，黄金凤. 人工智能与大数据导论 [M]. 成都：电子科技大学出版社. 2020.

[25] 李琼砚，路敦民，程朋乐. 智能制造概论 [M]. 北京：机械工业出版社，2021.

[26] 周平，郭楠. 信息物理系统白皮书 [R]. 2017.

[27] CPS 系统助力海尔模具实现少人化智能工厂应用案例 [EB/OL]. 中国机电一体化技术应用协会 [2024-08-02]. http：//www. cameta. org. cn/index. php？a = show &c = index& catid = 246&id = 6648m = content.

[28] 浙江万向在汽车零部件大规模生产领域的 CPS 应用 [EB/OL]. 中国轻工业网 [2024-08-02]. http：//www. clii. com. cn/lhrh/hyxx/201908/t20190821_3936015. html.

[29] 章瑞. 云计算 [M]. 重庆：重庆大学出版社，2019.

[30] 刘鹏. 云计算 [M]. 3 版. 北京：电子工业出版社，2015.

[31] 邢丽. 云计算与大数据技术 [M]. 北京：人民邮电出版社，2021.

[32] 程克非. 云计算基础教程 [M]. 北京：人民邮电出版社，2018.

[33] 王伟. 云计算原理 [M]. 北京：人民邮电出版社，2018.

[34] 林康平. 云计算技术 [M]. 北京：人民邮电出版社，2021.

[35] 庄翔翔. 云计算导论 [M]. 北京：电子工业出版社，2022.

[36] 中国信息通信院. 云计算白皮书（2022 年）[R]. 2022.

[37] 王群. 网络安全技术 [M]. 北京：清华大学出版社，2021.

[38] 刘化军. 网络安全与管理 [M]. 北京：电子工业出版社，2019.

[39] 袁津生. 计算机网络安全基础 [M]. 5 版. 北京：人民邮电出版社，2018.

[40] 刘海平. 信息安全技术 [M]. 北京：人民邮电出版社，2021.

[41] 贾铁军. 网络安全技术及应用 [M]. 北京：机械工业出版社，2011.

[42] 徐佳，陈小虎，刘森，等. 基于大数据的智能制造领域的信息系统设计研究 [J]. 电子技术与软件工程，2021（18）：194-195.

[43] 董文静. 智能制造信息系统鲁棒性研究 [D]. 北京：北京交通大学，2021.

[44] 宋志婷. 智能制造信息系统鲁棒性分析与控制 [D]. 广州：华南理工大学，2018.

[45] 青岛英谷教育科技股份有限公司. 智能制造信息系统开发 [M]. 西安：西安电子科技大学出版社，2017.

[46] 芦红霞，周成侯，李志远. 智能制造车间实训柔性制造系统方案设计 [J]. 机电工程技术，2021，50（9）：165-169.

[47] 钟志华，臧冀原，延建林，等. 智能制造推动我国制造业全面创新升级 [J]. 中国工程科学，2020，22（6）：136-142.

[48] 工业和信息化部，国家发展和改革委员会，教育部，等. "十四五"智能制造发展规划 [R]. 2021.

习题与思考题

4-1 简述工业互联网定义。

4-2 工业互联网与智能制造有什么关系？

4-3 简述工业物联网的特征。

4-4 简述工业物联网系统架构与传统物联网系统架构的两个主要不同点。

4-5 简述工业物联网的典型系统架构及各层次的作用。

4-6 工业物联网的关键技术有哪些？

4-7 简述工业大数据的概念、特征。

4-8 工业大数据有哪几种类型？

4-9 简述工业大数据与智能制造的关系。

4-10 工业大数据一般包括哪些技术？

4-11 工业大数据在智能制造中有哪些重要应用？

4-12 什么是 CPS？

4-13 CPS 结构体系一般哪几层组成？

4-14 CPS 的基本组件有哪些？

4-15 CPS 的关键技术有哪些？

4-16 简述云计算的定义。

4-17　云计算有哪些特点？

4-18　简述云计算的架构。

4-19　云计算有哪些关键技术？

4-20　解释虚拟化。

4-21　解释网络安全，指出网络安全包含哪些内容？

4-22　云计算的安全技术有哪些？

4-23　写出智能制造信息系统的定义。

4-24　数据库按照数据存储的逻辑结构可以分为哪些？

4-25　我国工业互联网的发展势头强劲，不仅在技术层面取得显著进步，而且在促进经济发展、产业升级和就业增长方面发挥了重要作用。请查阅资料对比分析我国与国外工业互联网的发展现状。

> ✂ 思政拓展：北斗系统不仅提供了定位导航服务，还通过与大数据技术的融合，为出行生活带来了更多的功能和更好的体验。例如，北斗系统在平均单次定位调用卫星数量、民用定位精度等多个维度上，已经超越了美国研制的全球定位系统（GPS），实现了对国内导航应用定位的全面主导。此外，北斗系统与人工智能、大数据、云计算、5G通信等技术的融合创新使得北斗系统的应用场景不断创新，进一步向行业深化发展。扫描下方二维码了解北斗全球卫星导航系统的建设历程，感受新时代北斗精神。

北斗：
想象无限

北斗：
北斗之路

北斗：
时空文明

新时代北斗
精神

第5章

新一代人工智能技术

近年来，移动互联、超级计算、大数据、云计算、物联网等新一代信息技术飞速发展，共同推动人工智能技术的突破。人工智能技术与先进制造技术深度融合，形成了新一代智能制造——数字化网络化智能化制造，成为新一轮工业革命的核心驱动力。本章将介绍人工智能技术，帮助读者了解智能制造中有哪些人工智能技术。

智能一般包括感知能力、记忆与思维能力、学习与自适应能力、行为决策能力等。所以，智能化通常也可定义为：使对象具备灵敏准确的感知功能、正确的思维与判断功能、自适应的学习功能、行之有效的执行功能等。

智能化是信息技术发展的永恒追求，实现这一追求的主要途径是发展人工智能技术。人工智能技术诞生 60 多年来，虽历经三起两落，但还是取得了巨大成就。1959—1976 年是基于人工表示知识和符号处理的阶段，产生了在一些领域具有重要应用价值的专家系统；1976—2007 年是基于统计学习和知识自表示的阶段，产生了各种各样的神经网络系统；近年来，随着基于环境自适应、自博弈、自进化、自学习的研究的深入和发展，正在形成人工智能发展的新阶段——元学习或方法论学习阶段，这构成新一代人工智能。新一代人工智能主要包括大数据智能、群体智能、跨媒体智能、人机混合增强智能和类脑智能等。

5.1 从人工智能 1.0 到人工智能 2.0

5.1.1 人工智能 1.0

1956 年，达特茅斯会议首次提出了人工智能（Artificial，Intelligence，AI）概念，标志着人工智能作为一门正式学科的起点，开始进入 1.0 时代，这一时期的人工智能是基于单台计算机的，用机器和算法对人的智能进行模拟，研究如何更好地进行知识的获取、表示和使用。人工智能从 1956 年诞生开始，其 1.0 时代大致分为以下几个阶段。

（1）人工智能概念提出阶段（1956—1974 年）　达特茅斯会议之后，人工智能开启了第一个黄金时代，相继取得了一批令人瞩目的研究成果。在这段时间内，计算机被用于解决代数应用题、证明几何定理、学习和使用英语等。这个时代，ListProcessing 编程语言形成，搜索式推理被提出，神经网络研究更为深入，大量有效的人工智能程序和新的研究方向不断涌现，研究专家、学者甚至乐观地认为具有完全智能的机器将在 20 年内出现。

（2）计算能力受限导致的低潮期（1974—1980 年）　人们发现人工智能在解决问题方面的能力十分有限，且受制于当时计算机的内存和处理速度，无法解决需要进行复杂计算的实际问题。《莱特希尔报告》的发布象征着人工智能正式进入寒冬。

（3）专家系统提出阶段（1980—1987 年）　20 世纪 80 年代初，人工智能研究迎来了新一轮高潮，这次的引领力量是知识工程和专家系统。斯坦福大学的教授开发出世界上第一个专家系统程序，随后专家系统开始被全世界的公司所接纳，这期间，卡内基-梅隆大学为美国数字设备公司（DEC）设计了名为 XCON 的专家系统，该系统每年能为 DEC 节省数千万美元的费用。各国政府也纷纷加大人工智能领域的投入，例如，日本拨款 8.5 亿美元支持第五代计算机（智能计算机）项目。同时，神经网络研究在沉寂多年之后有了新的进展，具有学习能力的 Hopfield、反向传播等算法被发现，使神经网络被用于文字图像识别和语音识别，为人工智能 2.0 时代打下了第一块地基。

（4）专家系统后的低谷期（1987—1993 年）　专家系统应用领域狭窄、常识性知识缺乏、推理方法单一及成本高等不足逐渐显露，同时，台式机性能不断提升，人们的关注点和投资方向开始转向了个人计算机及互联网产业。各国逐渐停止向人工智能领域投入资金，当时日本声势浩大的第五代计算机项目也以失败告终。

（5）算力和算法突破期（1993—2006 年）　在摩尔定律下，计算机运算处理能力不断取得突破，互联网技术，尤其是神经网络技术迅猛发展，人们对人工智能开始抱有客观理性的认知，促使人工智能技术进一步走向实用化，人工智能迎来第三个高潮。1995 年，出现了聊天机器人程序 Alice，它能够利用互联网不断扩大自身的数据集和优化内容。1997 年，IMB 的计算机 DeepBlue 战胜了国际象棋世界冠军卡斯帕罗夫。

人工智能的 1.0 时代为 2.0 时代奠定了基础。总体来看，1.0 时代的人工智能主要是面向特定任务的专用人工智能系统，具有任务单一、需求明确、应用边界清晰、领域知识丰富、建模相对简单等特点，取得了人工智能领域的单点突破，如在国际象棋等智能水平的单项测试中可以超越人类智能。在自然语言理解、语音识别、图像识别等基础领域，1.0 时代的人工智能研究也取得了阶段性成果。但由于这一时期受计算机性能不足、数据缺失、算法不完善等的限制，人工智能难以处理涉及推理、学习、规划、设计等复杂问题的场景，与实际的生活、生产需求结合不紧密，应用领域狭窄、缺乏常识性知识，导致很多人工智能产品无法成为能被直接使用的应用，未能形成规模化商业浪潮。1.0 时代是人工智能的探索期，虽然人工智能未得到规模化的普及及应用，但这一时期奠定了基本的理论与算法基础，部分方法至今仍然具有较强的生命力，甚至成为当今时代的核心技术之一，为人工智能 2.0 时代的到来奠定了基础。

5.1.2　人工智能 2.0

1. 人工智能 2.0 的发展脉络

互联网、移动终端、传感器的普及使人类掌握的数据有了爆发式增长。与此同时，信息技术不断创新发展，计算机的计算能力也有了极大提高，二者与其他先进技术交织融合，推动着人工智能 1.0 不断发展演变，向人工智能 2.0 迈进。就目前已有的历程来看，人工智能2.0 的发展分为如下三个阶段。

（1）理论创新期（2006—2008 年）　人工智能 2.0 的起源可以追溯至 2006 年，Hinton

教授一年之内连续发表了三篇关于深度学习的重磅论文，其中，以 *Science*《科学》上刊发的论文《Reducing the Dimensionality of Data with Neural Networks》最具有代表性，文章提出了"深度学习"算法，论文证明了基于数据驱动建模分析的方法是完全可行的，也是因为这篇文章，大家的关注目光重新回到了神经网络这一技术路径，深度学习开始改变整个人工智能理论的格局，驱动人工智能向 2.0 时代迈进。

（2）学术验证期（2008—2015 年）　自深度学习算法被提出后，谷歌研究院和微软研究院的研究者先后将深度学习算法应用到语音识别的研究，使识别错误率下降了 20% ~ 30%。比较著名的是在 2012 年的全球 ImageNet 大规模视觉识别挑战赛中，Hinton 教授率领门下弟子利用深度学习模型以优异成绩一举夺得大赛冠军（第一名错误率为 15.3%，第二名为 26.2%），引起了视觉领域的巨大轰动。其后的 ImageNet 大赛中，深度学习成了绝大多数选手的"通用法宝"，模型结构与方法也在不断进步。同时，谷歌猫脸识别系统基于 16000 个 CPU 的计算能力和深度学习算法，在没有任何先验知识的情况下，仅通过观看网络视频就能学习到如何识别猫。IBMWatson 在美国智力问答电视节目中打败人类冠军，聊天机器人尤金凭借认知、推理的能力首次通过了图灵测试……一系列的验证型成果使部分人意识到人工智能 2.0 时代的来临。

（3）渗透赋能期（2015 年至今）　人工智能 2.0 以 2016 年 AlphaGO 战胜世界围棋冠军李世石为契机迎来高潮，真正使全世界的人意识到变革时代的到来。在战胜李世石之后，AlphaGO 一路披荆斩棘、所向无敌，接连迎战中、日、韩三国的数十位围棋高手，连续 60 局无一败绩，表现出了无与伦比的计算、学习和推理能力。谷歌也不断推出语音助手、机器阅读理解模型等实用性成果，前者不仅能凭借精准的语音识别能力辅助人们进行各种操作，还能通过学习不断提升聊天技巧，后者在部分指标上超越了人类，自然语言处理的新时代被开启。人工智能 2.0 由理论、实验阶段初步走向实用化阶段，开始改变人们的生产、生活。

总体来看，人工智能 2.0 仅有十余年的发展史，还处于极为早期的发展阶段。从目前的发展情况来看，其基础理论、技术验证、应用探索都在不断发展和创新演进中，并具有极大的发展空间。伴随理论技术、应用技术、工程条件的逐步提升，未来，人工智能 2.0 将推动实现整个智能化水平的跃升。

2. 我国人工智能技术发展现状

在人工智能总体发展水平上，我国已步入全球第一梯队。近年来，我国人工智能技术、产业发展迅速，在数据、芯片、算法技术（基础算法结合应用技术）、软件框架等领域均取得了较大进步，具体表现为以下三个方面。

1）在数据、应用技术领域具有极强的竞争优势。数据方面，我国网民规模居全球第一，庞大的数据量及丰富的使用环境为人工智能算法升级及应用场景的扩展提供了良好的基础。计算机视觉、语音识别等应用技术研究国际领先，例如，机器视觉中的人脸识别领域，我国算法模型识别率接近 99%，得到了美国相关的工业标准研究技术学院的肯定。语音识别领域，科大讯飞、搜狗等企业达到识别准确率超 97% 的水平，阿里巴巴的语音技术超越谷歌，流利对话的 AI 助手被 *MIT Technology Review*（《麻省理工科技评论》）列为 2019 年十大技术突破之一。

2）基础算法研究质量稳中有升。一方面，我国人工智能论文产出总量不断增长，截至 2018 年，我国与美国的产出量分别处于世界第一、第二位，并且大幅领先于第三位的产出量。另一方面，我国高水平论文产出量同样位居全球前列，在被引用最多的前10%的论文中，我国作者的比例稳步上升，其份额在2018年达到了26.5%的峰值，与美国的29%相差不远。但仍然需要意识到，在真正的原创性、重大理论突破方面，我国与美国的差距仍存在。

3）芯片与软件框架较为薄弱，但已在部分环节取得领先性成果。芯片包括通用训练、云端推理和终端推理芯片三大类。通用训练芯片方面，美国英伟达的GPU占据统治地位。云端推理芯片方面，我国企业在智能手机、无人驾驶、计算机视觉、VR设备等领域有了长足的发展。终端推理芯片方面，寒武纪（思元系列）、地平线（旭日、征程系列）和深鉴科技等我国的芯片厂商都在终端人工智能芯片的商用上取得了一定成绩。AI框架方面，谷歌的TensorFlow凭借完备的功能与生态"一枝独秀"，成为全球最受欢迎的AI框架。我国虽然布局较晚，但百度、腾讯、旷视等一批互联网巨头相继推出PaddlePaddle、Angel、MegEngine等产品，具备一定的竞争优势。

5.2 大数据智能

5.2.1 发展概述

大数据智能是指通过人工智能手段对大数据进行深入分析，以探究其中隐含的模式和规律的智能形式。大数据智能是从大数据中提取知识，进而从大数据中得到决策的理论方法和支撑技术。大数据智能是行业大数据与人工智能技术相融合的产物。

从数据量的维度来看，传统人工智能方法都是基于小数据的，即算法仅能针对一定量的数据进行建模与分析，过多的数据量反而会导致建模效果下降。随着互联网、大数据的交叉融合与快速发展，前所未有的海量数据呈现在人们面前，而机器学习算法的演进使系统具备了从海量数据中进行学习的能力。人工智能2.0时代的突出特点就是能够从大数据出发，提供从文本、图像和视频等数据中学习规则、关系和知识的能力，洞悉海量数据中隐藏的规律和模式，助力决策者做出精准判断，如图5-1所示。

目前，大数据智能技术仍然处于快速发展的阶段。近年来，大数据智能技术的研究与应用发展在我国受到了广泛关注，相关产品研发、行业应用不断取得新成就，大数据智能技术发展形势整体向好。与以美国为代表的技术强国相比，我国依靠巨大的数据红利与应用需求在多个行业领域深度渗透、广泛普及，但在关键基础技术的研究中，与美国仍有一定差距。相信随着我国学者的不断努力，与美国等世界头号科技强国的差距必将逐步缩小。

5.2.2 关键技术

以深度学习为代表的前沿机器学习算法是大数据智能的核心技术，并且随着技术的不断发展，逐步形成了"一主两从"的技术脉络，分别是以深度学习为核心主线的算法技术、以迁移学习和强化学习为代表的新型学习方式、以生成式对抗网络为代表的新型功能技术。深度学习作为技术主轴，能够与其他几类新老机器学习技术融合产生新的作用，发挥对海量数据的挖掘利用能力。

1. 深度学习

深度学习是机器学习的分支，是一种以人工神经网络为架构，对数据进行表征学习的算

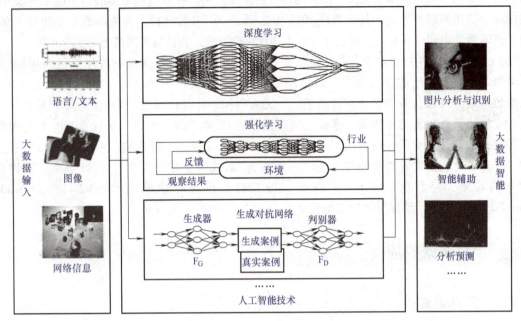

图 5-1 大数据智能

法，其通过人为构建一个复杂的多层计算网络，再结合尽可能多的训练数据和超强的计算能力，不断调节网络中的成百上千个参数，来尽可能逼近问题目标。目前已有数种深度学习算法框架，如深度神经网络、卷积神经网络、深度置信网络和循环神经网络等，它们已被应用在计算机视觉、语音识别、自然语言处理、音频识别与生物信息学等领域并获取了极好的效果，深度神经网络图像处理原理如图 5-2 所示。硬件的进步也是深度学习重新获得重大发展的基础，高性能图形处理器的出现使得机器学习算法的运行时间得到了显著的缩短。

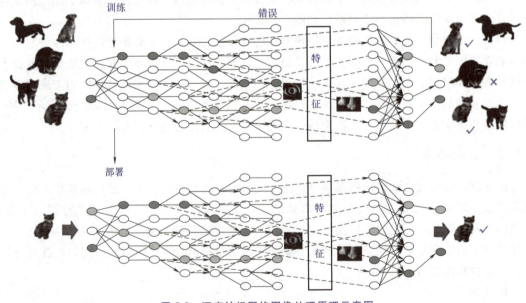

图 5-2 深度神经网络图像处理原理示意图

深度学习通过组合底层特征形成更加抽象的高层表示属性或特征，从而发现数据的逐层特征表示，与其他机器学习方法最大的不同是具有"特征学习"能力，可以理解为"深度模型"是手段，"特征学习"是目的。

深度学习通过大量数据的训练，学习调整具有多个隐藏层的学习模型，获得原始数据的分层表示，从而学习到数据的有效特征表示，最终能够提升特征分类或属性预测的准确性。深度学习与传统机器学习的区别表现在以下四个方面。

1）强调了人工神经网络模型结构的深度，与通常的浅层学习相比，深度学习使用更多隐藏层。

2）突出特征学习的重要性，通过逐层特征变换，将数据在原始空间的特征表示变换到一个新特征空间，使特征分类或属性预测变得容易，并且使精确度得到提高。

3）深度学习基于人工神经网络的发展，但是训练的方式与传统的人工神经网络不同。深度学习采用逐层训练的方式，然后再对网络参数进行微调。

4）深度学习利用大量数据来学习特征，而浅层学习不需要如此。

近年来，深度学习技术在数据预测、图像识别、文档处理等领域取得显著进展。例如，在交通领域，基于大量交通数据开发的大数据智能应用可以实现对整体交通网络进行智能控制；在新零售领域，通过深度学习的大数据智能技术提升了人脸识别的准确率并实现了"刷脸支付"；在健康领域，通过大数据和深度学习结合，能够提供医疗影像分析、辅助诊疗、医疗机器人等更便捷、更智能的医疗服务。

2. 迁移学习

迁移学习是机器学习中的重点研究领域，着重于将解决一个问题时获得的知识应用于另一个不同但相关的问题解决过程。

在迁移学习当中，通常将有知识和大量数据标注的领域称为源域，源域中的知识是要迁移的对象；而把最终要赋予知识和标注的对象称为目标域。迁移学习的核心目标就是将知识从源域迁移到目标域。目前，迁移学习主要通过以下三种方式来实现。

1）样本迁移：在源域中找到与目标域相似的数据并赋予其更高的权重，从而完成从源域到目标域的迁移。这种方法的好处是简单且容易实现，但是权重和相似度的选择往往高度依赖经验，会降低算法的可靠性。

2）特征迁移：其核心思想是通过特征变换，将源域和目标域的特征映射到同一个特征空间中，然后用经典的机器学习算法来求解。这种方法的好处是对大多数方法适用且效果较好，但对于实际问题的求解通常难度较大。

3）模型迁移：是目前最主流的方法，这种方法假设源域和目标域共享模型参数，将之前在源域中通过大量数据训练好的模型应用到目标域上。例如，当在一个千万量级的标注样本集上训练得到了一个图像分类系统后，在一个新领域的图像分类任务中，可以直接利用之前训练好的模型，再结合目标域的几万张标注样本进行微调，就可以得到很高的精度。再如，可以将识别轿车时获得的知识运用于识别卡车。这种方法可以很好地利用模型之间的相似度，具有广阔的应用前景。

总体来看，迁移学习基本分为四类：基于实例的深度迁移学习、基于映射的深度迁移学习、基于网络的深度迁移学习和基于对抗的深度迁移学习。不同的方法适用于不同特点的数据类型和问题。迁移学习可以充分利用既有模型的知识，使机器学习模型在面临新的任务时只需要进行少量的微调即可完成相应的任务，具有重要的应用价值。可以说，两个不同的领域共享的因素越多，迁移学习就越容易。目前，迁移学习已经在机器人控制、机器翻译、图像识别、人机交互等诸多领域获得了广泛应用。

3. 强化学习

强化学习是机器学习中的一个领域，强调如何基于环境而行动，以取得最大化的预期利益。强化学习的基本思想是通过试错与环境交互获得策略的改进，从而实现预期目标。强化学习与深度学习最大的不同就是前者不需要大量的"数据喂养"，而是通过自学习和在线学习达到学习目标，也正是这样的特点使其成为大数据智能与机器学习研究的一个重要分支。强化学习算法理论的形成可以追溯到 20 世纪七八十年代，但却是在最近才引起学界和工业界的广泛关注。具有里程碑意义的事件是 2016 年 3 月 DeepMind 开发的 AlphaGO 程序利用强化学习算法以 4：1 的结果击败世界围棋冠军李世石。如今，强化学习算法已经在游戏、机器人等领域开花结果，谷歌、百度、微软等各大科技公司更是将强化学习技术作为重点发展技术之一。

与监督学习不同，强化学习需要通过尝试来发现各个动作产生的结果，而没有训练数据告诉机器应当做哪个动作，但是使用强化学习算法时，可以设置合适的奖励函数，使机器学习模型在奖励函数的引导下自主学习出相应策略。强化学习的目标就是研究在与环境的交互过程中，如何学习到一种行为策略以最大化所能得到的累积奖赏。简单来说，强化学习就是在训练的过程中不断地进行尝试，错了就扣分，对了就奖励，由此训练得到在各个状态环境当中最好的决策。

强化学习通常有两种不同的策略：一是探索，也就是尝试不同的事情，看它们是否会获得比之前更好的回报；二是利用，也就是尝试过去经验当中最有效的行为。强化学习处在一个对行为进行评判的环境中，在没有任何标签的情况下，通过尝试一些行为并根据这个行为结果的反馈不断调整之前的行为，最后学习到在什么样的情况下选择什么样的行为可以得到最好的结果。在强化学习中，允许结果奖励信号的反馈有延时，即可能需要经过很多步骤才能得到最后的反馈。

强化学习大都与深度学习结合共同发挥作用，目前已被广泛应用在自动控制、调度、网络通信等领域。例如，AlphaGO Zero 从空白状态学起，在无任何人类输入的条件下，仅花了 40 天就击败了自己的前辈 AlphaGO；同样基于深度强化学习，AlphaStar 在《星际争霸 2》中以 10：1 击败了人类顶级职业玩家；日本发那科公司将强化学习应用到机械臂上，使其自主训练若干小时便能达到操作工人的抓取水平。在认知、神经科学领域，强化学习也有重要研究价值，已经成为机器学习领域的新热点。

4. 生成式对抗网络

深度学习的模型可大致分为判别式模型和生成式模型。

生成式模型是一个极具挑战的机器学习问题。首先，对真实世界进行建模需要大量的先验知识，建模的好坏直接影响生成式模型的性能；其次，真实世界的数据往往非常复杂，拟合模型所需计算量往往非常庞大甚至难以承受。针对上述两大困难，Goodfellow 等于 2014 年提出了一种新型生成式模型——生成式对抗网络（Generative Adversarial Network，GAN），通过使用对抗训练机制对两个神经网络进行训练，经随机梯度下降实现优化，既避免了反复应用马尔可夫链学习机制所带来的配分函数计算，也无需变分下限或近似推断，因而可以大大提高应用效率。

生成方法是机器学习方法中的一个重要分支，涉及对数据显式或隐式变量的分布假设和对分布参数的学习，基于学习得到的模型采样出新样本。生成式模型是通过上述生成方法学习得到的模型。在二元零和博弈中，博弈双方的利益之和为零或一个常数，即一方有所得而另一方必有所失。基于这个思想，GAN 的框架中包含一对相互对抗的模型——判别器和生成器，判别器的用途是正确区分真实数据和生成数据，从而最大化判别准确率；生成器则尽可能逼近真实数据的潜在分布。为了在博弈中胜出，二者需不断提高各自的判别能力和生成能力，优化的目标就是寻找二者间的纳什均衡。这类似于造假钞和验假钞的博弈，生成器类似于造假钞的人，希望制造出尽可能以假乱真的假钞；而判别器类似于警察，希望尽可能地鉴别出假钞，造假钞的人和警察双方在博弈中不断提升各自的能力。

　　生成式对抗网络常用于生成以假乱真的逼真图像、视频、数据、音乐等，此外，该方法还可用于图像分辨率的提升、缺失图像修复、图片风格迁移等，例如，生成式对抗网络普遍应用于黑白电影或照片上色，识别新的药物分子结构或筛选新合成材料的特性。

　　目前，GAN 应用最成功的领域是计算机视觉，包括图像和视频生成。例如，利用 GAN 生成各种图像、数字、人脸，实现图像风格迁移、图像翻译、图像修复、图像上色、人脸图像编辑以及视频生成，构成各种逼真的室内外场景，根据物体轮廓恢复物体图像等。图 5-3 所示为将 GAN 应用于图像风格迁移。图 5-4 所示为将 GAN 应用于根据地图生成航拍图像、根据轮廓图像生成照片、根据白天图像生成对应夜景等，大大增加了生成图像的多样性。GAN 能够以一种完全无监督的训练方式，将给定的一系列甚至是一张 2D 图像翻译为该物体的 3D 形状和深度信息，如图 5-5 所示。

a) 莫奈风格画 → 照片　　　　　　　　　　　b) 斑马→马

c) 照片→莫奈风格画　　　　　　　　　　　d) 马→斑马

图 5-3　图像风格迁移

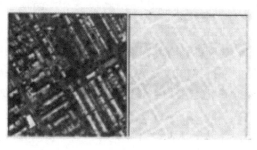

a) 根据地图生成航拍图像　　　　　　　　　b) 根据轮廓图像生成照片

图 5-4　图像翻译

c) 根据白天图像生成对应夜景

图 5-4   图像翻译（续）

a) 普通输入   b) 多模态输出

图 5-5   多模态图像翻译

5.3   跨媒体智能

5.3.1   发展概述

跨媒体智能是通过视听感知、机器学习和语言理解等理论和方法，构建出实体世界的统一语义表达模式，通过跨媒体分析和推理把数据转换为智能，从而成为各类信息系统实现智能化的使能器。

人类大脑通过视觉、听觉等感知能力和对语言文字的理解获得对世界的统一感知，这是人类智能的源头。随着多媒体和网络技术的迅猛发展，除了结构化的数据以外，图像、视频、文本等非结构化数据的数据量快速增长，占到世界大数据总量 90% 以上的比例。跨媒体智能就是要借鉴生物感知背后的信号、信息的表达和处理机理，对外部世界蕴含的复杂结构数据进行高效理解，从视、听、语言等方面把外部世界信息转换为内部模型，实现智能感知、识别、分析、检索和推理等。同时，构造模拟和超越生物感知能力的智能芯片和系统。图像与文本的跨媒体识别原理如图 5-6 所示。

我国在跨媒体智能领域拥有良好的发展基础，计算机视觉、语音识别、基于视觉和语言的生物特征识别等单一媒体的分类识别及部分多媒体类技术研究处于世界领先水平，在智能医疗、公共服务、网络安全、智能城市等领域，形成了智能诊断、身份识别、行人追踪、嫌

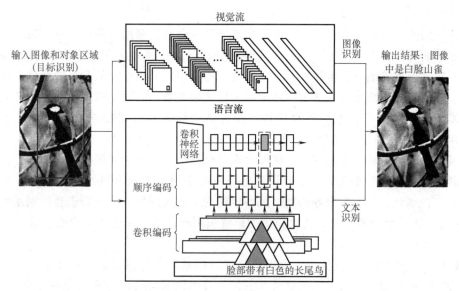

图 5-6 图像与文本的跨媒体识别原理示意图

犯排查等一系列基础应用场景。但在知识图谱与知识工程,尤其是类脑芯片和硬件支持等方面尚存短板,是下一阶段的发展重点。

5.3.2 关键技术

跨媒体智能面临语义鸿沟和异构鸿沟的问题,需要结合感知计算与知识驱动解决。利用感知计算的方法,挖掘生物信号、感知信息潜在的模式与规律。利用知识驱动的跨媒体协同推理,降低跨媒体智能认知决策的不确定性。所以,跨媒体智能包含两大技术方向:一是基于单一媒体与多媒体类别的分析、显示及应用技术,以计算机视觉、语音识别、AR/VR 技术为代表,利用它们能够实现文本、图像、语言等相互融合的分析、转化和检索;二是以知识图谱为代表的知识工程,通过建立完备的常识库与常识推理引擎,能够为建立物理实体世界的统一语义表达模式奠定基础。

1. 计算机视觉

计算机视觉是一门研究如何对数字图像或视频进行深层理解的交叉学科。从人工智能的视角来看,计算机视觉要赋予机器"看"的智能,与语音识别赋予机器"听"的智能类似,都属于感知智能范畴。

计算机视觉的目标是让计算机拥有类似人类提取、处理、理解和分析图像及视频所表达的内容的能力,主要包括图像分类、目标检测、图像生成、视频分类、场景文字识别、图像语义分割等细分技术领域。得益于深度学习强大的建模分析能力,计算机视觉各细分技术领域的底层技术边界逐渐模糊,技术应用效果得到极大提升,例如,当前人脸识别的准确率已超过 98%,早已超越人类能力,基本达到了机器的极限水平。

目前,计算机视觉是人工智能体系中应用最为成熟、广泛的技术,已在人脸识别、智能安防、工业检测等场景广泛应用,未来还将助力无人驾驶、智能医疗、AR/VR 等应用加速落地。

2. 语音识别

语音识别的目的是将语音信号转变为文本字符或命令，利用计算机理解讲话人的语义内容，使其"听懂"人类的语音。语音识别包括语音识别（狭义）、语音合成、机器翻译、对话系统、唇语识别等细分技术领域。具体来说，语音识别、语音合成和机器翻译都取得了极大的进步；而对话系统目前能基于深度学习实现浅层理解；对唇语识别等需要与视觉结合的技术，其识别效果与发言者的语速快慢、发音是否标准等密切相关，目前准确率基本在60%～80%，该技术尚不能商业化使用。

语音识别系统通常主要包括特征提取、声学模型、语言模型和解码搜索四部分。

随着算法技术的不断突破，语音识别已经应用于语音识别听写器、语音寻呼和答疑平台、自主广告平台、智能客服等领域。虽然短期内无法实现像人一样的语音识别系统，但是未来5～10年内必然会有更多功能更强大的语音识别产品出现，改变人们的生活。

3. AR/VR

AR/VR是借助各种计算机技术为用户提供以视觉为主的感官模拟的技术，可以为用户带来身临其境的体验，进而促进信息消费的扩大升级以及与传统行业的创新融合。VR技术通过人为创造视觉、触觉、听觉和嗅觉等感官体验，为使用者构造一个类似于现实世界的环境，使其获得逼真的体验。利用VR技术可以开发飞行员进行模拟飞行训练的软件，或者开发VR游戏。VR技术是呈现完全虚拟的场景，它比AR更注重封闭的沉浸感，画质要求更高。

AR是为物理和现实环境提供一个鲜活的视角，它的元素是输入计算机生成的感觉，如声音、视频、图形或GPS数据。AR技术涉及一个更普遍的概念——调和现实，它将现实世界与虚拟世界相互结合，呈现的场景有真有假，更强调虚拟信息与现实环境的"无缝"融合。因此，这项技术依赖于对现实的感知能力。AR对现实的增强通常是实时的，同时具有虚拟语义语境和真实环境元素。

VR与AR的关键技术大致相同，主要有近眼显示、感知交互、渲染处理、网络传输和内容制作等。AR/VR与语音、视觉识别等技术结合，能够使生成的虚拟对象更具有真实感，可有效提升应用性能与产品体验。

当前，基于AR/VR的人工智能应用正在加速向生产与生活领域渗透。例如，在工业领域，通过引入AR技术，可实时指导操作工进行设备的维修、检查、校准测量、现场加工、调试等作业，提高效率、降低成本；在医疗领域，一种名为"AI+VR精神疾病检测盒"的产品可以助诊抑郁症，人无需去医院即可进行就诊；在教育领域，美国一所学校利用AI+VR技术打造沉浸式的立体化学习体验，帮助学生快速学习外语；美国海军使用虚拟跳伞训练模拟器进行培训，受训者可以利用模拟器进行训练，降低了训练成本。

4. 知识图谱

知识图谱以结构化的形式描述客观世界中的概念、实体及其关系，本质上是一种语义网络。例如，在一个社交网络图谱中可以有不同的人与公司，人和人之间的关系可以是"朋友"，也可以是"同事"，人和公司之间则可以是"现任职"或"曾任职"的关系。实际应用过程中，通过将数据从数据库、网页等不同渠道抽取出来，确定不同对象间的关系，构建图谱并将其存储到计算机中，最后根据定义的问题对图谱进行检索或推理，如图5-7所示。

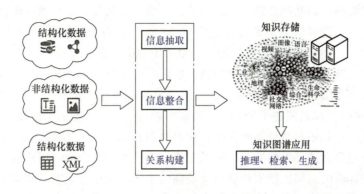

图 5-7　知识图谱的构建与使用

知识图谱分为两类：一类是通用的大规模知识图谱，注重广度，通常基于公开的数据来汇集常识性知识，例如，谷歌知识图谱已经包含了千亿对象，能够提供非常便捷的搜索功能；另一类是面向具体行业或领域的知识图谱，需要依靠金融、电信、工业等特定行业的数据来构建，主要用于商业智能和智能服务等场景；例如，美团通过构建大规模的餐饮、娱乐知识图谱——美团大脑，充分挖掘客户喜好，实现智能搜索推荐、智能商户运营等。

知识图谱技术是人工智能知识表示和知识库在互联网环境下的大规模应用，显示出知识在智能系统中的重要性，是实现智能系统的基础知识资源。知识图谱技术发展迅速，知识图谱研究有如下趋势：①研究知识表示和获取的新理论和新方法，使知识既具有显式的语义定义，又便于进行基于大数据的知识计算；②随着信息技术从信息服务向知识服务转变，研究建立知识图谱的平台，以服务不同的行业和应用；③知识图谱虽然已经在语义搜索和知识问答等应用中展示出一定的成效，但是知识驱动的智能信息处理应用仍不足，需要进一步的研究与推动。

5.4　群体智能

5.4.1　发展概述

群体智能是一种共享的或群体的智能，是对现实世界中的群居性生物或人类群体所呈现出的有序群行为的抽象。群体由一组自由个体构成，它们遵循简单的行为规则，通过个体间的局部通信以及个体与环境间的交互作用而涌现出自组织特性等集体智能。面对开放环境下的复杂系统任务时，群体智能会超越个体智能。

群体智能源于自然界中存在的群集行为，如大雁在飞行时自动排成人字形、蝙蝠在洞穴中快速飞行却可以互不相撞等。群体中的每个个体都遵守一定的行为准则，当它们既遵守这些规则又相互作用时，就会出现上述的复杂行为。基于这一思想，Craig Reynolds 在 1986 年提出一个仿真生物群体行为的模型 BOLD。1999 年，E. Bonabeau 和 M. Dorigo 等人编写的《群体智能：从自然到人工系统》正式提出群体智能概念，群体智能进入 1.0 时代。

1. 群体智能 1.0

群体智能 1.0 时代的学者专注于群体行为特征规律的研究，并针对这些行为特征提出一系列具备群体智能特征的基础算法，如遗传算法、蚁群优化算法、粒子群优化算法等。

（1）遗传算法 遗传算法的起源可追溯到 20 世纪 60 年代初期。1967 年，美国密歇根大学 J. Holland 教授的学生 Bagley 在他的博士论文中首次提出了"遗传算法"这一术语，并讨论了遗传算法在博弈中的应用，但早期研究缺乏带有指导性的理论和计算工具。1975 年，J. Holland 等提出了对遗传算法理论研究极为重要的模式理论，出版了《自然系统和人工系统的适配》，在书中系统地阐述了遗传算法的基本理论和方法，推动了遗传算法的发展。

遗传算法是一种利用自然选择和生物进化思想在搜索空间搜索最优解的随机搜索算法。遗传算法通过模拟自然选择中的繁殖、交叉、变异来寻求优良个体，用适应度函数评价个体优劣，依据优胜劣汰的原则，搜索出适应度较高的个体，并在搜索中不断增加优良个体的数量，循环往复，直至搜索出适应度最高的个体。遗传算法采用一种启发式搜索的方式进行群体搜索，易于进行并行化处理。20 世纪 80 年代后，遗传算法进入兴盛发展时期，被广泛应用于自动控制、生产计划、图像处理、机器人等研究领域。

遗传算法的设计包括编码方案、适应度函数、个体选择方法、交叉算子、变异操作等。

1）编码方案：遗传算法常用的编码方案有二进制编码、实数编码等。遗传算法中初始群体中的个体可以是随机产生的。群体规模太小时，遗传算法的优化性能一般不会太好，容易陷入局部最优解；而当群体规模太大时，则计算复杂。

2）适应度函数：遗传算法的适应度函数是用来区分群体中个体好坏的标准。适应度函数一般由目标函数变换得到，但必须将目标函数转换为求最大值的形式，而且必须保证函数值非负。

3）个体选择方法：个体概率的常用分配方法有适应度比例方法、排序方法等，对个体进行选择的方法主要有轮盘赌选择、最佳个体保存等方法。

4）交叉算子：遗传算法中起核心作用的是交叉算子，主要有一点交叉、二点交叉等基本的交叉算子。

5）变异操作：变异操作主要有位点变异、逆转变异、插入变异、互换变异、移动变异等变异方法。

（2）蚁群优化算法 蚁群优化算法是由意大利科学家 Marco Dorigo 等受蚂蚁觅食行为的启发于 20 世纪 90 年代初提出来的。蚁群优化算法是一种模拟自然界中蚂蚁觅食行为的仿生学优化算法，主要与蚂蚁在寻找食物过程中寻找路径的方法有关。蚂蚁觅食时总存在信息素跟踪和信息素遗留两种行为，即蚂蚁一方面会按照一定的概率沿着信息素较强的路径觅食，另一方面会在走过的路径上释放信息素，使一定范围内的其他蚂蚁能够觉察到并改变自身行为。一条路径上的信息素越多，后来的蚂蚁选择这条路的概率就越大，从而进一步增大该路径的信息素强度；而其他路径上蚂蚁越来越少时，其上的信息素强度也会随着时间的推移逐渐减弱。这种选择过程称为蚂蚁的自催化过程，其原理是一种正反馈机制，所以蚂蚁系统也称为增强型学习系统。20 世纪 90 年代后期，这种算法得到了许多改进并被广泛应用。Dorigo 等提出了蚁群优化的算法框架，所有符合蚁群优化描述框架的算法都可称为蚁群优化算法。蚁群优化算法在解决离散组合优化问题方面具有良好的性能，常应用于解决旅行商问题、优化柔性作业车间调度等。

（3）粒子群优化算法 粒子群优化算法是美国普渡大学的 Kennedy 和 Eberhart 受到鸟类群体行为的启发，于 1995 年提出的一种仿生全局优化算法。粒子群优化算法将群体中的每

个个体看作 n 维搜索空间中一个没有体积、没有质量的粒子，粒子在搜索空间中以一定的速度飞行，该算法以群体中粒子间的合作与竞争产生的群体智能指导优化搜索。粒子群优化算法在 n 维连续搜索空间中，对粒子群中的第 i（$i=1$，2，$\cdots$，m）个粒子，定义 n 维当前位置向量 $\boldsymbol{x}^i(k)=\begin{bmatrix} x_1^i & x_2^i & \cdots & x_n^i \end{bmatrix}^{\mathrm{T}}$ 表示搜索空间中第 i 个粒子的当前位置（k 表示第 k 次迭代计算），n 维速度向量 $\boldsymbol{v}^i(k)=\begin{bmatrix} v_1^i & v_2^i & \cdots & v_n^i \end{bmatrix}$ 表示该粒子的搜索方向。

粒子群优化算法的流程如下：

1）初始化每个粒子，即在允许范围内随机设置每个粒子的初始位置向量和初始速度向量。

2）评价每个粒子的适应度，计算每个粒子的目标函数。

3）设置每个粒子经历过的最好位置 P_i。对每个粒子，将其适应度与其经历过的最好位置 P_i 进行比较，如果适应度优于 P_i 则将其作为该粒子的最好位置 P_i。

4）设置全局最优值 P_g。对每个粒子，将其适应度与群体经历过的最好位置 P_g 进行比较，如果适应度优于 P_g 则将其作为当前群体的最好位置 P_g。

5）按粒子群优化算法公式更新粒子的位置向量 $\boldsymbol{x}^i(k)$ 和速度向量 $\boldsymbol{v}^i(k)$。

6）检查终止条件。如果未达到设定条件（预设误差或迭代的次数），则返回第2）步。

粒子群优化算法已在诸多领域得到应用，包括神经网络训练、生产过程模型辨识、电力系统调度最优化、机械优化设计、通信电路优化设计、机器人路径规划、经济优化决策、图像处理、生物信息处理、医学诊断等。

2. 群体智能 2.0

随着物联网、移动互联网发展，万物互联、共建共享和大数据深层驱动使群体智能迎来了新的黄金发展时期，步入 2.0 时代。人工智能不再是以机器单纯地模仿一个人的智能，而是基于网络使许多机器和人相连接，成为群体智能，并将针对群体生物行为模型的研究转为针对人群、机群等智能的探索。

近年来，群体智能初步融入人们生产生活中，如智能制造机器人协同、无人机群体控制、智能家居、可移动智能穿戴设备等，但群体智能的理论、技术、平台等方面的研究仍处于极为初级的阶段，世界各国均在进行技术方向的积极探索。相信未来随着技术的不断发展与成熟，群体智能将会在智能制造、智能交通、城市安防、突发灾害抢险救援等方面有更加广泛的应用前景。

5.4.2 关键技术

当前群体智能形成了三大技术路线，一是以群体智能感知计算为代表的新型数据信息收集方式，能够快速有效地扩展数据信息；二是以联邦学习为代表的安全数据共享方式，打破数据孤岛，保护用户数据的隐私；三是以众包计算为代表的聚众智慧研发方式，能够大幅提高项目研发的创新能力，保障数据预测能力的可靠性。

1. 群体智能感知计算

2012 年，清华大学刘云浩教授提出群体智能感知计算这一概念。群体智能感知计算是利用物联网、移动互联网、移动设备和群体智能技术等实现的一种新型获取数据集信息的方式，具体而言，它是在基于移动互联网的组织结构和大量用户群体的驱动下，以每个用户的移动设备为感知单元实现对感知任务的分发和数据的收集。这种新型的数据感知获取方式相比传统方式更适合于应对数据需求灵活度高、规模大的场景，且随着移动设备的普及，感知网络的规模扩大到一个新的高度，不仅可在有人参与的感知场景中获得数据信息，还可通过社交网络等获取用户的上下文感知数据，如位置信息、健康数据、天气状况等。

随着智能手机、智能车辆、医疗设备、可穿戴设备等移动设备的普及，它们逐渐配备越来越多功能强大的传感与检测设备，如 GPS 模块、罗盘、陀螺仪、加速度计、麦克风、镜头等。在移动设备与传统传感器的协调工作下，移动感知和人群计算提供了一种大规模、分布式的感知计算方法，并可应用于实际问题中，如医疗保健、环境治理、智慧城市、智能交通、人群管理、社交网络、公共安全和军事应用等方面。在公共安全和军事方面，发展出利用移动感知实现高效目标追踪定位的方法；在人群管理方面，对人群行为和群体情感进行监测研究，进而用于商业客户分析。群体智能感知计算的优点是数据来源和分布具有覆盖面广、随机性强的特点，可应对大规模数据需求问题，但与此同时，数据质量参差不齐和数据结构复杂多样给计算带来困难，用户的安全隐私问题须引起注意。

2. 联邦学习

数据隐私安全问题处理不当会发生用户数据泄露事件，而引起公众的恐慌。企业出于商业机密性、竞争性考虑，并不会进行数据共享，因此出现数据孤岛的问题，这两大问题给由大数据驱动的群体智能带来了极大挑战。为解决上述问题，2016 年谷歌提出联邦学习的概念，即对分布于多方设备的数据集，在保障数据隐私安全的情况下进行联合建模。由每一个拥有数据源的组织训练一个模型，然后让各个组织在各自的模型上彼此交流沟通，最终通过模型聚合得到一个全局模型。为确保用户隐私和数据安全，各组织间交换模型信息的过程会被精心设计，使得没有组织能够猜测到其他组织的隐私数据内容。同时，当构建全局模型时，各数据源仿佛已被整合在一起，这便是联邦机器学习（简称联邦学习）的核心思想。

联邦学习旨在建立一个基于分布数据集的联邦学习模型。联邦学习包括两个过程，分别是模型训练和模型推理。在模型训练的过程中，模型相关的信息能够在各方之间直接交换或以加密形式进行交换，但数据不能。这种交换不会暴露每个站点上数据的任何受保护的隐私部分。已训练好的联邦学习模型可为联邦学习系统的各参与方所用，也可以在多方之间共享。

联邦学习在保证用户数据的安全性和隐私性、提高用户参与积极性的同时，为打破数据壁垒、解决数据孤岛问题提供了新方法，在大数据驱动的时代具有重大的意义。联邦学习对群体智能的发展有重要的影响，在医疗、金融、通信、边缘计算等方面都有相关应用。

3. 众包计算

众包计算是群体智能的重要分支领域和支撑技术，包括两方面，一是将互联网群体当作计算的组成部分，完成数据收集、语义注释、分布式模型训练等工作，帮助企业快速构建数据集与算法模型，具有速度更快、质量更高、保密性更强的特点；二是基于互联网群体，来利用人工智能技术对群体行为进行训练，以增强已有模型的性能。

众包计算具备可行性，其中最关键的原因是群体能够提供超越个体的创新能力，而且利用群体提供的数据可得到有效可靠的预测能力，众包计算被广泛应用于数据挖掘、自然语言处理、信息检索、软件设计开发、软件测试、图像识别、平面设计、创意征集、社交网络分析等方面。

5.5　混合增强智能

5.5.1　发展概述

　　混合增强智能是指将人的作用或人的认知模型引入人工智能系统，在智能系统的运行过程中，能通过人的主动介入调整相应参数，或者智能系统直接具备像人脑一样的认知计算和推理能力，形成更强的智能形态。

　　人类是机器智能的最终使用者，目前来看，任何机器智能都无法取代人类智能。在大数据不断取得重大进展的今天，人即使能为智能系统提供充足的数据资源，也必须对智能系统进行适当干预，智能系统才能达到人所期望的智能水平。将人的作用或认知模型引入人工智能系统中形成混合智能形态，将极大地提高机器智能水平，是人工智能发展可行而重要的成长模式。混合增强智能原理如图 5-8 所示。

　　早在 20 世纪 60 年代，便有计算机科学家指出，计算机技术的发展终将是与人类大脑紧密耦合，并且以无法描述和构想的形式进行思考和数据分析。然而受限于当时的计算机硬件技术水平，这些人机智能融合的方式

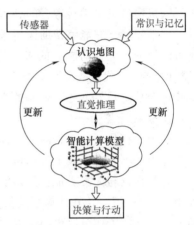

图 5-8　混合增强智能原理示意图

都仅仅停留在论文的推导和证明中，并没有真正实现。20 世纪 70 年代，专家系统在医疗领域盛行，人与机器相结合的混合智能应用初现端倪。然而，当时的专家系统仅仅是人类推理知识的计算机表达形式，智能混合还显得比较浅显，人类始终参与推理过程，而计算机仅担任数据处理的职责。当前，随着人类对认知科学、信息科学与神经科学的不断探索，人类智能和机器智能的差异性和互补性不断凸显，借助人机交互、认知计算、平行控制与管理等关键技术，有望实现人与机器的智能融合，完成复杂的感知和计算任务。

　　当前，混合增强智能仍处于研究的早期阶段，但未来有望在智能学习、医疗与保健、人机共驾和云机器人等领域得到广泛应用，并带来颠覆性变革。例如，基于混合增强智能形态，创造一个动态的人机交互环境，将极大增强现代企业的风险管理能力和价值创造能力，扩大企业的竞争优势。在教育领域，学生通过与混合增强智能系统的交互，形成一种新的智能学习方式，系统可以根据学生的知识结构、智力水平、知识掌握程度，对学生进行个性化的教学和辅导。

5.5.2　关键技术

　　当前，混合增强智能存在三大技术路径：一是以人机接口为代表的人机交互，将人的作用引入智能系统中，形成人在回路的混合增强智能范式；二是在人工智能系统中引入受生物启发的智能计算模型，构建基于认知计算的混合增强智能范式；三是通过建立与实际系统"等价"的人工系统来研究对复杂系统的控制与管理，即平行控制与管理技术。

1. 人机交互

人机交互主要研究如何更好地进行人与计算机之间的信息交换，是混合增强智能的重要支撑技术。人、机之间传统的信息交换方式主要是依靠交互设备，如键盘、鼠标、操纵杆等，以手工输入或语音交互的形式进行。新型人机交互技术以脑机接口最具代表性，即用意念控制机器。按电极所处的位置，脑机接口可以分为植入型脑机接口和非植入型脑机接口。植入型脑机接口需要通过手术将信号采集探针放入颅内，从而采集脑电信号。非植入型脑机接口是直接采集头皮脑电，其所能采集的脑电信号所带的信息量比植入型脑机接口的要少，信号采集的分辨率也更低，但因为是无创性的，便捷性和安全性高。

脑机接口是多学科融合的新型人机交互技术，在医疗、生活、军事上都有重要的应用前景。医学领域，它能够帮助医生进行诊断，医生可以通过脑机接口系统实时监测病人状态，还可以帮助丧失行动能力的人一定程度上恢复正常生活。军事领域，近年来美军陆续提出"感知操控""代理战士"等概念，人机结合的武器无疑是重点研究方向。娱乐领域，脑控游戏将会是游戏界下一次革命的突破点。

2. 认知计算

认知计算是一种全新的计算模式与架构，相较于传统计算技术，它具有更加自然的人机交互能力、不完全依赖于计算机指令的自主学习的能力、以数据为中心的新型计算模型等。认知计算强调与人类更加自然地展开互动，而不是按照程序运行，具有学习的能力并且能够越用越"聪明"。认知计算系统具备四个层次的能力：一是辅助能力，在认知计算系统的帮助下，人类的工作可以更加高效；二是理解能力，认知计算系统非凡的观察和理解能力可以帮助人类在纷繁的信息中发现其中的内在关联和潜在发展趋势；三是决策能力，认知计算系统在有效数据分析的支持下帮助人类做出决策；四是发现和洞察的能力，帮助人类发现当今计算技术无法发现的新洞察、新机遇及新价值。

认知计算系统具有以下特征。

1）自适应学习。随着信息的变化以及目标和需求的发展来进行学习，消除歧义，容忍不可预测性，使用实时的或接近实时的动态数据。

2）与用户交互。用户可以自定义需求，并且可以作为认知系统的训练师而与其他处理器、设备、云服务以及人、机进行交互。

3）迭代和状态性。如果问题的状态是模糊者不完整的，认知计算系统就可以通过询问问题或者通过找到额外输入来源的方式来重新定义问题。同时它们也可以保存先前交互迭代的记录。

4）环境的信息发现。认知计算系统可以理解、识别和提取环境因素，如语义、语法、时间、位置、合适的域、条例、用户属性、过程、任务和目标等。它们可能利用多个渠道的信息，包括所有结构化和非结构化数字信息，还可以利用感知输入，如视觉、手势、听觉或者传感器所提供的信息。

认知计算系统与当前计算应用的区别在于，认知计算系统是基于预配置规则的，而且程序能够超越预配置的能力。它们能够进行基本的计算，并能基于更广泛的目标进行推断和推理。其最终目标是使得计算更接近人类的思考过程，在人类事业中与人类保持合作伙伴关系。

认知科学本质上来说是跨学科的。它涵盖了心理学、人工智能、神经科学及语言学等方面，同时也跨越了很多分析的层面，从底层的机器学习和决策机制到高层的神经元回路来建立模拟人脑的计算机。表5-1总结了与神经信息学和认知计算相关领域。

表 5-1　神经信息学和认知计算相关领域

学科领域	简介	技术支持
人工智能	通过研究认知现象来在计算机中实现人类的智慧	模式识别、机器人、计算机视觉、语音处理等
学习和记忆	研究人类学习和记忆的机制，以此来构建未来计算机	机器学习、数据库系统、增强记忆等
语言和语言学	研究语言是如何学习和获取的，以及怎样理解新句子	语言和语音处理、机器翻译等
知觉和行动	研究通过感官（如视觉和听觉）来获取信息的能力，触觉、嗅觉和味觉刺激都属于这一领域	图像识别和理解、行为学、脑影像学、心理学和人类学
神经信息学	神经信息学是神经科学与信息科学的交叉学科	神经计算机、人工神经网络、深度学习、疾病控制等
知识工程	研究大数据分析、知识挖掘、转型和创新过程	数据挖掘、数据分析、知识发现及系统构建

3. 平行控制与管理

平行控制与管理系统是指基于 ACP［Artificial system（人工系统）+Computational experiment（计算实验）+Parallel execution（平行执行）］方法，以社会物理信息系统等复杂系统为对象，在对已有事实认识的基础上，通过先进计算，借助人工系统对复杂系统进行"实验"进而对其行为进行分析，实现虚实互动的、比现实系统更优的运行系统。即通过人为设计实验，建立一个与实际对象或系统"等价"的人工模型，并构建人工系统和实际系统组成的双闭环反馈，使两者协同发展，从而对已发生及可能发生的事件进行试验和计算，为真实复杂对象的管理与决策提供计算验证支持。

近年来，基于 ACP 方法，平行控制与管理的相关研究成果已在智能交通、企业管理、石化生产和农业生产等领域开展了一系列应用实践，证明了平行控制与管理方法对兼有工程复杂性和社会复杂性的复杂系统行为分析和管控的有效性。

5.6　智能化技术赋能作用

5.6.1　人工智能2.0是新一轮科技革命的核心技术

智能化技术在数字化、网络化技术的基础上，通过创新建模分析方法，形成基于数据和领域知识的融合优化决策。智能化技术对数字化、网络化阶段积累的大量信息与数据充分挖掘并加以利用，全面发挥数据和知识价值，最终逐步形成由人、信息系统一级物理实体有机组合而成的综合智能系统。

智能化技术向各领域拓展并进行融合创新，推动传感、通信、计算、控制四大环节向智能化演进，见表5-2。其中，智能传感器融合人工智能技术，能对周边环境进行更细致的监控和数据收集，并对多类融合后的数据进行预处理和分析，进一步提升感知能力。6G（6th

Generation Mobile Communication Technology，第六代移动通信技术）等新一代通信技术融合人工智能，能基于网络本身大量的终端、业务、用户、网络运维等数据进行自我学习与优化，提高网络规划、建设、维护等方面的效率，增强组网智能性与运作灵活性，降低网络建设成本。人工智能全面深度融入计算体系，催生先进计算技术，形成具备生产、生活数据并能实时处理数据、做出决策的智能家居及可穿戴设备、智能网关等终端与边缘侧产品；人工智能与云计算结合，适用于深度学习训练、大数据存储与读取、大规模整体数据分析等场景，实现经济生产、社会治理、民生服务等全领域的深度融合应用。人工智能与传统控制技术结合形成智能控制技术，使机器人系统、生产制造设备系统、交通控制系统等能够适应复杂多变的环境，在无人干预的情况下完全自主驱动机器与系统实现预计目标。

表 5-2　四大环节的智能化演进

赋能环节	数字化技术	网络化技术	智能化技术
传感——信息获取	数字传感	网联传感	智能传感
通信——信息传输	数字通信	互联网、移动互联网、物联网	新一代信息技术
计算——信息处理	计算机	云计算、大数据	新一代计算技术
控制——信息应用	数字控制	网联控制	智能控制

与人工智能 1.0 相比，人工智能 2.0 使机器能够基于数据与知识进行自主学习并分析挖掘问题中所隐含的关系或模式，能够自主提升模型性能，并通过对多元化数据与知识的组合分析，解决机理更为复杂的问题。实现从小数据、小知识智能走向大数据、大知识智能，从固定规则走向自主式学习，从单一模式的智能走向人机混合复杂模式的智能的变革。与之前的分析模式相比，人工智能 2.0 的变革意义主要体现在以下三个方面。

1）系统建模强化数据分析能力。传统数据分析方法高度依赖人的经验认识和科学理论的发展水平，只能解决机理相对简单清晰或是在人类现有理论边界内的问题。人工智能 2.0 为传统方法不能有效解决的、现实中普遍存在的复杂问题提供了新的思路：基于数据驱动进行问题隐含映射关系的挖掘，消除复杂问题的不确定性，实现由"强调因果关系"的传统模式向"强调关联关系"的创新模式转变，进而向"关联关系"和"因果关系"深度融合的先进模式发展，达到或超过人类水平，并解决目前许多无法解决的、未知的、潜在的问题。

2）知识工程强化认知与学习能力。知识图谱、强化学习、混合增强智能等技术创新一定程度上弥补了人工智能 1.0 时代学习、认知能力的缺失，将来自人、机、物的数据知识、经验知识和机理知识构成知识库，再根据不同条件和状态选择适用知识，经解释后形成执行策略。由原本的"授之以鱼"转变成"授之以渔"，机器具备了自主学习知识并更好地运用知识的能力，显著提升知识作为核心要素的边际生产力。

3）人机交互强化协作能力。智能化技术驱动人、装备和环境系统之间实现最优的智能匹配，把人对模糊、不确定问题分析与响应的高级认知机制与机器智能系统紧密耦合，使人类智慧的潜能得以极大释放，人与机器人智能的各自优势得以充分挖掘并相互启发、增强，两者相互适应，协同工作。

智能化技术带动了新兴产业的发展，如具备自动驾驶功能的网联汽车、根据市场变化为用户提供准确投资策略的智慧金融、进行精准影像识别的智慧医疗等。智能化技术改变了交通、金融、医疗、教育等一系列行业的发展模式，催生了一大批产业新环节、新主体、新模式。智能化技术彻底革新了人们的生活社交方式。

5.6.2 "人工智能+X"赋能各领域应用创新

1. 技术发展趋势

人工智能2.0已经呈现出巨大的技术创新与融合应用潜力，但仍处于快速迭代、迅猛发展的关键时期，显现出以下几个主要技术趋势。

1）机器学习系统正向超大规模发展。随着待解任务越来越复杂，数据量越来越庞大，机器学习系统的计算量以远超摩尔定律的速度倍增，以OpenAI在自然语言处理方面的最新模型GPT-3为例，它是一个训练数据为570TB、参数个数为1750亿的超级怪物，需要在包含1万个GPU的分布式集群训练，总开销上千万美元。

2）逐步向多元学习方式扩展。人工智能2.0涉及的问题类型越来越复杂、丰富，单一化的算法或技术已不足以解决这种问题，例如，数据质量和规模一直是解决感知类问题的前提要素，而通过深度学习与知识图谱相结合，能够弥补数据依赖、推理理解的局限性，显著提升模型智能化水平。

3）新理论、新方法不断涌现，有望带来学习方式、理论体系的颠覆创新。全球顶尖科学家仍在持续探索，期望能通过颠覆式的理论突破当前人工智能存在的不足或弊病。例如，斯坦福大学李飞飞等提出一种新型计算框架——深度进化强化学习（Deep Evolutionary Reinforcement Learning，DERL），实现人工智能系统在多个复杂环境中执行多个任务的技术突破。

4）与各学科及领域技术的融合不断深化。与医学技术、材料科学、工程科学等多学科、多领域交叉融合，构建形成"人工智能+X"的复合应用赋能体系，将持续对医疗、材料科学及太空探索等领域产生创新带动作用。

2. 领域融合赋能作用

下面以材料科学、太空探索两个主要领域为例，阐述人工智能2.0与领域技术融合带来的赋能作用。

（1）人工智能2.0提升材料科学领域研发与制造水平

1）助力新型材料设计。例如，构建材料成分、结构、工艺与性能之间的关系模型，并利用大量材料性能实验数据对模型进行训练，基于对数据的深度分析对给定成分与结构的材料进行性能预测，或者通过预设的性能表现预测新材料的成分组成与结构。

2）助力材料合成路径优化与创新。例如，基于对材料合成领域文献及实验数据进行深入分析与匹配，实现分子的传统合成路径优化，有效提高材料的产率；基于对材料合成方法的归纳与总结，规划材料的新型合成路线，拓展材料制备的原料来源。

（2）人工智能2.0提升太空探索领域的设计、观测与研究能力

1）提升航天工程水平。例如，基于对航天器内部设备运行状态的监测与运行数据分析，实现航天器自我故障诊断与修复，提升航天器管理水平；基于对航天器运行外部环境的监测与环境数据分析，结合人工下达的一级指令，实现航天器任务的自我规划与设计。

2）提升天文观测能力。例如，对宇宙探测器收集的海量数据进行筛选、分类与深度分析，提取行星特征并学习如何辨认，有效提升天体发现的速度。

3）提升空间科学的研究能力。例如，基于对宇宙学数据的深度分析，建立宇宙学模型，通过从宇宙地图中提取相关信息，估算宇宙暗物质的含量，实现对宇宙化学组成与演化规律的进一步研究。

5.6.3 强人工智能——智能化技术的未来

未来，人工智能还将发展步入强人工智能阶段。强人工智能是一种颠覆式的创新技术，推动创新由量到质的变革，将完全打破原有经济产业生态系统结构和发展瓶颈，创造出更为高级的经济产业生态，颠覆现有人类生产生活方式，甚至作为一种决定性技术支撑国家崛起，重塑全球经济政治格局。Ray Kurzweil 是奇点大学创始人兼校长、谷歌技术总监，被认为是 21 世纪最伟大的未来学家。他预言，未来人工智能将超越人类智能，世界将开启一个新的文明时代，他还认为当智能机器的能力跨越奇点后，人类的知识单元、链接数目、思考能力将步入令人眩晕的加速喷发状态，一切传统的和习以为常的认识、理念、常识，将统统不复存在，所有的智能装置、新的人机复合体将进入苏醒状态。

强人工智能时代将是智能机器人（系统）的时代，具有自我意识和思维功能的机器人被创造出来，可以自主处理各种问题。届时机器人能从事和胜任人类的任何工作，司机、保镖等现有职业大多会消失，人类会处在一个庞大的、生产力高度发达的、智能化织就的网络世界中，无数人工智能相关的行业被创造出来，人类有全新的思想、精神与价值追求。

强人工智能为未来勾勒了理想蓝图，但目前来看，除了其可能带来的伦理、法律等社会问题外，实现强人工智能主要有两个方面的障碍。

（1）算法技术 经过百万年的进化，人脑的内部运行逻辑极为复杂巧妙，可以说，人类大脑是人们所知宇宙中最复杂的事物。当前，科学家已能绘制出果蝇的完整大脑图谱，但同人类大脑中的千亿个神经元相比，含有 10 万个神经元的果蝇大脑非常初级，距离真正意义上破解人类大脑还有很长的路要走。

（2）以计算为主的工程技术 人脑约有几百亿个脑细胞，单个脑细胞的作用便相当于一台大型计算机，即人的大脑相当于上千亿块或上万亿块芯片。世界最快的超算之一——日本超级计算机"京"以最佳性能全速运转 40 分钟方能模仿人脑 1 秒的活动量。

尽管前进之路仍然漫长，却并不影响人们对强人工智能的向往。着眼当前，虽然智能化技术最终能否达到强人工智能阶段未曾可知，但智能化技术的发展必然会推动全人类在向强人工智能时代进军的征途中迈进一大步。

5.6.4 迈向智能社会、人工智能伦理与治理

智能化技术的蓬勃发展极大改变经济和社会发展形态，智能制造、智慧交通、智慧医疗、智慧城市等不断汇集形成智能社会雏形。智能社会发展成为继农业社会、工业社会、信息社会之后一种更为高级的社会形态，将彻底改变人们的生产、生活方式。智能社会也成为主要工业国家社会发展的重要方向，党的十九大报告提出建设智能社会，日本也提出"超智能社会"构想，希望最大限度利用信息通信技术，融合网络世界和现实世界，给每个人带来富足和便利的生活。

当前人工智能所呈现的人机协同和自主智能等特点，使得算法、机器和系统成为人类社会不可或缺的组成部分，隐私泄露、大数据杀熟等现象出现，给社会治理、法律规范等带来

严峻挑战。人工智能发展不仅面临技术上瓶颈，也出现了人工智能与人类之间如何和谐共存的问题。对人工智能参与社会进行治理，带来的伦理学讨论范畴不再是人与人之间的关系，也不是与自然界的既定事实（如动物、环境和生态）之间的关系，而是人类与自己所发明的一种产品构成的关联，于是人工智能伦理关注人-机、机-机以及人-机共融所形成社会形态应该遵守的道德准则。

《新一代人工智能发展规划》明确提出"把握人工智能技术属性和社会属性高度融合的趋势"。在人工智能推进过程中，既要加强人工智能研发和应用力度，赋能实体经济；又要预判人工智能与实体经济结合可能对社会各个方面带来的一些新挑战和冲击。2019 年 5 月，经济合作与发展组织各成员国共同认可了"负责任地管理可信 AI 的原则（principles for responsible stewardship of trustworthy AI）"，这成为人工智能治理方面的首个政府间国际共识，确立了以人为本的发展理念和敏捷灵活的治理方式。2019 年 6 月，国家新一代人工智能治理专业委员会发布《新一代人工智能治理原则——发展负责任的人工智能》，提出了人工智能治理的框架和行动指南，给出了和谐友好、公平公正、包容共享、尊重隐私、安全可控、共担责任、开放协作、敏捷治理等人工智能发展原则。

人工智能是赋能经济、造福社会的牵引技术，人工智能技术需要与人类合作，增强和提高人类的生活和生产力，让每个人的生活更美好。智能社会的治理离不开人工智能技术的保障，人工智能技术的广泛应用又会推动伦理和治理的演化。在这个过程中，需要牢牢把握人工智能技术属性和社会属性相互耦合的特点，以技术发展推动可信、可靠和安全的人工智能融入社会和大众。

5.7 人工智能赋能智能制造

工业领域将是人工智能 2.0 与实体经济融合的主战场。有研究机构预测，未来人工智能对制造业的增值作用将是巨大的，甚至超过其他所有行业带来的增值作用。总体来看，人工智能 2.0 已经显现出对智能制造巨大的赋能作用，见表 5-3。具体而言，人工智能对制造环节有如下赋能作用。

表 5-3　工业中智能化技术的应用

智能化技术	工业应用	具体内容
大数据智能	智能分析	工业数据智能分析，设备、模型智能优化等
跨媒体智能	智能感知	工业环境、场景智能感知、识别，工业知识智能汇集、分类等
群体智能	分布式智能	工业信息协同感知、设备智能协同、模型协同优化等
混合增强智能	辅助决策	工业系统辅助管理与决策

1）在研发设计环节，基于海量数据的人工智能分析能够缩短设计仿真时间、提升产品性能，甚至实现工业机理的创新发现，例如，基于人工智能技术的仿真可将传统计算机数十个小时的计算缩短至数秒内完成。

2）在生产管理环节，利用人工智能技术，通过"模型+数据"实现工艺、设备、能耗等重点领域的深度分析优化，例如，基于人工智能技术进行石化冶金等关键工艺参数优化，能够为企业每年节省千万元成本。

3）在运维服务环节，通过产品叠加数据分析实现智能化为核心的新型增值服务，例如，基于人工智能技术进行设备机组预测性维护，可提前数天发现故障。

4）在装备产品环节，基于人工智能技术增强装备环境感知、自主分析决策的单体智能能力，以及装备产品间协同学习、协同作业的群体智能能力，例如，无人驾驶矿车融合视觉感知、智能决策等技术，具备精准停靠、自主避障等功能。

分行业来看，流程制造业工艺优化、设备价值高、能源消耗大、安全与环保压力大，人工智能将着重赋能工艺优化、设备管理、能耗管理与 HSE［Health（健康）、Safety（安全）、Environment（环境）］管理等方面。多品种小批量离散制造业工序分散、调度复杂、产品结构复杂且价值高，人工智能将着重赋能产品设计、生产管理等方面。少品种大批量离散制造业个性化需求高、产品更新快，人工智能将着重赋能市场分析与售后运营服务等方面。我国是全世界唯一拥有联合国产业分类中全部工业门类的国家，工业企业数量近 400 万，具有极大的需求和极丰富的场景优势，人工智能 2.0 对于我国的巨大推动作用不言而喻。

尽管人工智能对制造业赋能潜力巨大，但当前应用还面临着如下障碍。

1）数据本身问题。人工智能通常基于大规模数据，并且这些数据必须具有高可靠性，因此，数据的产生、数据鲁棒性、数据质量和数据访问显得尤为重要，除此之外，数据的采集处理需要特定的工业技术诀窍，例如，振动信号的采集就是在复杂的小信号中拣取有用的信号，信号拣取方式本身就包含了很多工业技术诀窍在里面。

2）可解释性问题。很多人工智能算法是一种"黑盒"机制，不具备透明性，人们无法了解人工智能提供决策的依据，也就无法对决策的质量进行评判与优化，这使得人工智能算法在某些核心生产环节很难被接受。

3）商业应用问题。当前工业人工智能还缺乏标准化的应用，这造成相关应用的复用性较差，此外，部分工业数据由于涉及企业的商业机密而具有较高的敏感性，如何在运用数据的同时确保数据安全还需要进一步探索。

参 考 文 献

［1］ 徐宗本. 数字化网络化智能化把握新一代信息技术的聚焦点［EB/OL］. 中央网络安全和信息化委员办公室，中华人民共和国国家互联网信息办公室（2019-03-01）［2024-08-02］. http://www.cac.gov.cn/2019-03/01/c_1124178478.htm? isappinstalled=0.

［2］ ZHOU J, LI P, ZHOU Y, et al. Toward New-Generation Intelligent Manufacturing［J］. Engineering, 2018, 4（4）：11-20.

［3］ 陈敏，黄铠. 认知计算与深度学习：基于物联网云平台的智能应用［M］. 北京：机械工业出版社，2018.

［4］ 李德毅，于剑，中国人工智能学会. 人工智能导论［M］. 北京：中国科学技术出版社，2018.

［5］ 吴飞. 人工智能导论：模型与算法［M］. 北京：高等教育出版社，2020.

［6］ 唐立，郝鹏，张学军. 基于改进蚁群算法的山区无人机路径规划方法［J］. 交通运输系统工程与信息，2019，19（1）：158-164.

［7］ 黄珍，潘颖，曹晓丽. 粒子群算法的基本理论及其改进研究［J］. 硅谷，2014，7（5）：36-37.

［8］ 国务院. 新一代人工智能发展规划［Z］. 2017.

［9］ 国家新一代人工智能治理专业委员会. 新一代人工智能治理原则——发展负责任的人工智能

　　　　[Z]，2019.

[10]　赵健，张鑫褆，李佳明，等. 群体智能 2.0 研究综述 [J]. 计算机工程，2019，45（12）：1-7.

[11]　杨丽，朱凌波，于越明，等. 联邦学习与攻防对抗综述 [J]. 信息网络安全，2023，23（12）：
　　　　69-90.

习题与思考题

5-1　什么是大数据智能？大数据智能包含哪些关键技术？

5-2　什么是深度学习？有何应用？

5-3　什么是迁移学习？试举例说明迁移学习的应用。

5-4　什么是强化学习？有何应用？

5-5　什么是生成对抗网络？有何应用？

5-6　什么是跨媒体智能？跨媒体智能包含哪些关键技术？

5-7　什么是知识图谱？知识图谱分为哪几类？

5-8　什么是群体智能？群体智能包含哪些关键技术？

5-9　群体智能感知计算有哪些用途？

5-10　什么是联邦学习？有何应用？

5-11　众包计算包含哪些方面？有哪些应用？

5-12　什么是混合增强智能？混合增强智能包含哪些关键技术？

5-13　解释人机交互技术并介绍其应用。

5-14　解释认知计算。

5-15　认知计算具备哪些能力？

5-16　解释平行控制与管理。

5-17　综述人工智能 2.0 的变革意义主要体现在哪些方面？

5-18　简述人工智能技术对制造业赋能当前面临哪些障碍？

5-19　我国人工智能技术的发展势头强劲，不仅在技术创新和应用场景拓展方面取得显著成就，而且在政策支持和基础设施建设方面也取得了重要进展。请介绍几例人工智能在智能制造领域的应用案例。

　　　　思政拓展：AI 赋能的外骨骼机器人，可以助力残障人士重新实现站立行走的梦想。目前我国已成为世界上第四个能自主研制外骨骼机器人的国家。扫描右侧二维码观看外骨骼机器人相关视频并思考该智能机器人涉及哪些学科交叉知识，用到了哪些前沿的人工智能技术。

中国创造：
外骨骼机器人

第6章

智能制造技术应用典型案例

6.1 潍柴发动机行业全业务域智能制造实践

6.1.1 案例背景

柴油发动机作为中间件，广泛配套在汽车、农业机械、工程机械、船舶和备用电站装备等产品中。面对复杂多变的服役工况和日益增加的个性化定制需求，以潍柴为代表的发动机行业企业迫切需要提升运营质量和效益，加快企业向产品服务化、智能化转型升级。

潍柴将打造"产品竞争力、成本竞争力、品质竞争力"三个核心竞争力作为企业的核心战略举措，并长期以提高产品交付的质量、服务及客户体验为目标，依托良好的品牌形象去构建潍柴的商业模式。

潍柴智能制造的总体目标是以整车整机为龙头，以动力系统为核心，成为全球领先、拥有核心技术、可持续发展的国际化工业装备企业集团。

6.1.2 需求分析

潍柴经过不懈努力，高速发展成为世界级的发动机生产企业，但是在发动机全生命周期管理过程中面临一系列问题，急需解决。

1）各研发环节衔接难，急需构建一体化的协同研发生态圈，打破"烟囱式"系统建设模式，实现研发知识共享，实现全球协同研发。

2）产品生产、质量数据对设计、工艺指导能力不足，急需通过产品全生命周期中从研发到生产过程的数据集成，提升产品设计能力及生产过程控制水平。

3）产品运维成本过高、便捷度低，急需提高远程运维水平，提高客户满意度。

4）产品增值服务不够，急需开展服务化延伸业务，为客户提供更优质的增值服务。

6.1.3 案例亮点及模式

潍柴从2014年流程信息化项目开始，通过实施智能制造整体战略布局，实现业务与信息化技术的高度融合，创造了多个智能制造方面的亮点。

1. 打造精益化智能工厂

打造基于潍柴特色的 WPS（北京金山推出的一款办公软件）生产管理体系，梳理指标

70余项，覆盖分厂、生产线、班组、工序等管理层级，直观展示生产运行情况，实现生产过程透明化，管理可视化、移动化、云化，形成以精益为导向的智能生产系统。依托物联网技术，实现设备互联互通，现场设备状态数据统一收集，消除设备信息孤岛，同时进行大数据应用，开展设备健康监测及预防性维护；通过增加传感器、进行设备改造等方式实现生产过程中153项数据的实时采集与可视化展示，并进行实时动态监控，实现2D和3D可视化。基于数据基础，利用WPS实施精益管理，提升了车间生产线效率，降低了设备维护成本。

2. 构建数字化智慧研发平台

运用数字化快速建模设计、虚拟开发仿真和基于物联网的智能测控系统，建立以PDM为核心的智能研发平台，打造端到端的智慧研发体系，实现设计、仿真、试验一体化，支撑潍柴集团六国十二地研发机构高效协同，通过"数字化、信息化、智能化"技术应用使潍柴新产品开发平均周期大幅缩短，提高了产品竞争力。

3. 建立基于智慧仓储的物流体系

通过建立先进的自动化立体仓库，实现从采购入库、存拣一体到拉动出库的全过程物料流转自动化，采用大数据分析技术实现仓储数据动态可视化，优化仓库布局、分拣规则、人员配置等，提升配送执行效率，准确率达到100%，形成高效的智能仓储配送体系，有效支持企业大规模定制和柔性化生产。

4. 实现服务型制造转型

建设发动机的车联网——潍柴智慧云平台，实现"人、车、平台"三位一体，打通采购、供应链、生产、营销、服务等各环节壁垒，通过大数据分析实现故障预警、远程智能化主动服务，目前已接入重卡、公交车、校车、工程机械等多种车辆，持续提升用户体验。开展营销服务管理，支撑企业开启商业模式转变。

6.1.4　实施路径

总体规划选取潍柴动力一号工厂作为智能制造示范场所，利用信息物理融合、云计算、大数据等新一代信息技术，建立以工业通信网络为基础、以装备智能化为核心的智能车间，研发以ECU（Engine Control Unit，发动机控制器）为核心的系列智能产品；建设全球智能协同云制造平台、智能管理与决策分析平台、智能故障诊断与服务平台，培育以网络协同、柔性敏捷制造、智能服务等为特征的智能制造新模式；探索智能制造新业态，低成本、高效率、高质量地满足客户个性化定制需求，为客户创造超预期的价值。

1. 生产制造

（1）制造战略

1）制造战略制订：明确制造战略，精确业务分析，制订产能规划和资本战略。

2）生产网络与供应链网络：实现灵活的产能配置与生产网络的灵活性、合理性。

3）采购与外包决策：制订明确的采购策略，协同生产计划。

（2）制造运作及管理

1）质量管理：通过六西格玛的应用，对质量进行控制，实现运营与管理数据的整合。

2）持续改进：明确持续改进的战略、流程及应用领域，识别问题，完善改进流程。

3）生产资产维护：对数据资产、库存资产及设备资产管理，制订预防性策略。

4）数据、指标的绩效管理：对数据进行获取、统计、分析及应用，整合数据系统，实现制造的灵活性。

（3）制造执行

1）生产排程：整合生产计划，实现动态排产。

2）管理生产流程：管理生产计划、生产流程规划、生产过程，确保生产的有效性。

3）产品及材料管理：对产品及其相关材料进行管理，通过共享平台进行数据集成。

2. 仓储物流

加强过程管理，实现内外部协同。

（1）提升仓储和物流的规划设计能力　优化仓储布局和规划，提升对仓储结构和布局、收发存过程的重视和优化能力；优化物流网络和路径。

（2）提高信息化和自动化的业务支持程度　提升物流和信息流同步程度；提升基于单据和配送指令的厂内物流驱动水平，通过单据驱动出入库业务，降低人工操作出现错误的可能性；提升工装容器的系统化支持水平，提高管理精细化水平；降低人工操作比例，提高效率，通过系统化实现安全库存计算、自动按照投放比例分配采购订单等工作。

6.1.5　实施内容

1. WP9、WP10 柔性混线生产线改造升级

在既有 WP10 二气门刚性生产线的基础上，引入 WP9 柴油机的专用拧紧工具、标准工具、工装、工位器具等装备，在现有加工线、装配线关键工位的装备中嵌入具有可感知、可采集、可传输的智能化嵌入式芯片，使关键工位的装备可实时感知生产线上流转的产品系列。

2. 数据互联互通网络系统建设

为保证工业大数据采集、传输的实时、准确和高效，进而为基于大数据的企业综合管控平台提供数据基础，建设了智能工厂底层装备信息数据采集互联互通网络系统。

（1）工业大数据采集及设备互联互通升级建设　研发智能网关设备，通过提供制造业现场生产设备的信息集成与协议转换能力，实现不同设备或管理控制系统的联通，构建现场通信协议仓库，提高工业大数据采集和设备互联互通能力。

（2）工业互联网升级建设　对现有工业互联网进行智能化升级改造，具体包括工业PON（Passive Optical Network，无源光网络）的建设和园区 LTE（Long Term Evolution，长期演进，是介于 3G 和 4G 之间的一种网络制式）网络的架设等。

3. 搭建工业大数据综合分析决策平台

建立企业级统一的大数据存储、建模、分析、决策平台，各业务环节均可在此平台通过大数据和云计算等技术，将采集的数据进行分析、建模；该平台同时可与现有信息系统集成应用。

6.1.6　实施成效

1. 生产装备、生产线智能化升级改造

通过新增智能化装备，改造现有装备，实现了生产线的柔性化升级。生产线可根据生产的产品型号自动更换工艺设备和工艺参数，同时通过质量检测装备的升级改造，对产品制造的全过程实施质量监控，提高了产品质量一致性。除此之外，通过对设备的监控，也实现了

对设备的预防性维护，减少不必要的维护费用。

2. 工业云服务平台建设

潍柴工业云服务平台由供应商协同研发平台、发动机智慧云平台和大数据分析决策平台三部分组成，实现了企业级统一的大数据云平台，为开展智能制造系统建设提供了数据支撑。

3. 关键短板装备

研究利用实时数据采集、统计及可视化等技术，对发动机生产过程中使用数控机床、工业机器人、自动化生产线、装配线、线上线下检测装置、整机测试装置等关键设备进行了信息化升级改造。

通过智能制造的实施，企业各项指标均有明显提升。整体实施成效见表 6-1。

表 6-1 整体实施成效

序号	指标名称	计算公式	整体成效
1	装备联网率	$\dfrac{\text{SCADA 或 DCS 等控制层相连的装备台数}}{\text{装备总台数}} \times 100\%$	36.90%
2	应用工业机器人、数控机床、自动化单元的装置数占生产设备总数的比例	—	70%
3	库存周转率	$\dfrac{\text{该期间的出库总金额}}{\text{该期间的平均库存金额}} \times 100\%$	17.50%
4	产品不良率	（试车返工降低率×0.2+零公里故障降低率×0.1+产品质量提升率×0.7）×100%	0.315%
5	设备可动率	$\dfrac{\text{每班次实际开机时数}-\text{设备异常时间}}{\text{每班次实际开机时数}} \times 100\%$	99.38%
6	产品研制周期缩短率	$1-\dfrac{\text{建设后产品研制周期}}{\text{建设前产品研制周期}} \times 100\%$	25%
7	车间生产运营成本降低率	产品单台设计成本降低率×0.75+储备资金占有率×0.2+百元销售收入质量成本降低率×0.05	37.26%
8	人均生产效率提高率	（订单及时交付提升率＋计划预排产时间提升率＋产品在线时间降低率＋生产节拍降低率）/4	41.33%

6.1.7 经验复制推广

潍柴利用本埠信息化优势，对位于重庆、扬州等地的分公司或子公司进行云制造部署。分公司或子公司无须购买任何软硬件产品，也不需要部署信息化平台，便可利用本埠的信息平台来满足所有业务需求。后续，潍柴通过租赁等方式进行收费，降低其他公司信息化投入，帮助企业节约成本。

支撑百万级产品的个性化定制需求。在潍柴现有产品运营能力的基础上，扩展远程运维水平，借助潍柴在发动机市场的地位，并借助多家与其相关联的整车企业，为公共安全和远程运维提供云服务。

潍柴搭建了"互联网＋"协同制造云服务架构，通过改造、完善潍柴动力现有的信息化系统，并利用本埠信息化优势，面向企业内部和产业链形成了四个云服务体系，在集团内部和产业链范围推广。

6.2 基于装备智能化和全生命周期管理的高端轮式起重装备智能工厂

6.2.1 案例背景

当前制造业处于自动化、信息化和智能化"三化"并存阶段，国内科研院所及企业在机械加工、焊接、装夹、校型、检测和智能物流等传统制造技术，以及单台先进装备的研制和生产线自动化技术研究方面取得很多技术成果，对这些技术成果加以优化和革新具有重大的经济效益。另外，三维仿真软件、传感技术、网络技术、数据与信息的采集技术、智能控制技术、MES 及 ERP 现代管理系统技术等单科信息技术，在产品设计、制造、服务管理等方面的应用已经非常成熟，但在工程机械行业的应用研究才刚刚起步。经过对工程机械起重机行业及相近行业的调研发现，多品种、小批量、离散制造的大型结构件生产过程仍以手工焊接、盘架式作业、行车叉车转运为主，过程中的设备数据、质量数据仍依靠人工记录、分析，在"制造+信息"技术、大数据分析技术等多学科技术融合方面没有可复制、可借鉴的成熟经验。

6.2.2 需求分析

徐州重型机械有限公司实施智能制造的需求主要有以下三方面。

（1）"三高一大"产品发展需求　徐州重型机械有限公司主要研制生产的大吨位起重机及特种起重机，是"三高一大"（高端、高技术含量、高附加值、大吨位）产品，技术水平达到了世界领先水平，但围绕着世界第一的追求，需要继续在产品可靠性方面突破。

（2）市场国际化竞争需求　大吨位起重机、越野轮胎式起重机定位于欧美、日本等国际化市场，参与"一带一路"建设，国内外环境为工程机械行业快速发展创造了一个新的机遇期。

（3）企业智能制造需求　提升高端轮式起重机生产制造能力，实现多品种、小批量、定制化智能制造，支撑国际市场快速交付、高可靠性交付要求，进入国际高端市场，是公司国际化战略定位发展的迫切需求。

6.2.3 案例亮点及模式

1. 自主研发起重机大型结构件转台智能生产线，突破重载智能物流技术

建成转台智能生产线，成功突破柔性化难题，实现重载物流配送下精确定位、快速对接、在线翻转、自动化上下料、自动化输送，形成起重机转台结构的输送、变位、装夹、上下料一体化柔性成套装备。

2. 建设设备互联互通和信息高度集成的柔性化智能车间，生产效率和产品质量大幅提升

建成由 9 条生产线组成的 3 个智能化车间，实现关键设备互联互通，设备运行状态实时采集，加工程序自动调用和识别补偿。突破大型复杂结构件检测校型智能匹配、细长箱型臂焊接变形精确控制等 15 项柔性制造技术，实现不同工件的快速定位、自动夹紧和快速调整，确保制造过程中少换模、快换模，解决行业内普遍存在的大型工件装夹效率低、劳动强度大等问题，实现一人多机作业、加工离线编程、产品在线检测，提升效率和产品质量。

3. 打造覆盖制造全过程的整机智能化在线检测系统，确保制造一致性

徐州重型机械有限公司在行业内率先制订起重机性能评价指标及检测标准，成功将整机的事后调试检测转变为生产过程在线检测，实现工程机械领域整机性能检测的标准化、数据化、智能化及精准控制，提升整机检测效率，降低产品超早期反馈率。逐步将整机性能在线检测向前扩展延伸至系统在线检测、结构件和零部件在线检测，实现整机 90 个关键质控点 100%在线检测，装配过程控制一致性达到 4σ 水平，引领了工程机械行业产品质量控制模式的颠覆性变革。

4. 实现起重机上下游供应链联动，实现产品全生命周期信息追溯

徐工重型通过 QMS（Quality Management System，质量管理体系）集成了供应商信息，通过智能高效的检测手段及 SCADA 系统采集制造过程信息，通过 MES 与 CRM 系统的集成将信息传递到市场，通过物联网集成用户使用过程信息，所有信息都与产品唯一识别码关联，形成"一机一档一册"，智能检测、数据采集、系统集成、物联网应用都降低了信息收集和追溯的成本，提高了追溯效率，使得产品全生命周期的信息追溯在民用装备的制造和服务过程成为可能，为制造与服务业态融合打下基础，也可为再制造产业的发展积累原始数据。

5. 搭建起重机产品远程运维服务平台，开展产品远程诊断和预测性维护

通过远程运维服务平台，开展基于大数据驱动的故障预测、智能化设备健康管理。实时收集约 6 万台起重机产品的运行工况信息，通过数据挖掘和分析可以有效支撑产品全生命周期监测，包含精准定位、设备工况信息实时监测、远程遥控和远程故障诊断等。为全球企业客户和个人客户提供统一的设备监控、设备分析、维保管理等服务。

6.2.4 实施路径

徐州重型机械有限公司在企业"十三五"战略规划中明确了加快推进智能制造升级，构建工业互联网平台，打造智慧型企业的重大战略举措：一是开展关键信息平台建设与集成应用；二是加快工厂生产线智能化改造升级，打造数据驱动的生产组织模式；三是深度挖掘工业大数据价值，提高运营与决策支持水平。

1. 总体规划

徐州重型机械有限公司智能工厂建设主要内容涵盖轮式起重机研发设计、生产制造和运维服务全过程。在研发设计环节，重点实施工厂与工艺建模仿真，建设 PDM 系统，实现数字化产品与工艺协同研发；在生产制造环节，重点建设数字化车间及智能生产线，配置 SCADA、MES、APS 等系统，并实施各核心系统的集成，实现设备互联和系统互通；在运维服务环节，重点建设基于大数据驱动的远程运维服务平台，实现数据共享和业态互融。

2. 人员组织设置

徐州重型机械有限公司内部设立了智能制造推进项目组，主责部门是工艺技术部门和信息化管理部门，制造分厂是智能制造的具体执行和实施部门，其他部门分别从各自职能领域提供支持。

6.2.5 实施内容

徐工重型智能工厂建设由六大任务构成，详细任务分解如下。

1. 管理系统数字化任务

通过实施数字化三维产品研发设计、工艺设计、产品数据管理，构建数据驱动的协同研发平台，提升研发效率。

（1）数字化产品研发设计系统　以由上而下的数字化三维设计技术为基础，建立智能化产品协同研发信息平台，构建支撑自上而下设计方法的模块化研发设计系统；实施基于三维模型的产品仿真，强化产品技术试验和测试、设计计算和仿真分析；建立数字化技术文件发布系统，构建产品技术文件的数字化管理体系，提升施工起重装备智能化水平和可靠性。

（2）数字化工艺设计系统　实施三维数字化工艺设计，并与产品设计协同，向现场发布基于三维模型的工艺指导文件和仿真动画，提升工艺文件指导性。

（3）物理检测与试验验证及优化　应用数字化仿真软件，构建具备与实物高契合度的验证试验台，提升产品研发可靠性；搭建测试数据管理（Test Data Management，TDM）系统，打造标准化的测试管理体系。

（4）PDM 系统　深化研发项目管理平台，实现项目全过程数字化管控；构建产品多配置管理系统，实现研发端多配置向营销端扩展；建立技术协议数据库，实现从文档管理到模块化、结构化数据管理的转变。

2. 智能工厂设计任务

通过应用三维虚拟仿真技术，搭建智能工厂工程设计模型，保证智能工厂总体设计的合理性。

（1）智能工厂工程设计模型　应用三维虚拟仿真技术，对 9 条智能生产线、3 个数字化车间组成的智能工厂进行工厂工程设计建模与仿真，分析优化总体工艺流程、工艺布局，保证智能工厂布局合理性。

（2）智能工厂及车间的物流建模与仿真　应用计算机辅助技术和虚拟仿真技术，对工厂整体、物流仓储中心、智能生产线的运行情况进行物流仿真分析，根据仿真结果对物流系统进行优化调整，形成智能工厂物流系统优化方案。

3. 生产线智能化任务

通过实施标准工序细化、自动化加工技术与在线检测技术研究，部署 9 条智能化生产线，实现无人化、少人化制造。

（1）建设结构件数字化车间　通过开展结构件焊接标准工序细化、焊接工序前移、结构件组件化拼焊等工艺研究，提升结构件自动化焊接率；开展结构件制造工艺流程及车间布局建模，直观可视化展示生产线生产过程，优化工艺布局；建设由转台结构智能制造生产线、车架结构智能拼焊生产线、伸臂结构智能制造单元 3 条智能生产线组成的结构件数字化车间，提升生产效率。

（2）建设核心零部件数字化车间　通过开展关键结构件自动化焊接工艺、装配工序优化及在线检测工艺研究，提升产品质量；开展关键液压元件自动化加工、机器人自动输送、高效清洗等工艺研究，提升生产效率。开展核心零部件制造工艺流程及车间布局建模，优化工艺布局；建设由关键结构件柔性生产线、控制系统装配检测线、关键液压元件智能生产线 3 条智能生产线组成的核心零部件数字化车间，提升核心零部件质量。

（3）建设整机装配检测数字化车间　通过开展底盘悬架系统、传动系统、操纵系统等分装系统工艺研究，提升装配生产效率；开展零部件、系统和整机性能检测系统研究，实现产品制造全流程质量在线检测和控制；开展装配与检测工艺流程及车间布局建模，建设由底盘装配检测生产线、整机装配检测生产线、性能检测单元3条智能生产线组成的整机装配检测数字化车间，提升产品可靠性。

4. 数据集成管理任务

多源异构信息系统数据集成技术应用，实现全生命周期的端到端集成，突破产业链信息流优化瓶颈。

通过综合分析与研究异构数据集成体系结构、模式映射、模式冲突，集成内部各业务流程信息系统，贯穿研发、制造、销售、市场全过程。同时，通过统一平台向上游供应链延伸，将信息系统与供应商信息系统进行对接，实现与上游供应链生产、物流、质量等信息的无缝对接。在集成多维度数据的同时优化业务流，实现产品全方位信息的综合管理与分析，促进产品全生命周期的全过程优化，同时拉动供应链在产品质量、制造、管理等方面迈上新台阶。

5. 网络建设和平台一体化运作任务

通过建设工厂网络架构，实施信息系统集成，打通数据链，实现全流程数字化管理。

（1）工厂网络架构建设　网络设备升级，对在用网络核心引擎和接口板卡进行升级。优化网络架构，核心层由一主一备工作模式升级为双工模式并配置VSS（Visual Source Safe，是美国微软公司出品的版本控制系统，是一种代码协作管理软件，也就是编写软件代码时对代码进行版本控制的软件）。汇聚层设备由分厂全部迁移至数据中心，统一管理，所有网关由核心下放至汇聚层；建设基于工业PON技术的新型工业以太网，实现生产设备的网络互联。

（2）平台一体化运作　依托于MES，向外拓展并整体涵盖产品设计研发与制造集成、生产管理、供销服务、质量管控四大方面，涵盖CAP、CAPP、PDM、QMS、CRM等，形成一体化运作平台，实现物流、资金流、信息流、工作流的四流合一，全价值链数字化管理。

6. 安全管理任务

基于工业控制系统信息安全标准，建设大数据管理中心，部署网络安全防护体系，提升数据稳定性和安全性。

（1）数据安全性　依据国家B类机房标准，建设集数据存储、数据备份功能的高等级数据中心，实现体系化、标准化、规范化、流程化运维管理，从而保障数据中心安全、稳定、可靠运行。

（2）文件安全性　实施电子文件安全管理系统，实现图纸、技术文件、办公文档等按需加密，硬件端口可控，从而提高电子文档的安全性、保密性。

（3）监控和预警　实施和综合应用桌面监控系统、企业级防病毒系统和上网行为管理系统等安全措施，提高信息系统的安全性。

6.2.6　实施成效

徐工重型智能工厂建成后，实现了生产效率、运营成本、研制周期、产品质量及能源利用率等企业生产经营关键指标的大幅改善。考核指标及指标分解见表6-2。

表 6-2　考核指标及指标分解

序号	指标	实施成效	算法
1	装备联网率	>95%	$\dfrac{\text{SCADA 等控制层相连的装备台数}}{\text{装备总台数}} \times 100\%$
2	生产效率提升 38.3%	提升 50.7%	$\dfrac{\text{实施前典型 S1 产品全工序总工时}-\text{实施后典型 S1 产品全工序总工时}}{\text{实施前典型 S1 产品全工序总工时}} \times 100\%$
3	运营成本降低 21.4%	降低 25.6%	$\dfrac{\text{实施前典型 S1 产品制造运营成本}-\text{实施后典型 S1 产品制造运营成本}}{\text{实施前典型 S1 产品制造运营成本}} \times 100\%$
4	产品研制周期缩短 32.6%	缩短 40.5%	$\dfrac{\text{实施前典型 S1 产品研制周期}-\text{实施后典型 S1 产品研制周期}}{\text{实施前典型 S1 产品研制周期}} \times 100\%$
5	产品一次交验 不合格率下降	下降 23.3%	$\dfrac{\text{实施前结构件一次交验不合格率}-\text{实施后结构件一次交验不合格率}}{\text{实施前结构件一次交验不合格率}} \times 100\%$
6	能源利用率提高	提高 12.8%	$\dfrac{\text{实施前万元产值综合能耗}-\text{实施后万元产值综合能耗}}{\text{实施前万元产值综合能耗}} \times 100\%$

6.2.7　经验复制推广

在轮式起重机智能工厂建设过程中及建设完成后，徐工重型机械有限公司在智能工厂顶层设计、信息系统实施及系统集成、智能生产线的建设或改造升级等方面都积累了大量宝贵经验，创造了离散型制造企业实施智能制造的新模式。这种经验和模式在行业内主机生产企业、零部件配套企业、上下游产业链企业乃至行业外离散型机械制造企业都得到了很好的推广应用，部分自主研发的智能制造装备已经被行业内其他企业模仿和复制。

1. 离散型智能工厂顶层设计规划示范

通过轮式起重机智能工厂建设，徐州重型机械有限公司探索形成了以智能装备和生产线为基础，以 MES 和 SCADA 系统建设为突破口，以核心信息系统集成为主线，以大数据应用为驱动，以打造产品高可靠性为目标的智能工厂模型，采取自上而下设计、自下而上集成的实施策略，为离散型智能工厂顶层设计规划提供了良好示范。该模式已成功推广至徐工集团内部的挖掘机、混凝土机械两家企业，助力两家企业成功申报江苏省智能制造示范工厂。

2. 离散型制造企业实施信息系统集成示范

在智能工厂建设中，徐州重型机械有限公司采用了工业互联网、工业云平台、工业大数据等新一代信息技术，对研发、生产、管理、服务等全流程的信息系统进行泛在连接和高度集成，创新应用了多源异构信息融合及系统间数据集成与交互等技术，为离散型制造企业实施信息系统集成提供了示范。目前推广到了徐工集团内部的挖掘机、混凝土机械、高空作业平台机械 3 家企业，正在进行系统集成项目实施。

3. 上下游产业链转型升级和协同发展示范

在智能工厂建设中，徐州重型机械有限公司同步研发了新一代智能化产品，包括轮式起重机新型断开式车桥，高端泵、阀、马达等液压元件，智能控制系统等核心零部件，并应用了国产 Q1100 超高强钢板等原材料，带动了上游供应商产业升级。同时智能焊接机器人、重载智能物流装备等核心技术装备的应用，为国产装备提供了早期验证和推广应用的平台，带动了国产核心技术装备协同发展。目前已带动唐山开元、南京钢铁等产业链配套公司转型升级。

6.3 "互联网+"模式下的化纤智能工厂

6.3.1 案例背景

化纤产业是我国纺织工业的重要支柱，同时也是具有国际竞争力的优势产业。2019年，我国化纤纺织工业规模达到5万亿元，产能占全球80%以上。我国作为产能世界第一的化纤大国，却仍面临着传统产业相对饱和、环境承载压力过大、产品附加值低、产能结构性过剩、行业盈利能力下降、行业自主创新能力较弱等问题。面对上述问题，新凤鸣集团紧抓智能制造转型浪潮，大力推进化纤产业由"中国制造"向"中国智造"的转型升级，加快结构性调整，提升资源配置运营能力。

6.3.2 案例亮点及模式

新凤鸣集团坚持新发展理念，加快化纤行业高质量发展，引领化纤领域的技术变革，进一步巩固行业领军地位。通过应用智能装备实现生产工艺环节"全链条数字化制造"，提供"生产-经营-决策"环节的数据链保障；建立数据同源、信息共享的多维智能决策体系；实现化纤行业5G组网建设与产业应用。

1. 通过应用智能装备实现全链条数字化制造

面向化纤生产关键环节，对近百条生产线实施智能装备换人，通过"数据+装备"实现生产全链条的智能化，进一步提升柔性、绿色的智能生产能力。应用5G智能叉车、5G 8K高清实时场地巡检监控等，合理分配人员资源；应用5G飘丝智能监控，提升产品质量，填补行业空白。全链条数字化制造实现了各环节装备之间的集成联动，以及人与人、人与设备之间的高效协同，自动化率超95%，支撑企业优化管理、提质增效，提升生产管控能力。

2. 建立数据同源、信息共享的多维智能决策体系

通过建立覆盖"ERP生产订单-生产批号-产品配方投料-聚合生产-单位号纺丝-卷绕-搬运-质检-搬运-入库-出库"的产品标识解析体系，一体化打通"生产-经营-决策"环节的数据链。结合化纤行业特点和企业管理现状，通过构建统一的数据集市、智能辅助算法模型，聚焦财务、生产、销售、人力资源、市场动态、设备安全等9大业务主题分析域，构建70个维度、200多个KPI（Key Performance Indicator，关键绩效指标）的运营指标图，分类、分级、对象化定制12个领导驾驶舱，使193个关键绩效指标秒级抽取、立体呈现。依托以上智能决策体系，促进智慧经营。

3. 实现化纤行业5G组网建设与产业应用

新凤鸣集团以《"5G+工业互联网"512工程推进方案》为建设指引，完善工业互联网外网和内网建设，完成新凤鸣集团5G组网搭建，实现5G网络在移动办公、视频通信、数据采集等多个领域的应用，基于5G无所不在、无缝连接的联网能力，推动"5G AGV""5G巡检机器人""8K高清监控"等应用在化纤行业的落地，助推化纤行业转型升级以及产业应用在更广范围、更深程度、更高水平上实现融合发展，为化纤行业树立"5G+工业互联网"融合应用的智能工厂标杆。

6.3.3　实施路径

1. 明确智能制造战略规划，融合推进

面对传统化纤行业的新形势、新任务、新要求，新凤鸣集团在原有"堡垒、人才、品牌、创新、共享"五大战略的基础上，确立以"数字化转型为主线，建设智慧企业"的智能制造发展战略。

基于智能制造战略，新凤鸣集团设计"55211 信息化工程"规划方案，预计用 5 年左右时间，以工业互联网为主线，有序建成经营管理、生产运营、客户服务、基础技术四大平台和智能工厂；按照"能集中不分散、能自动不手工"的原则，重建一体化智能制造平台，集主数据、实时数据、ERP、MES、WMS、大数据及商务智能、APP 和标识解析于一体，实现内外部互通互联，一体化打通业务链、数据链、决策链，实现"一个平台、一个标准、一个团队"，解决行业难题，支撑和保障企业高质量发展。

该平台主要规划标准化体系和信息安全体系、四大平台（经营管理平台、生产运营平台、基础技术平台、客户服务平台）。以 ERP 为核心经营管理平台，以 MES 为核心生产运营平台，以"PaaS+云+大数据"为核心基础技术平台，构建五层架构系统，全面支撑新凤鸣集团的经营和管理活动，支撑工厂智能转型升级。

2. 明确人员保障，"一把手工程+三项保障"全力推进

新凤鸣集团将智能转型作为"一把手工程"，提供经费、队伍和战略合作三项保障。成立以总裁为组长、23 位主要领导和核心骨干人员为成员的信息化、智能化领导小组；从全集团抽调 39 名业务骨干成立骨干团队，集中办公；同时，将人员名单、计划、职责"三上墙"。项目管理领导小组定期或不定期召开会议，加强项目实施的分工协作和组织协调，负责对项目立项等重大事项进行决策，全力推动平台建设；明确专项信息化保障资金，签订专项战略合作，协同推进项目建设。

3. 明确项目标准化建设原则，保障快速转型

新凤鸣集团项目建设主要遵循"标准化、一体化、精细化、易用化、平台化"五大设计理念，确保智能工厂成功落地。其中，标准化是指主数据标准化、流程标准化、功能应用标准化、岗位和制度规范化。一体化是指上下游业务一体化设计、融合和贯通，跨系统集成业务互联互通。精细化是指业务管理精细化、成本核算精细化、生产考核精细化。易用化是指办公界面个性化、审批业务移动化、业务处理自动化、决策分析智能化。平台化是指为保障项目快速落地，构建了面向"PTA（Pure Terephthalic Acid，精对苯二甲酸)-聚酯-纺丝-贸易"的聚酯纤维全产业链工业互联网平台——凤平台。

6.3.4　实施内容

1. 生产线全链条智能化

化纤制造有着产业链长、设备多、实时性强、连续作业的特点。不同生产环节间存在网络化需求较高、智能化水平不均、数据链不完善等问题。为解决以上问题，新凤鸣集团通过实施 5G 网络部署、开展设备智能化升级改造、打通一体化数据链，实现从原料入库、聚合、纺丝、卷绕、包装、入库、出库到物流跟踪的全链条自动化、智能化。

（1）5G 网络重点区域覆盖　建立基于 5G MEC（Multi-access Edge Computing，多接入边

缘计算）网络切片云，应用 5G 架构和技术逐步替代、取代、取消传统的网络部署方式。结合 5G 组网技术与化纤企业工厂布局，将整个工厂的 5G 网络环境分为 4 个区域，分别为前端区域（工控终端）、传输区域（无线宏站⊖、室分⊖、MEC）、云平台区域（企业私有云）、内网区域。通过 3 个 5G 基站，完成对洲泉片区约 107 万平方米（1600 亩）的 5G 信号全覆盖，数据在私有云中流转，实现各边缘端与私有云信息同步、工艺及产品数据的云端统一管理。

（2）设备智能化 综合应用物联网、人工智能等技术，重点补齐在原料自动计量、飘丝和飘匝检测、产品外观检测、智能立体仓库、产品配送物流跟踪等方面的智能装备短板和信息系统集成短板，实现生产线全链条自动化、智能化。

（3）一体化数据链 通过建立覆盖从生产订单到出库的产品标识解析体系，一体化打通"生产-经营-决策"环节的数据链，依据数据链实现各环节装备之间的集成联动，以及人与人、人与设备之间的高效协同，实现高效联动、智能化生产。

2. 排产智能化

新凤鸣集团 10 多条化纤生产线日产聚酯长丝超 1.2 万吨、丝饼超 100 万个，月均生产产品规格 300 多种，通过建立一体化的智能排产模型，科学统筹产品未来市场预期和生产制造成本关系，及时合理排产，减少因"改产换批"带来的生产波动，实现生产效益的最大化。

（1）销售-生产联动决策流程 根据市场走势判断，凤平台给出不同规格和位号数产品的预期销量；平台根据 MES 工艺参数调整标准在线校验参数值，防止生产及质量波动，并自动向销售部门反馈更改执行情况。同时，相关生产岗位通过凤平台启动装置连锁、工艺连锁以备案备查。

（2）单品量本利精细化核算 单品量本利核算是改产换批的核心判断指标，可以科学预测不同规格产品的利润空间。为了提升品种更换的科学性，新凤鸣集团围绕产品标识，通过凤平台 MES 实现按产品批号的原辅料、能耗收发和统计平衡；通过 ERP 系统与 MES 集成建立单品量本利模型，实现按产品批号的分线分品种精细化核算。同时，依据单品量本利模型和 PTA/MEG（Mono Ethylene Glycol，乙二醇）等原料的中纤网当期价格，实时出具单品量本利指标，并根据当期单品销售价格进行毛利分析。

（3）一体化智能排产模型 为了提升科学排产的决策效率，新凤鸣集团通过凤平台收集不同生产线的机台型号及适合生产的品种规格、机台组件保养周期、单品实时量本利、当期销售价格、现有库存等数据信息，并进行智能建模，综合性地给出排产建议，指导科学排产。

3. 营销智能化

新凤鸣集团凤平台通过内部集成 CRM 系统、MES、WMS 等系统，外部与银行及第三方合作建设供应链金融平台，综合应用客户机台机型信息、销售订单、产品库存等大数据信息，建设以精准营销为主线的线上线下融合、在线融资销售经营模式，支持业务员和客户应用 APP、微商城等在线下单，提供在线融资服务等智慧销售，提升销售效率和服务水平。

⊖ 宏站是一种大型的无线通信基础设施，用于提供广泛的无线通信服务。宏站具有较大的覆盖面积，能够覆盖较大的地理区域。

⊖ 室分即室内分布系统，是一种将基站信号引入室内，并对信号进行分布和覆盖的系统。

（1）智能下单　面向传统人工下单模式存在易出错、流程长、响应慢等问题，建设"敦煌易购"电子商务平台，实现精准建档、智能排丝、两线融合、在线融资等功能，既保障销售订单的准确性、唯一性、可追溯性，同时将销售人员从以往传统的、操作复杂的手工下单工作中释放出来，能够让销售部门集中精力专注于渠道开拓、客户维护和行情预判，大大提升销售效率。

（2）微商城　通过凤平台对接微商城，支持客户微信注册，可查询客户交易、产品库存、产品价格和在线下单信息，实现与凤平台联动的排丝与发货，以及订单执行情况跟踪。

4. 物流智能化

新凤鸣集团构建"产品+运营+服务"的互联网物流新模式，是自身数字化、智能化转型的主动选择，重点是对内提升集团物流的一体化统筹能力，对外提供一站式互联网物流服务，引领行业供应链与物流系统发展，完善建设"互联网+化纤"生态圈。

（1）两个平台　新凤鸣集团完成"丝路易达"和"敦煌易购"两个平台建设，实现两平台功能复用。"丝路易达"平台提供对外物流接入服务，"敦煌易购"平台提供集团物流服务。

（2）三大业务　三大业务是合同贸易、现货贸易、商城贸易。

（3）四层智能化应用　基础设施层构建一体化工业互联网平台，支持各级企业和承运商 SaaS 应用；物流作业层构建覆盖全业务、全流程、全节点物流作业管理并实现自动化，实现透明化的运输费用结算与损耗管理；物流管理层建成物流计划与运行、物联网应用，实现人、车、货、线等的物流安全；决策支持层构建运输、仓储、结算等环节的大数据应用，支撑物流优化，提升决策能力。同时，建立化纤物流业务、数据、技术和安全标准，实现全行业共享。

（4）提升企业物流管控能力　新凤鸣集团通过互联网平台技术系统优化，并固化物流计划、调度、作业，实现"企业-化纤-服务商-客户"物流全链条、全环节数字化；通过应用物流服务商管理、资源库管理，实现产品配送、自提一体化管理，采、产、销一体化分析和内外贸物流一体化运营，整体提升了企业应急保障能力；通过应用北斗卫星导航系统、物联网技术实现人、车、货、线透明化管理，物流作业可靠可观可控，保障物流本质安全。

（5）提升社会化运营能力　新凤鸣集团立足行业打造物流服务体系，通过整合企业内外部物流资源，构建运力资源池和运力联盟，提高物流资源利用率，降低低载率、空驶率，实现企业降本增效，推进可持续发展；通过接入即服务，高标准推广基于位置信息的在途监控应用，结合天气、水文等信息规避物流风险，提升物流管理快速应急能力，减少物流事故。

（6）实现物流降本增效　新凤鸣集团通过调用返程车、自动补货、优化产品流向等提高车辆利用率，整体降低物流成本。加速行业企业塑料共享托盘对传统木架托盘包装的替代，减少木材砍伐消耗。

5. 基于数据实现决策智能化

6. 建立数据同源、信息共享的多维智能决策体系

为了提升科学决策水平，新凤鸣集团通过凤平台构建统一的数据仓库、数据集市、智能辅助算法模型和 KPI 库，实现各级合并报表自动出具。同时，分类、分级、对象化定制领导驾驶舱和综合运营指标图，支撑领导层宏观决策。

（1）划分主题域，建立 KPI 体系　结合化纤行业特点和企业管理现状，新凤鸣集团企

业管理划分为财务、生产、销售、人力资源、市场动态、设备安全等9大业务主题分析域。同时，梳理确定了量本利等193个关键绩效指标，建立了包含业务板块、组织、期间、产品、客户等的多维度分析模型。

（2）构建统一的数据仓库、数据集市　通过ERP软件——SAP，综合应用SLT（SAP Landscape Transformation，实时同步数据）、BW（Business Warehousing，商务信息仓库）、BO（Business Object 一种报表生成工具）等技术，搭建包括抽取整合层、主题分析层和展现层的三层数据仓库和应用模型，建立数据同源、信息共享的智能决策支持体系。

（3）数据可视化和动态预警　综合应用基础分析、结构分析、对比分析等分析方式和折线图、仪表盘、雷达图等多样式图表，立体展现集团经营状况。同时，按照业务需求设定KPI警报阈值，提供可视化预警、邮件预警和短信警报。

6.3.5　实施成效

新凤鸣集团生产线智能化覆盖原料计量、聚酯、纺丝、加弹、立库等环节，实现超10万台（套）设备互联，人机互联超97%，实现全链条生产自动化、智能化、稳定化。在保障产品质量的同时，进一步减少了人员用工，降低了劳动强度，充分发挥了生产线价值。当前，14类、近800台机器人基本覆盖全业务环节，支撑常年、多年饱负荷连续生产，平均666m^2（1亩）仅有3名员工，人均产量超400t/年，高于行业平均水平25%；实现水、电、热、煤等能源集中管控和自动平衡分析，促进"削峰平谷"，绿色低碳生产，单位产品能耗由0.1710tce/t连续降低至0.1454tce/t，低于同行业水平近20%，代表行业先进的生产力和竞争力。

依托智慧决策，提升了企业"改批换产"的执行效率。新凤鸣集团改批执行时间平均降低了20%，月均改批数量减少了14%，基本解决了主观性无效改批，非营利性改批大幅减少。

依托智能销售，拓宽了营销渠道、销售渠道。同时，通过与多方供应链金融平台对接，通过新凤鸣集团"化纤白条""新凤金宝"等工业版金融创新产品，实现在线定向融资交易，有效解决下游中小客户融资难、融资贵的问题，提升了服务水平，增加了客户黏度。

依托智慧物流，提高车辆利用率，整体降低物流成本。物流业务逐渐由销售向采购拓展，其中，2020年购销物资超3500万吨，同时，社会业务及车辆逐步集聚开放，物流效益将进一步凸显。

依托智慧决策，梳理业务指标，统一数据标准和报表标准，完善KPI体系和决策模型，并实现以可视化、形象化方式"立体"呈现，有效提升了企业决策效率。

依托智慧办公，实现全要素线上移动办公，强化制度执行，防范企业风险，变"人找事"为"事找人"，整体运行效率提高20%以上。

依托智慧平台，固化聚酯和拉丝工艺工作流、业务流、数据流知识超过1000条。

6.3.6　经验复制推广

新凤鸣集团目前拥有22家子工厂、24个装置、1万名员工，借鉴标杆工厂智能制造转型成功经验，在集团内部进行经验分享与推广应用，提升集团整体信息化水平。

新凤鸣集团在智能制造的建设进程中，总结了"E办"（办公）、"E采"（采购）、"E

签"（合同）、"E达"（物流）、"E策"（决策）、"E拍"（拍卖）等11个核心产品，以及面向仓储物流、质量检测、能源监控、银行付款等场景的24个最佳实践解决方案，以桐乡市新凤鸣集团中欣化纤有限公司的智能制造成功案例为模板，对中辰、中维等其他生产子公司进行模板化快速复制，整体提升集团信息化水平和生产效率。

新凤鸣集团孵化成立了桐乡市五疆科技发展有限公司，面向集团外部企业、重点行业、重点区域，提供智能制造转型等规划咨询、设计研发和交付运维的服务。

1）形成了行业级平台架构、功能架构和应用实践。以供应链数字化为主要切入点，通过汇聚产业链上下游的材料厂、中间制品厂、贸易商、终端工厂、物流及金融服务商等资源要素，实现资源配置及业务协同快速化。

2）将项目建设经验转化为11个核心产品和24个最佳实践等智能制造一体化解决方案。目前，已服务农行、国网、久立、双箭等外部大型民企、央企68家，形成引领标杆效应，以点带面，促进我国整个化纤行业的转型与升级。

3）对外进行智能制造模式推广，通过央视等媒体进行宣传报道。目前，已为200多家企业培训2万人次，对提升区域和行业企业平台建设能力和应用水平起到了积极的促进作用。

6.4 数据驱动的汽车零部件智造之路

6.4.1 案例背景

我国汽车零部件行业存在集中度低、竞争激烈的特点。越来越多的国内生产厂商进入零部件行业也使得该行业竞争程度有所提高，行业竞争带来的销售收入降低将影响企业的盈利能力。

此外，当前汽车电子产品的工艺复杂度不断提高，从最早期的车载无线电、电子点火装置到如今的安全控制系统、动力控制系统、自动驾驶辅助系统等多种机电一体化单元组合，系统的集成程度和设计的复杂度不断提高，不仅对研发、生产的业务水平带来了新的挑战，同时，也对企业自身的数字化转型提出了迫切的要求。从外部来看，错综复杂的客户消费需求促进了市场的快速演变，与此同时，云计算、大数据、5G等新型互联网技术也促进了汽车产业和IT产业的迅速融合，因此当前的汽车企业逐渐趋向低碳化、物联化及智能化。从内部来看，企业仍然面临成本与质量持续优化的考验，需要在利润空间日趋收窄、产品交期逐渐缩短、需求波动越发频繁的情势下时刻保持竞争力。博世苏州汽车电子工厂利用先进的工业互联网技术，对企业自身进行数字化转型升级，赋能价值链，寻求突破的契机。

6.4.2 需求分析

汽车零部件产品具备高可靠性、高精度等特性要求，生产制造工艺较为复杂，产品家族庞大且制造生命周期较短，汽车零部件供应商需不断提升自身制造制备技术及产品方案设计能力，缩短产品更新迭代周期，提高柔性生产能力以此来满足客户的定制化要求。同时，汽车零部件行业属于资金密集型行业，对生产设备的要求较高，对于高端零部件产品的生产，我国仍需要从国外引进关键制造工艺和检验过程的设备，生产线的组装也需要国外供应商的支持，国内的汽车零部件企业需投入大量资金用于设备改造及设备维修。

汽车零部件行业与下游整车行业存在着密不可分的关联，受整车行业波动影响，具有一定的周期性特征。汽车行业"新四化"，即智能化、网联化、电动化、共享化让汽车工业有很多可以开拓的地方，也给汽车零部件行业很大的转型升级和技术革新空间。

博世苏州汽车电子工厂不断推动技术革新、巩固自身研发能力和生产能力，在业务上实现突破性的 KPI 提升，提高行业竞争力。通过数字化、互联化和智能化三步走实现"数据驱动型工厂"愿景，通过智能制造有效产生、收集和利用数据，加强系统集成，增强流程透明化和辅助决策，进而助力工厂提高生产效率，灵活安排资源，优化产品服务，挖掘新的业务增长点，最终达到让客户满意和工厂绩效提高的目的。

6.4.3 案例亮点及模式

1. 业务模块集成互联化

（1）智能补料系统 生产机器自动计算物料消耗并根据生产计划自动触发送料请求，生产调度和物料配送实现机器自动叫料和 AGV 运送，实现在合适的时间由 AGV 自动将正确的物料以正确的数量运送到正确的地点。车间内的自动化和智能设备实现了 100%联网，MES 与 ERP 互联，做到物料流与信息流的实时匹配，而使生产线自动化水平达到 100%。

（2）供需自主计划 就厂内最大的价值流产品举例，目前已经实现了全价值链的信息互通。工厂物流部门与客户、供应商之间建立连接，从而大大减少接收和发送需求的计划工作。得到的需求信息会通过 ERP 并经过博世集团自主研发的自动排产软件 Niv Plus，根据既定规则，导出均衡的生产计划给组装工序。组装工序根据计划进行生产，并在前、后道工序之间的半成品超市拉取半成品。半成品超市通过半成品库存管理软件 iStock 进行管控，一旦半成品被取用，系统自动在 ERP 中进行扣账，当实际库存达到设定的最小值时，系统会自动通过电子看板在电子生产计划系统（ePlan，electronic Plan）中进行生产排队。ePlan 根据精益生产规则，当生产排队信号的累积到设定值时，自动生成生产计划订单，触发产线生产。

2. 业务流程智能化

（1）打造数据驱动模式下的智能工厂应用场景 基于前期业务数据化成果，开展数据互联化和数据业务化，将数据转化为可读取的信息并对业务产生增值。通过数据驱动和大数据分析来改善和精益现有的业务流程。通过数字化转型实现在工厂各层级各领域的数驱动，将供应商端到客户端的信息打通，在数据平台集成并储存生产过程中产生的数据，从而实现产品价值链的全流程透明化。通过人工智能技术和大数据分析实现质量精进和信息共享，保证员工始终在合适的时间、确切的地点进行正确的操作。

（2）基于 AI 技术对工艺流程进行优化改善 将 AI 系统中机器视觉和图像识别技术引入光学检测机器，辅助 AI 系统的判断，以此降低误判率，从而实现自动化、智能化，建立更精准的机器视觉图像识别模型，AI 系统分担了 90%的人工复查工作量。

（3）5G 技术融合场景运用 利用 5G 超高速、超大连接及超低时延的关键能力和万物互联的应用场景，进行 5G 技术在生产制造量产领域的试点，借助 AR、MR 技术解决人机互联问题。基于现有 MES，利用 5G 技术实现去中心化的生产过程中各环节的数据集成，将 MES 和生产设备进一步融合，实现高效的端对端的通信，真正做到物料流与信息流的实时漫游匹配，减少自动化设备在系统通信方面损失的产能。通过5G+物联网传感器的形式，以低设备改造成本来获取更完善的数据，实现生产线"无感"改造。

（4）大数据分析应用 建立基于过程参数的预测模型进行检测流程优化，以降低产品不良率。在组装工作站，通过大数据平台进行基于最终组装各过程步骤的数据分析和挖掘，以此来识别压入失败的根本原因并用清晰的图形化界面将信息传递到相关负责人。依托工业互联网平台，综合运用数据采集与集成应用、建模分析与优化等技术，将业务和信息技术融合，实现制造系统各层级优化，以及产品生产、工厂资产管理和商业运营的流程数字化。

6.4.4 实施路径

1. 业务梳理

首先，基于不同的业务环节，将数据驱动的工厂愿景进行了横向和纵向的拆解。横向针对工厂业务环节进行拆解，纵向针对每个环节的工作内容进行细分。概括来讲，在纵向的业务环节中，细化了该环节需要达到的目标。例如，在收货环节，要在供应商和工厂收货仓之间实现信息互联，完成自主收货和运输，基于数据分析实现收货流程优化，还通过机器学习实现自主决策。在横向的各环节之间，在信息层，致力于实现各个业务环节之间的信息互联和透明，以及基于大数据分析的流程优化。在物料层，致力于实现自主物料补给和运输。

2. 设定数据驱动型工厂愿景

以业务梳理为基础，博世苏州汽车电子工厂设定了推动实现具有数据指导、自主行为发生和自适应流程优化特征的数据驱动型工厂的愿景。

1）在供应链端，目标实现从供应商到公司内部生产，到客户端的整体信息及流程的全部透明化，与前端供应商及后端客户积极都能实时交互信息。原材料或产品实体与互联网中的数据一一对应，数据信息的流动与物料的流动同步，借助数据指导规划、驱动运转，供应链信息趋于透明。

2）排产和销售方面，以产线柔性制造为基础、需求为驱动，依托大数据分析技术预测市场及客户订单量，实现小批次多品种高度个性化的订单快速生产，并且拉动前端智能排产计划。

3）在运输端，计划实现自动物料供给及智能运输。

4）在制程工艺方面，实现实时工艺过程监控及预警处理，依托机器学习和决策，实现设备预测性保养和维护，并基于大数据分析及人工智能技术优化工艺流程，提高生产质量并节约成本。

以上目标借助数字孪生手段，对产品制造的所有环节进行虚拟仿真，从而提高企业全产品生命周期制造的生产效率。

3. 确立三步走战略目标

公司确定数字化、互联化、智能化三步走战略保障愿景实现。

1）数字化：没有数据就无法实现智能制造数字化目的，除了收集数据之外，也是为了使业务流程更加透明，为项目实施打下坚实的数据基础。

2）互联化：基于数字化的基础，开始考虑业务流程的集成和互联、系统之间的互连，以及数据的互通共享。为此，公司花费巨大精力建造数据平台，着力打造"重中台、轻前台"的企业IT架构来支持数据驱动型工厂的目标。

3）智能化：有了数据，还需要将数据转变为有价值的信息来辅助决策制订和驱动自主行为的发生。利用辅助大数据分析和人工智能工具实现流程优化、问题解决和预测分析。

6.4.5　实施内容

基于数据驱动型工厂的愿景和战略目标，博世苏州汽车智能工厂实施内容包括以下方面。

（1）建立完整的数字化转型组织架构　工厂建立了完整的数字化转型组织架构，这些架构区别于已有的职能体系架构，是工厂数字化转型的虚拟组织。

1）互联解决方案审核委员会。由工厂内部各主要职能部门的代表组成，每两周组织一次例会，来进行各部门数据驱动和智能制造信息分享，也负责收集工厂层面的需求。

2）互联解决方案决策委员会。由工厂最高管理层和各重要职能部门的总监组成，每个月进行评估，并决策工厂数字化转型项目是否执行，每半年都会进行基于数字化转型战略和四个维度的研讨会并总体规划、统筹安排接下来的工作重点。

3）厂内数据管家组。由工厂内主要职能部门的数据代表组成，作为主要的沟通桥梁，推动工厂内部数据标准化方针的贯彻和数据治理意识的树立，参与定义数据标准化规则和策略，确保数据治理规则的具体实施，以保障数据资产的有效管理、控制和使用。

4）厂内数据工程组。由工厂内 IT 部门重要成员组成，从技术层面来保障平台架构和数据管道的可行性和稳定性。

5）厂内数据分析组。由工厂数据分析专家和部门重要工艺流程负责人组成，从大数据分析、算法、建模等方面进行问题解决。

为实现工厂各层级数据驱动理念的普及及全员数据驱动思维意识的转换，工厂将智能制造转型过程中的所有有关信息公开化、透明化，建立了完整的信息集成平台，可供工厂各层级查找。以微信公众号及邮件的形式定期分享相关新闻，在工厂各部门开展多种相关基础培训，定期举办工厂级大型活动来提升全员数据驱动思维意识。

（2）打造快速响应的柔性生产线　部署快速响应系统 Andon（Andon 是一个可视化的管理工具），在出现故障时能够自动或手动请求支持或紧急停止生产线。报错信息通过手环发送给维护人员，并通过问题快速解决系统第一时间获得解决方案。以此实现生产线性能的可视化，设备维护保养效率最大化。生产线实现换型和生产节拍的自动监测和测算，按线体、班次或产品生成变更报告，支持针对不同换型类型和节拍时间的偏差检测和根本原因分析。从生产线设备采集数据，进行数据标准化处理后进行数据分析，例如，可以利用数据进行数据分析，进而预测割板刀具的磨损情况，提前预警、更换刀具。

（3）实现信息和数据协同　在平台层，博世苏州汽车电子工厂遵守并使用博世集团数据湖（RED Lake）架构和规范。在数据源底层，基于数据 ETL［Extract（抽取）、Transform（转换）、Load（加载）］技术链接、ERP、MES 及物联网组件数据。数据湖又分为未加工数据层、核心数据层和数据集市。在数据集市中写入标准的 KPI 逻辑或特殊模型结果，便于上层中的各种应用或业务直接调用数据集市中提前整理成型的结果，实现数据最优获取及互联。

在数据层，博世苏州汽车电子工厂核心数据存储在 ODS（Operational Data Store，工厂级数据仓库）中，存储的是短期会被调用的"热数据"，主要包括 MES 数据、工厂应用数据、设备日志信息，以及各个部门的一些结构化和半结构化的文档数据。ODS 主要用于数据量相对较少，实时性相对较高的报告、监控类系统及实时反馈预警系统等应用场景。当采集数据传输到 ODS 时，厂内数据工程组会根据数据源的不同类型、实时性和格式要求选择不同的工具。ODS 的数据会通过可视化工具 tableau、power BI 来展现工厂的 KPI 报表。

（4）实现基于 5G 的内网升级　在 2019 年，博世苏州汽车电子工厂就开始启动 5G 在生产制造领域的试点。以安全气囊控制单元后道组装 9 线为试点线，总共部署 5G AAU 5613 型号基站 3 个、pRRU5936 型号室分 4 套，覆盖面积 1500m^2，接入 5G 终端共计 3 台。通过测试，5G 区域覆盖情况为：5G 信号强度 -80.98dBm，最大下行速率 964Mbps，平均下行速率 950.12Mbps，最大上行速率 116Mbps，平均上行速率 92Mbps，平均时延 9ms，被测区域 5G 网络覆盖水平达到了行业应用的关键指标要求。

此项目共分为三阶段实施，第一阶段基于中国电信 5G 网络实现面向 MES 的接入功能，第二阶段通过 5G+MEC 来完成 5G 和博世内网的融合，并同步开展第三阶段，验证 5G 在工业生产中的更多应用技术案例。主要应用包括以下两种。

1）扩大设备数据采集范围和保证数据时效。利用 5G 技术，在不改动设备的情况下，加装物联传感器，采集更多设备信息来辅助数据分析，从而实现工艺优化。由于新的先进性设备自身节拍时间已实现小秒数（如 2.3s 级别），故对于生产数据获取实时性和数据传输有效性要求非常高。传统的 IT 平均处理时间（平均为 300ms）已经无法满足高速自动化生产线的进一步智能制造升级改造需求，项目试点中的 5G+物联网传感器解决方案一方面保障了高频率实时且稳定的数据传输，为进行数据分析及深度学习提供接近真实场景的数据样本，提高分析结果的准确率。

2）基于通过以上手段获取的数据基础，对生产设备运行状态进行实时监控，并进行故障自动报警和诊断分析。利用 5G 超带宽、低延迟特性，借助 AR、MR（Mixed Reality，混合现实）技术实现人机互联快速问题解决。对于设备故障管理和优化，通过 5G 网络下的数据实时性采集，同时运用三维人机交互技术完成设备故障的在线诊断与预警。实现设备故障虚拟 3D 定位，即当设备发生故障时，故障组件可以在虚拟 3D 中高亮显示而便于快速定位，缩短技术员排查故障的时间。采用远程仿真 3D 视角监控设备运动，掌握生产线运行状态，实现虚拟现实动作同步。可以在虚拟组件上配置多种信息（如组件文档、物料信息、工程信息），实现组件相关信息的快捷查看。

6.4.6　实施成效

通过智能制造实践，博世苏州汽车电子工厂利用自身的经验优势和标准化流程，构建适用于全球不同工厂的标准化工业 APP，特别是在生产作业数字化、生产设备自管理、物流配送智能化、生产管理透明化等方面取得了显著的成效：生产制造成本降低 15%，运营成本降低 12.6%。产品质量表现提升 10%，产品不良率降低 7.91%。在示范区域内实现了直接生产效率提升 15% 和间接生产效率提升 10% 的成就。

在改造后实施的自主叫料系统中，24 小时运转的一条防抱死制动系统电控单元表面贴装生产线能节省 20% 的人力投入。同时，由于对贴片机在何时需要多少物料有了更精确的预估数据，用于此的物料库存也得以降低 50%。特定制程设计周期缩短 20%，装备联网率达到 100%，设备利用率达到 86.65%。

引入 5G 边缘计算后，MES 稳定性高达 99.999%，满足通信要求，下载速率达到 1Gbps，上传速率达到 90Mbps。

MES 生产数据采集应用场景每条通信报文的时长都在 20ms 以内，收发成功率达 100%，可以满足 MES 的通信要求，同时将实验区域安全气囊产品的节拍时间由原来的 12s 降低到 10.5s，生产线整体产能提升约 10%，线边零件部件库存降低了 50%，IT 系统故障引起的生产线停线率为 0，直接或者间接的收益大约为 200 万元每年。

6.4.7　经验复制推广

工厂采取从点（试点）到线（一条生产线），由线到面（整个车间和其他工厂）的改进方法，逐步将数字化试点成功的项目推广到整个工厂和其他兄弟工厂。目前，工厂共对集团内部推广 50 余套自身验证成功的智能制造解决方案。例如，基于 MES 数据自动测算节拍时间、自动排产、实现节拍时间管理和优化的"制造节拍自动管理系统"已经成为全球博世汽车电子工厂的标准解决方案，在全球 10 余家博世工厂进行推广。同样成为全球博世汽车电子工厂标准解决方案并在全球博世汽车电子工厂推广的还有"实时自主物料补给系统"，该系统在给设备上料时扫描录入物料料号和数量，通过自动从设备日志中抓取作业节拍时间，并且通过与生产计划系统互联和获取物料清单信息，系统计算实时物料消耗并估算应叫料时间。在给定的时间提前量到达时，系统将物料需求自动发送给仓库以进行备料。物料补给则由 AGV 自动运输至线边来完成，全程实现物料自助式补给，极大地减少了在线物料管理成本和在线库存成本。

6.5　基于大规模定制模式的海尔中德冰箱互联工厂

6.5.1　案例背景

家电行业生产特点为小批量、多品种、装配式，企业大多从外部厂家采购材料和部件进行组装；家电产品系列化、多元化，注重技术创新，产品更新换代快，强调产品的序列号管理；家电销售渠道和方式多样化、体系化，销售业务种类较多；企业多强调成本管理与成本控制，一般采用定额法进行成本计算与控制，强化内部管理、降低耗费；家电产品通常存货品种多、数量大，而且变化快，材料核算复杂，库存管理任务繁重；企业强调售后和跟踪，多设立区域性维修服务机构等。目前家电行业现状主要表现在产业高度集中、技术密集、产品更新快、大批量专业化生产等方面。

随着先进制造技术与模式的不断涌现和创新发现，市场已悄然从产品主导转移为用户需求主导，消费者会寻找商品间的细微差别，并将这种差别延伸为个人的独特性。传统的大规模制造已经不能满足用户的需求，海尔较早地意识到在制造端要推进传统工厂的快速迭代升级，也意识到一方面要加快对传统工厂的改造和迭代升级，另一方面是新工厂建设要有高起点，目标就是建设互联工厂，实现大规模与个性化定制相融合的生产模式。海尔中德冰箱互联工厂是海尔第 12 个互联工厂样板，借助智能制造、高端工艺技术及智能互联能力（内外互联、信息互联、虚实互联），让用户的定制化需求在全流程可视化，海尔中德冰箱互联工厂将被打造成为大批量定制化冰箱的示范生产基地，成为全球领先的冰箱工厂。

6.5.2　案例亮点及模式

1. 根据多样化需求，打造全流程与用户零距离互联的大规模定制模式

通过智能产品收集用户体验信息并持续交互，了解前端的用户需求和用户使用过程中的体验情况，通过信息大数据的分析，对产品进行更好的升级和迭代。让每个环节都和用户零距离互动，随时接收用户的需求。例如，通过社群接收某区域用户对冰箱制冰的功能需求、母婴群体对储藏温度的严苛需求等，这些用户的需求信息可以直接到达设计小微、制造小微、物流、供应商等。让用户和全流程互联，打破企业原来封闭的界限，企业的上下游及所有资源都与用户连在一起，通过零距离交互满足用户的最佳体验。

2. 通过信息化驱动，实现智能工厂的全要素互联

以数据贯通、连接制造端的上下游，通过整合和分析数据和信息实现智能化驱动、整条供应链精准的生产协同，从而敏捷高效地满足多样化的市场需求。运用人工智能与制造技术的结合，通过物联网对工厂内部参与产品制造的人、机、料、法、环等全要素进行互联，结合大数据、云计算、5G、虚拟制造等数字化、智能化技术，实现对生产过程的深度感知、智慧决策、精准控制等功能，达到对制造的高效、高质量的管控一体化效果。机器人搬运、智能运输、柔性线体、智能生产设备投入，共同推进"智能生产"实施。智能管理系统连接每一台设备，实时获取运行参数，通过数据分析与挖掘、虚拟仿真技术应用完成对设备的远程监控和预防性维护，提升设备的运行效率，可跨行业帮助企业实现从订单到生产，再到交付的全流程的制造管理，实现生产过程信息即时反馈和实时沟通协作。

3. 通过数字化生产模式，实现高效的生产制造

人、机、物、料等实现了基础信息化，通过数字化系统完成信息的获取，从而输出指导生产的数字化模式。在协同制造方面，可以有效实现工序间的数字化效率竞比，线体可以实现数字化生产线平衡，同时各类清单信息和异常报警都可以进行数字化管控。在质量精细化方面，组建了工厂的质量实验室，相关过程数据在云端存储，重点关键参数异常推送。物料输送方面，创新实现了 3D 立体物流模式，物料通过自动输送线和 RFID、AGV 等形式进行精准智能匹配，不仅取消了线边库存环节，而且能够有效防错。

6.5.3　实施路径与内容

海尔中德冰箱互联工厂是卡奥斯 COSMOPlat[⊖]赋能打造的第 12 家互联工厂。对外，互联工厂是一个贯穿企业全流程的敏捷复杂系统；对外，互联工厂构建用户交互的网络空间，通过联工厂全要素、联网器、联全流程实现与用户的零距离，给予用户最佳体验，最终实现产销合一。海尔特种制冷电器互联工厂联合海尔工业智能研究院，在人工智能、5G、VR、AR 等先进技术的赋能下，重新定义全球高端冰箱的制造模式，并作为海尔互联工厂样板标杆，在整个海尔集团内部广泛推广。

海尔中德冰箱互联工厂的快速落地归功于高精度指引下的高效率。精度与效率之间的关系是相互融合、相互促进的，先抓住用户的精准需求，由精准需求驱动高效率，即用户价值

⊖　卡奥斯 COSMOPlat 是海尔基于近 40 年制造经验，于 2017 年 4 月首创的以大规模定制为核心、引入用户全流程参与体验的工业互联网平台。

越大，企业价值越大。海尔中德冰箱互联工厂的"三联""三化"如图 6-1 所示。

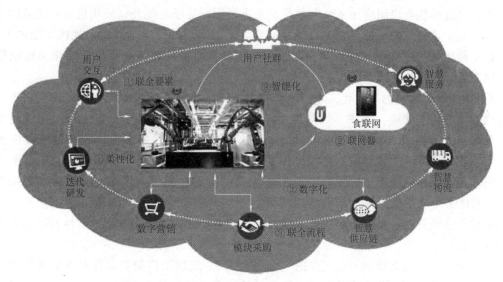

图 6-1 海尔中德冰箱互联工厂的"三联""三化"

1. "三联"实施路径

通过联全要素、联网器、联全流程的"三联"，实现对用户需求的精准把控。

（1）联全要素 工厂的人、机、料、法、环等要素互联互通，并能和用户零距离互联。互联工厂为了满足用户全流程参与的体验，打造了工厂全要素与用户互联的能力，即通过 MES、SCADA、ERP 等系统对数据进行采集和集成，让特种冰箱制造相关的各种要素从底层的传感器到吸附、发泡等关键设备，再到车间、网络、系统等，实现互联互通、高效协同，并与用户订单系统互相关联。由原来的按计划生产转向为用户生产，让生产线上的每台冰箱都有用户信息。每一台定制的冰箱都"知道"应该被送到哪、何时送达、如何被定制加工等，用户定制订单生产全过程透明可视，用户可在 PC 端或手机端实时查询。

（2）联网器 海尔在网络化时代，让所有的家电产品都能联网，能够与用户直接进行交互。通过智能产品（联网器）收集用户体验信息并持续进行交互，了解前端的用户需求和用户使用过程中的体验情况，通过信息大数据分析，使产品更好地进行升级和迭代。

（3）联全流程 用户和全流程互联，通过打破企业原来封闭的界限，通过卡奥斯 COS-MOPlat 下的各子平台让企业上下游的所有资源都与用户连在一起，以冰箱产品为导引，实现围绕着用户的全流程零距离交互，使用户获得最佳体验。用户的信息和需求可以直接到达全流程的各个节点。原来的流程是串联的，信息传递周期长且过程中会信息衰减。现在用户信息可以实时到达每一个环节，每个环节都可以随时接收用户需求，提高用户体验。

2. "三化"实施路径

通过柔性化、数字化、智能化的"三化"，实现生产制造全流程高效运转。

（1）柔性化 通过模块化设计打造柔性自动化生产线，满足多样化市场需求。

1）对产品进行模块化的设计，将零件变为模块，通过模块的自由配置组合，满足用户的多样化需求。在平台上进行通用化和标准化的工作，区分出不变模块和可变模块，开放给资源端和用户端进行交互定制迭代。例如，某款冰箱原来有 312 个零部件，现在归纳为 23 个模块，通过模块可以组合出 450 多种产品来满足用户需求。此外，模块化设计使采购方式发生变化，企业传统的采购体系是设计零部件、采购零部件，很难适应大规模定制的需求。模块化采购体系是成套设计、成套采购。海尔要求供应商从零部件供应商转化为模块供货商，事先参与到模块化设计的过程中。

2）为了满足用户的个性化需求，生产线也由原来单一的长流水线生产方式变成模块化组装线和柔性化单元线，解决了大规模生产和个性化定制的矛盾。并且工厂采用模块化布局，分为三大子模块（系统模块、电器件模块、结构模块），每个模块的加工环境资源共享。运用智能功率开关物料配送系统，使线体长度缩短 50%。例如，门体加工工序采用模块化流布局，工序间颠覆了传统的工装车储存、人拉车模式，实现门体自动匹配，效率提升 25%；箱体工序通过建设 U 壳柔性折弯成型生产线，可同时生产 8 个不同型号的产品，进行智能存储、自动铆接、贴覆质量视频检测等，全程自动化、生产无人化。柔性自动化生产线如图 6-2 所示。

互联工厂的柔性自动化不是简单的 "机器换人"。互联工厂的自动化是在标准化接口体系基础上进行软硬一体化集成的智能柔性自动化，它的特点是高效、柔性、集成、互联、智能。同时，互联工厂标准化的设备接口体系支持设备快速扩展升级，实现柔性化生产，以应对产品迭代升级对生产线柔性、效率的影响。

图 6-2 柔性自动化生产线

（2）数字化 以 COSMOPlat 为核心集成 ERP、PLM、APS、MES、WMS 五大系统。通过数字化集成让整个工厂变成一个智能系统，实现人-人、人-机、机-物、机-机等的互联互通，自动响应用户订单需求。用户下达订单后会通过集成的智能制造系统自动匹配到生产线、设备等。用户订单对应的生产效率不一样，传统工厂按照生产计划制订生产节拍，设备节拍由人工调节。而互联工厂把前端的用户订单需求和工厂的生产线、设备连接起来，用户订单下达以后，通过 ERP、APS、MES 等系统的集成，生产线、设备自动匹配订单、自动排产。同时强化互联工厂数字化架构，打通设备层、执行层、控制层、管理层、企业层之间的信息传递，实现工厂、线体、设备、工位等订单、质量、效率等信息的透明可视；通过交互、设计、制造、物流等的数字化，实现产品全生命周期的信息透明可视，以更快的速度、更高的效率、更好的柔性满足用户需求。例如，半成品采用集存运输，实现关键物料防差错，用户可全流程生产信息追溯。

（3）智能化　通过新一代人工智能、5G、大数据、物联网等新一代信息技术的应用，实现工厂人、机、物的互联互通，实现企业端到端的信息融合，提升企业先进制造能力。

1）5G实验基地。5G实验基地建设在车间内，以工厂可应用范围作为实验方向，在5G实验基地测试、模拟、验证将要实施的项目，验证合格后应用于工厂。在此区域验证的主要项目有5G结合AR和VR、5G机器视觉、5G应用于8Kbps视频传输、5G应用于机器人控制、5G应用于安防、5G应用于远程维修、5G应用于工厂大数据等。

2）智能视觉检测。在冰箱的生产过程中，外观检测工位是瓶颈工位，生产节拍达40s/台，员工劳动强度大，检出率为92%，使市场出现一些负面反馈。在对现场问题进行统计分析后，海尔聚集一流资源，开发了冰箱外观视觉自动检测系统，该系统通过对合格产品智能学习的方法对冰箱外观进行在线质量检测，检测内容包括印刷品粘贴质量、门体不平不齐、外观精细化等问题，有效提升了冰箱产品质量及效率。采用5G+外观视觉自动检测技术替代人工检测后，自动检测速度提升50%以上，检出率≥99.5%。不良信息可视化，不仅提高了生产质量和效率，还提升了用户满意度。基于机器视觉的智能外观检测示意图如图6-3所示。

图6-3　基于机器视觉的智能外观检测示意图

3）AR安防。为了加强工厂的安全管控，尤其是对人员的管控，利用5G技术，使用AR人脸识别安防系统，对车间内人员以及工厂内、外的不明人员，可迅速发现可疑人员，预警和报警。另外，自动识别安全帽佩戴情况，发现异常即报警提示。

4）AR远程协作。5G技术应用于AR远程协作维修，可快速连线专家共享专家经验，出现发泡、吸附等瓶颈设备问题后即可连线专家快速处理，甚至与国外专家共同讨论关键设备问题，节省出差费用，节省时间成本。

6.5.4　实施成效

海尔工业智能研究院将海尔在智能制造探索过程中的知识不断进行积累和沉淀，形成了328项标准、87步方法论、56个手册，并沉淀在卡奥斯COSMOPlat平台上，支持互联工厂样板持续迭代。

1. 经济效益

通过智能制造的实施，实现生产效率提高26.7%以上，产品研发周期缩短31.6%以上，单位产值能耗降低12.6%以上；有效控制生产过程中不良品的产生，产品不良率降低25.4%以上，提高材料综合利用率，降低制造成本，企业综合运营成本降低22.5%以上。此外，项目实施后可有效降低在库库存资金占用和在制品物资资金占用，库存资金占用降低10%以上，有效节约财务成本。智能制造的实施成效见表6-3。

表 6-3　智能制造的实施成效

项目	实施成效	项目	实施成效
生产效率	提升	产品不良率	降低
产品研发周期	缩短	企业综合运营成本	降低
单位产值能耗	降低	库存资金占用	降低

2. 社会效益

智能制造的实施，形成了一套冰箱智能制造解决方案，可以有效地帮助行业解决现有问题，对冰箱行业产生良好的示范效应，提升行业数字化、智能化制造水平，带动冰箱企业升级改造以提高生产效率、提升产品质量，更好地满足冰箱行业快速发展的需求，进一步提升我国高端冰箱制造企业的国际竞争力，促进行业发展。

6.5.5　经验复制推广

目前，海尔特种制冷电器作为海尔互联工厂样板标杆，不仅在冰冷、洗涤、空调、热水器、厨电等海尔国内工厂间推广复制，更在美国、泰国、俄罗斯等国家及区域进行全球复制，实现由中国引领到全球引领。以用户为核心的海尔大规模定制模式不仅解决了"如何实现智能制造"，更重要的是解决了"智造为谁"的问题。通过社群交互，用户能够全流程参与设计、生产、销售全过程，生产前就知道产品用户是谁。另外，作为开放的平台，卡奥斯 COSMOPlat 形成了可快速复制的模式和路径，能够快速实现跨区域、跨行业的复制，助力中国企业转型升级，促进中国制造业以及实体经济的转型升级。

参 考 文 献

［1］　智能制造系统解决方案供应商联盟. 智能制造系统解决方案案例集 ［M］. 北京：电子工业出版社，2019.

［2］　装备工业一司. 智能工厂案例集（一）［Z］. 2021.

✄ **思政拓展**：国家繁荣、社会昌盛离不开企业的发展推动，建设世界一流企业需要优秀的企业家。正是大批企业家在中国制造的路上以永不止步的精神不断追求卓越，不断超越自我，才使我们日益接近伟大复兴中国梦的目标。弘扬企业家精神，我们不仅应该认识到企业家精神的重要性，更应该将其内化为自身的素养，为社会做出贡献。扫描右侧二维码观看相关视频体会企业家精神内涵。

企业家精神

智能制造相关名词术语和缩略语

英文缩写	英文全称	中文含义
3C	Computer、Communication、Control	计算、通信、控制
3DP	Three-Dimensional Printing	三维印刷
6G	6th Generation Mobile Communication Technology	第六代移动通信技术
ABS	Acrylonitrile Butadiene Styrene	丙烯腈-丁二烯-苯乙烯
ACL	Access Control Lists	访问控制列表
ACP	Artificial system（人工系统）+Computational experiment（计算实验）+Parallel execution（平行执行）	平行控制与管理
AGV	Automated Guided Vehicle	自动导引车
AI	Artificial Intelligence	人工智能
ALM	Application Lifecycle Management	软件生命周期管理
AM	Additive Manufacturing	增材制造
AMF	Additive Manufacturing File Format	增材制造文件格式
AML	Automated Markup Language	自动化标记语言
ANN	Artificial Neural Network	人工神经网络
AOI	Automated Optical Inspection	自动光学检测
API	Application Program Interface	应用程序接口
APP	Application	应用
APS	Advanced Planning and Scheduling	高级计划与排程
AR	Augmented Reality	增强现实
ASE	Analysis-Synthesis-Evaluation	分析-综合-评价
ASTM	American Society for Testing and Materials	美国材料与试验协会
BLOB	Binary Large Object	二进制大对象
BO	Business Object	一种报表生成工具
BOM	Bill of Material	物料清单
BW	Business Warehousing	商务信息仓库

CAD	Computer Aided Design	计算机辅助设计
CAE	Computer Aided Engineering	计算机辅助工程
CAM	Computer Aided Manufacturing	计算机辅助制造
CAN	Controller Area Network	控制器局域网络
CAPP	Computer Aided Process Planning	计算机辅助工艺设计
CASE	Computer-Aided Software Engineering	计算机辅助软件工程
CAT	Computer Aided Testing	计算机辅助检测
CAX	CAD、CAM、CAE、CAPP、CAT 等各项技术的总称，因为所有缩写都是以 CA 开头，X 表示所有	
CBR	Case-Based Reasoning	基于实例推理
CCD	Charge Coupled Device	电荷耦合元件，通常称为 CCD 图像传感器
CCIF	Cloud Cmputing Interoperability Forum	云计算互操作论坛
CDD	Common Data Dictionary	通用数据字典
CG	Computer Graphics	计算机图形学
CIMS	Computer Integrated Manufacturing System	计算机集成制造系统
CMOS	Compementary Metal Oxide Semiconductor	互补金属氧化物半导体
CNC	Computerized Numerical Control	计算机数控
CPS	Cyber-Physical Systems	信息物理系统
CPU	Central Processing Unit	中央处理单元
CRM	Customer Relationship Management	客户关系管理
CRT	Cathode Ray Tube	阴极射线管
CS	Constraint Satisfaction	约束满足
DB	Data Base	数据库
DCS	Distributed Control System	分布式控制系统
DDS	Data Distribution Service	数据分发服务
DERL	Deep Evolutionary Reinforcement Learning	深度进化强化学习
DNC	Direct Numerical Control	直接数控，也称群控
	Dynamic Network Configuration	动态网络配置
DRP	Distribution Requirement Planning	分销需求计划
DSP	Digital Signal Processor	数字信号处理器
DT	Digital Twin	数字孪生
DTM	Detroit & Mackinac Railway Company	活塞 & 吊桥-美国麦基诺铁路公司
EBM	Electron Beam Melting	电子束熔化成形
ECU	Engine Control Unit	发动机控制器
EDI	Electronic Data Interchange	电子数据交换

EEPROM	Electrically-Erasable Programmable Read-Only Memory	电可擦除可编程只读存储器
EMS	Energy Management System	能源管理系统
	Environmental Management System	环境管理系统
ePlan	electronic Plan	电子生产计划系统
ERP	Enterprise Resource Planning	企业资源计划
ES	Expert System	专家系统
ETL	Extract-Transform-Load	用来描述将数据从来源端经过抽取、转换、加载至目标端的数据集成过程
FDM	Fused Deposition Modeling	熔融沉积成形
FPGA	Field Programmable Gate Array	现场可编程门阵列
FPT	7th Framework Programme	（欧盟）第七框架计划
FST	Fuzzy Set Theory	模糊集理论
GA	Genetic Algorithms	遗传算法
GAN	Generative Adversarial Network	生成对抗网络
GPS	Global Positioning System	全球定位系统
GSM	Global System for Mobile communication	全球移动通信系统
GT	Generate-Test	生成-测试
	Group Technology	成组技术
HSE	Health, Safety, Environment	健康、安全、环境
HTTP	Hypertext Transfer Protocol	超文本传输协议
I/O	Input/Output	输入/输出
IaaS	Infrastructure as a Service	基础架构即服务
ICAD	Intelligent Computer Aided Design	智能计算机辅助设计
ID	Identification	识别号
IDE	Integrated Development Environment	集成开发环境
IICAD	Integrated Intelligent Computer Aided Design	集成智能计算机辅助设计
IM	Intelligent Manufacturing	智能制造
IML	Instrument Markup Language	仪表标记语言
IMS	Intelligent Manufacturing System	智能制造系统
IMT	Intelligent Manufacturing Technology	智能制造技术
IMW	Intelligent Machining Workstation	智能加工工作站
IoT	Internet of Things	物联网
IPC	Industrial PC	工业计算机
ISO	International Standardization Organization	国际标准化组织
IT	Information Technology	信息技术
ITU	International Telecommunication Union	国际电信联盟
KPI	Key Performance Indicator	关键绩效指标

LENS	Laser Engineered Net Shaping	激光工程净成形
LOM	Laminated Object Manufacturing	分层实体制造成形
LTE	Long Term Evolution	长期演进，是介于 3G 和 4G 之间的一种网络制式
MAP	Manufacture Automation Protocol	制造自动化协议
MBD	Model-Based Design	基于模型的设计
MBSE	Model-Based Systems Engineering	基于模型的系统工程
MEC	Multi-access Edge Computing	多接入边缘计算
MEG	Mono Ethylene Glycol	乙二醇
MEMS	Micro-electromechanical System	微机电系统
MES	Manufacturing Execution System	制造执行系统
MIS	Management Information System	管理信息系统
MIT	Massachusetts Institute of Technology	麻省理工学院
Modbus	Modicon bus	Modicon 公司发明的一种串行通信协议
MOM	Message-Oriented Middleware	面向消息的中间件
MQTT	Message Queuing Telemetry Transport	消息队列遥测传输
MR	Mixed Reality	混合现实
MRP	Material Requirements Planning	物料需求计划
MRP Ⅱ	Manufacture Resource Plan	制造资源计划
NASA	National Aeronautics and Space Administration	美国航空航天局
NC	Numerical Control	数字控制
NSF	National Science Foundation	美国国家科学基金
ODS	Operational Data Store	工厂级数据仓库
OLE	Object Linking and Embedding	对象连接与嵌入
OPC UA	OLE for Process Control Unified Architecture	嵌入式过程控制统一架构
OT	Operation Technology	控制技术
PaaS	Platform as a Service	平台即服务
PC	Personal Computer	个人计算机
	Polycarbonate	聚碳酸酯
PCS	Process Control System	过程控制系统
PDA	Personal Digital Assistant	个人数字助理
PDM	Product Data Management	产品数据管理
PLA	Polylactic Acid	聚乳酸
PLC	Programmable Logic Controller	可编程逻辑控制器
PLM	Product Life cycle Management	产品全生命周期管理
PON	Passive Optical Network	无源光网络
PPSF	Polyphenylene sulfone	聚亚苯基砜

Profibus	Process Field Bus	现场总线网络
PTA	Pure Terephthalic Acid	精对苯二甲酸
QMS	Quality Management System	质量管理体系
QoS	Quality of Service	服务质量
RBR	Rule-Based Reasoning	基于规则推理
RE	Reverse Engineering	逆向工程
RFID	Radio Frequency Identification	射频识别
RP	Rapid Prototyping	快速原型
RTU	Remote Terminal Unit	远程终端单元
SaaS	Software as a Service	软件即服务
SAP	Systems, Applications and Products in data processing	数据处理中的系统、应用和产品。SAP 是公司名称，即思爱普公司，也是该公司的 ERP 软件名称
SCADA	Supervisory Control and Data Acquisition	数据采集与监视控制
SCARA	Selective Compliance Assembly Robot Arm	可选择适应性装配机器人手臂
SCM	Supply Chain Management	供应链管理
SCP	Supply Chain Planning	供应链计划
SDK	Software Development Kit	软件开发工具包
SKU	Stock Keeping Unit	库存量单位
SL	Stereo Lithography	立体光固化
SLA	Stereolithography Apparatus	陶瓷膏体光固化成形
	Service Level Agreement	服务水平协议
SLM	Selective Laser Melting	选区激光熔融
SLS	Selective Laser Sintering	选区激光烧结
SLT	SAP Landscape Transformation	实时同步数据
SMIS	Smart Manufacturing Information System	智能制造信息系统
SOC	Security Operation Center	安全运营中心
SoS	Systems of Systems	分散系统
SQL	Structured Query Language	结构化查询语言
SRM	Supplier Relationship Management	供应商关系管理
STL	Standard Tessellation Language	标准曲面细分语言
SVGA	Super Video Graphics Array	高级视频图形阵列
SXGA	Super Extended Graphics Array	高级扩展图形阵列
TDM	Test Data Management	测试数据管理
TCP	Transmission Control Protocal	传输控制协议
TMS	Transportation Management System	运输管理系统
TSN	Time Sensitive Network	时间敏感网络
UCI	Unified Cloud Interface	统一的云计算接口

UDP	User Datagram Protocol	用户数据报协议
VR	Virtual Reality	虚拟现实
VSS	Visual Source Safe	美国微软公司出品的版本控制系统，是一种代码协作管理软件，也就是编写软件代码时对代码进行版本控制的软件
WISN	Wireless Industry Sensor Network	工业无线传感器网络
WMS	Warehouse Management System	仓库管理系统
XDR	Extended Detection and Responce	扩展的检测与响应
YANG	Yet Another Next Generation	新一代的语言
	Powder Bed Fusion	粉末床熔融
	Material Extrusion	材料挤出
	Material Jetting	材料喷射
	Binder Jetting	黏结剂喷射
	Sheet Lamination	薄材叠层
	Directed Energy Deposition	定向能量沉积
	Public Cloud	公有云
	Private Cloud	私有云
	Hybrid Cloud	混合云
	Community Cloud	社区云